国家出版基金项目
NATIONAL PUBLICATION FOUNDATION

平武故事
与熊猫为邻

张晓川 陈艾 冯杰 著
彭晓韵 王昊 吕植

U0173820

北京大学出版社
PEKING UNIVERSITY PRESS

人与自然和谐共生行动研究 | Action Research on People and Nature I 丛书主编 吕植

图书在版编目（CIP）数据

平武故事：与熊猫为邻/张晓川等著. —北京：北京大学出版社，2023.5
（人与自然和谐共生行动研究. I ）
ISBN 978-7-301-33929-9

Ⅰ.①平… Ⅱ.①张… Ⅲ.①大熊猫 – 动物保护 – 平武县 Ⅳ.①Q959.838

中国国家版本馆CIP数据核字（2023）第061484号

书　　　名	平武故事：与熊猫为邻
	PINGWU GUSHI：YU XIONGMAO WEI LING
著作责任者	张晓川 陈 艾 冯 杰 等著
责任编辑	黄 炜
标准书号	ISBN 978-7-301–33929–9
审 图 号	川S【2023】00009号
出版发行	北京大学出版社
地　　　址	北京市海淀区成府路205号　100871
网　　　址	http：//www.pup.cn　　新浪微博：@北京大学出版社
电子信箱	zpup@pup.cn
电　　　话	邮购部010-62752015　发行部010-62750672　编辑部010-62764976
印 刷 者	北京宏伟双华印刷有限公司
经 销 者	新华书店
	720毫米×1020毫米　16开本　20.5印张　303千字
	2023年5月第1版　2023年5月第1次印刷
定　　　价	100.00元

"人与自然和谐共生行动研究 I"
丛书编委会

主　编　吕　植

副主编　史湘莹

编　委（以姓氏拼音为序）

陈　艾　冯　杰　韩雪松　李迪华

刘馨浓　吕　植　彭晓韵　申小莉

王　昊　肖凌云　张　迪　张晓川

赵　翔　朱子云

前　言

　　平武，对我来说是一个特别的地方。这里是"天下大熊猫第一县"，也是我学校毕业后从事自然保护工作的第一个项目地。我还清楚地记得1996年初我作为WWF的大熊猫项目负责人第一次到平武的情景：早上从成都驱车出发，一路与近百辆头重脚轻的木材车擦身而过，每一次都小心翼翼，生怕它们会随时翻倒，不仅危险而且堵塞繁忙的交通；土路被超载的木材车压出了深深的辙印，因而更加颠簸扬尘，待十多小时后赶到平武县时，我浑身上下已然变成了土黄色。然而，平武县的干部和工作人员，从保护区工作人员到县领导，却用他们朴实的热情和不知疲倦的干劲和担当，让我留在了这里，先是5年，之后一直保持着密切的合作与友情。

　　和许多大熊猫栖息地所在县一样，90年代的平武正处在大规模木材采伐的阶段，县域财政收入70%左右来源于采伐，是典型的"木头财政"。我的目标就是寻找一条"综合保护与发展"的途径，在提升保护能力的同时，寻找发展的替代来源。这不是一件容易的事，在这个过程中我们做了很多尝试，失败与成功交织——王朗保护区（2002年晋级为国家级自然保护区）率先开展了生物多样性监测；通过参与式保护与社区发展的努力，王朗保护区与周边社区的关系由相互矛盾转为相互支持。而真正令人欣慰的是，一批具有实干精神、有能力、有担当的自然保护者在平武逐渐成长、成熟。

　　与此同时，中国政府一系列保护政策的出台和实施，让平武的大熊猫保护工作发生了根本的转折，其中最为关键的是1998年底开始实施的天然林保护工程（以下简称"天保工程"）。这个因1998年全国大范围暴发的洪水灾害引发的森林保护政策，通过强大的行政手段和对森林工业（以下简称"森工"）企业和县域的经济补偿，不仅在大江大河的主要流域地区停止了对天然林的采伐——大熊猫栖息地因此受益，而且从深处激发了政府和公众对森林从木材利用到保护的意识的转变。

然而，生活在大熊猫栖息地中，特别是保护区周边的社区，仍然面临着生计与大熊猫保护之间的冲突。基于参与式保护与发展综合项目（ICDP）的经验，平武成为尝试社区保护的先行者；也正是由于该项目中成长起来的这批保护实干家，使得国内、国际的各个民间保护机构在后来的许多年里纷纷选择来到平武，一时间平武成为大家尝试创新保护机制和措施的试验地，促成了一系列的保护成果，其中以社区为主体的保护模式尤为引人瞩目。

这些政府加民间机构参与引发的变化吸引了一批研究者以平武为基地，观察和见证保护有效性的实践、保护与发展的关系，并从中总结提炼改变发生的机制和可能性，其中包括来自北京大学的我的两名博士生——陈艾和张晓川，以及山水自然保护中心大熊猫与森林项目的负责人冯杰。他们的工作包括从1988年开始的不同阶段对平武大熊猫栖息地和社区保护实践的研究数据、调查信息，以及在项目实施过程中的观察结果的总结。

陈艾研究了平武大熊猫栖息地1988—2008年的变化趋势及其原因，特别是1998年停伐之后栖息地变化的原因及其发生的转化，让我们了解到栖息地保护的复杂性以及持续保护的需求；张晓川和彭晓韵观察了2009—2018年间由山水自然保护中心通过在平武关坝村推动 "熊猫蜂蜜" ——以大熊猫栖息地的生态产品蜂蜜为契机，将保护与生计关联之后所带来的变化；而冯杰则以项目实施者的身份描述了从蜂蜜开始，关坝村一系列内生的保护行动及其对所在大熊猫栖息地社区产生的带动作用。这些观察研究与实践记录，探讨了大熊猫在不同历史背景下所受到的威胁和保护的需求、社区保护的实践，以及保护行动的成效，既是阶段性成果的体现，也为关心大熊猫保护的人们分享来自保护一线的实践案例，并为践行人与自然和谐共生提供经验、探索和思考。

最后我特别想说的是，我们挚爱的陈艾英年早逝，离开我们将近四年了，此时出版她博士学位论文的主要内容，让我感到很欣慰，她美丽洒脱的笑容仿佛就在眼前。谨以此书，纪念陈艾对自然保护事业的贡献，表达我们对她深深的怀念。

吕植

2023年4月22日地球日

缩 略 语

一、英文缩写

AB：行为态度（attitude of behavior）

ANOSIM：相似性分析（analysis of similarities）

ANOVA：方差分析（analysis of variance）

AVI：绝对验证指数（absolute validation index）

BI：行为意愿（behavioral intentions）

CBD：生物多样性公约（Convention on Biological Diversity）

CE：选择实验法（choice experiment）

CI：保护国际（Conservation International）

CVI：相对验证指数（contrast validation index）

CVM：条件价值法（contingent value method）

DEM：数值高程模型（digital elevation model）

EGV：生态地理变量（ecological geographical variables）

ENFA：生态位因子分析（ecological-niche factor analysis）

FONAFIFO：哥斯达黎加国家森林基金（Fondo Nacional de Financiamiento Forestal）

GDP：国内生产总值（gross domestic product）

GIS：地理信息系统（geographic information system）

HSI：栖息地适宜度指数（habitat suitability index）

ICDP：综合保护和发展项目（Integrated Conservation and Development Projects）

IUCN：国际自然保护联盟（The International Union for Conservation of Nature）

KDE：核密度估计（kernel density estimation）

OECM：其他基于区域的有效保护措施（Other Effective Area-based Conservation Measures）

PBC：感知行为控制（perceived behavioral control）

PES：生态系统服务付费（payment for ecosystem services）
RS：遥感（remote sensing）
SDI：标准化距离指数（standardized distance index）
SN：社会规范（social norm）
TPB：计划行为理论（Theory of Planned Behavior）
UNESCO：联合国教育、科学及文化组织（The United Nations Educational, Scientific and Cultural Organization）
WTP：支付意愿（willingness to pay）
WWF：世界自然基金会（The World Wide Fund for Nature）

二、中文缩写

白河保护区：四川白河国家级自然保护区
九寨沟保护区：九寨沟国家级自然保护区
栗子坪保护区：栗子坪国家级自然保护区
唐家河保护区：唐家河国家级自然保护区
王朗保护区：王朗国家级自然保护区
雪宝顶保护区：雪宝顶国家级自然保护区
宝顶沟保护区：宝顶沟省级自然保护区
麻咪泽保护区：四川麻咪泽省级自然保护区
勿角保护区：四川勿角省级自然保护区
小河沟保护区：小河沟省级自然保护区
冶勒保护区：冶勒省级自然保护区
老河沟保护区：老河沟县级自然保护区
余家山保护区：余家山县级自然保护区
林业和草原局：林草局
木皮乡：木皮藏族乡
木座乡：木座藏族乡
白马乡：白马藏族乡
村两委：党支部委员会和村民委员会
天保工程：天然林保护工程
林业和草原局：林草局

目　　录

第一章

平武与大熊猫——从威胁到保护

　　平武县位于四川西北部，全县近6000 km²国土面积中约81%为林业用地，森林覆盖率超过77%。平武不仅是一个森林资源大县，在这片土地上栖息着全球近1/6的野生大熊猫（*Ailuropoda melanoleuca*）以及其他珍稀野生动物，因此，被誉为"天下大熊猫第一县"。过去70余年来，拥有如此高的生物多样性禀赋的平武，在自然保护方面最被关注的无疑都与大熊猫相关，如当作国礼的大熊猫、建立大熊猫自然保护区、开展自然保护区科学考察、拍摄有关大熊猫的纪录片和电影、启动全国大熊猫调查试点、打击猎杀大熊猫和倒卖大熊猫皮张犯罪、试点跨行政区域（市州和县）建立自然保护区等。特别是在社区合作共管、社会组织参与方面，自20世纪80年代起，平武在大熊猫保护领域展开国际合作，并且率开展了参与式保护与发展综合项目（ICDP）（1996）、创建以社区为主体的保护小区（2015）等，在生物多样性保护的机制创新方面提供了一个标志性的样本。

第一节　"大熊猫第一县"平武的保护概况

　　平武县位于四川省绵阳市西北，青藏高原向四川盆地过渡的东缘地带，岷山山脉中心地段，长江的二级支流涪江的上游地区。其地理坐标范围为北纬31°59′31″~33°02′41″，东经103°50′31″~104°58′13″。四周与广元市青川县、江油市、绵阳市北川县、甘肃省文县接壤，幅员面积5974 km²。

　　平武县以山地为主，地势西北高，东南低，起伏突出。最高点西北部雪宝顶海拔5400 m，最低点东南部平驿乡椒园子涪江河谷海拔600 m，海拔高差4800 m。海拔1000 m以上山地面积占幅员面积的94%。发源于岷山主峰雪宝顶的涪江干流由西北向东南纵贯全境，平通河（青衣江）、夺博河（火溪沟、白马河）、虎牙河、泗耳沟等441条大小支流呈羽状分布。这些河道、溪流深切于纵横交错的崇山峻岭之中，形成了山高谷深的典型山地地貌景观。

　　平武县属于北亚热带山地湿润季风气候类型。气候温和，降水丰沛，日照充足，四季分明。年平均气温14.7℃，极端最高气温37℃，极端最低气温−7.3℃，年平均降水量866.5 mm。由于地势起伏很大，各地气候差异悬殊，立体气候明显。随着海拔的升高，从低山河谷的亚热带山地季风气候逐渐演变为暖温带、温带、寒温带、亚寒带，以致终年积雪的寒带气候。受地形地貌、气候、生物和成土母质等生态条件的综合影响，平武县的土壤垂直带谱明显，随着地势高度的增加，自基带而上依次分布为黄壤—山地黄壤—山地黄棕壤—山地棕壤—山地暗棕壤—山地棕色针叶林土—山地草甸土—亚高山草甸土—高山草甸土。

受气候和立体地貌的影响，平武县的植物群落形成了垂直分布的北亚热带、寒温带、亚寒带等植被类型：海拔600～1600 m为常绿阔叶林带，海拔1600～2200 m为常绿落叶阔叶混交林带，海拔2200～2800 m为针阔混交林带，海拔2800～3500 m为暗针叶林带，海拔3500 m以上为亚高山灌丛。

根据已有的调查，平武分布有植物294科4156种，其中有国家重点保护植物27种，占全国重点保护植物的6.44%。植物区系上呈现出起源古老、组成复杂、子遗性及区域演化中心等特征。丰富的植被多样性孕育了各种野生动物，在县境内栖息着多种野生动物，大熊猫、金丝猴、羚牛等珍稀野生动物在县境西部和北部的森林中栖息繁衍。根据调查，平武县分布有野生动物345科1930种。

根据2021年统计资料，平武县现辖6个镇、14个乡（其中藏族乡8个、羌族乡4个）、16个社区居委会和162个行政村，户籍人口17.4万人，包括汉、藏（包括白马藏族）、回、羌等12个民族。其中少数民族人口6.2万人，占总人口35.8%。在大熊猫栖息地生活的民族主要是藏族（包括白马藏族）。

平武县域经济具有典型的山区型自然经济色彩，以传统农业和畜牧业为主。改革开放后农业结构调整，发展多种经营，逐步建立完善了蚕、茶、果、药、畜五大商品基地。20世纪80年代后，地方工业发展，逐步形成了森林采伐、矿产开发和水电开发为主的产业结构。旅游业在80年代末兴起，1998年天然林全面禁伐后，开始成为县域经济新的增长点。〔以上内容引自《平武县志》《四川统计年鉴1998》

《四川统计年鉴2015》等。]

据全国第四次大熊猫调查结果，平武县野生大熊猫数量约占全国野生大熊猫数量的1/5，是全国大熊猫数量最多的县。大熊猫栖息地面积为2883.22 km2，占全县幅员面积的48.3%。平武县的大熊猫栖息地，是连接岷山山系中青川、北川、松潘、九寨沟和甘肃文县大熊猫栖息地的关键区域，保护着岷山大熊猫A种群的绝大部分。因而平武县对于大熊猫这个旗舰物种的保护具有极其重要的意义。同时，大熊猫栖息地内还分布着国家重点保护野生动物88种，省重点保护野生动物41种，还有国家重点保护野生植物55种。

1965年9月20日，平武县的第一个自然保护区——王朗自然保护区得以建立，随后平武又相继建立了雪宝顶（原泗耳）和小河沟自然保护区。王朗、雪宝顶、小河沟三个自然保护区总面积已达1241.39 km^2，占全县幅员面积的20.78%，将半数以上的大熊猫及其主要栖息地纳入了自然保护区的有效管理。经过50多年的发展，至今平武县境内已包含11个不同类型的自然保护地，其中包括大熊猫国家公园平武片区；体制内自然保护区有4个，分别是大熊猫国家公园平武片区、王朗保护区、雪宝顶保护区、小河沟保护区、余家山保护区；自然公园有6个，分别是老河沟社会公益保护地、关坝沟流域自然保护小区、福寿自然保护小区、龙池坪森林公园、龙门洞森林公园、剑门蜀道风景名胜区。

几十年来，平武县经历了巨大的社会经济变化，威胁和保护两种力量动态变化共同作用于自然生态系统。尤其是平武县的林业发展变化，可以被视为中国林业发展的缩影，具有典型代表性。在这里，大熊猫栖息地经历了破坏和退化、保护和恢复两种阶段，相关研究对于了解全国大熊猫栖息地的动态变化及影响因素具有示范意义。

第二节　以邻为壑——
大熊猫威胁从盗猎、伐木到栖息地破碎化

大熊猫（*Ailuropoda melanoleuca*）作为世界上最受关注的野生

动物物种之一（Loucks et al.，2001；潘文石 等，2001；王昊 等，2002；Wei et al.，2015；魏辅文，2018），其种群和分布状况得到国内外的广泛关注。根据国家林业和草原局2021年发表的全国第四次大熊猫调查结果，野生大熊猫在我国6个山系、33个面积大小各不相同的栖息地斑块中分布（唐小平 等，2015；国家林业和草原局，2021）。

根据调查结果（国家林业和草原局，2021），秦岭山系有野生大熊猫347只，栖息地面积约为372 km2，地理格局上分为6个相对隔离的栖息地斑块。由东向西依次为平河梁栖息地、天华山+锦鸡梁栖息地、兴隆岭栖息地、牛尾河+桑园坝栖息地、太白河栖息地和青木川+曹家河（位于甘肃省）栖息地，主体分布在秦岭山脉主峰太白山以南地区。

岷山山系有野生大熊猫797只，是6个山系中种群最大的一个，分布于甘肃南部到四川北部，大体上可划分为北、中、南三个相对隔离的区域。北部栖息地包括甘肃省舟曲县的插岗梁栖息地、迭部栖息地以及四川省九寨沟县黑河乡、大录乡以及若尔盖县的栖息地；中部栖息地由甘肃省文县的白水江栖息地、尖山栖息地，以及四川省青川、平武、松潘、北川、茂县、九寨沟的唐家河保护区、王朗保护区、老河沟保护区、雪宝顶保护区、宝顶沟保护区、九寨沟保护区、白河保护区、勿角保护区等范围内的栖息地组成；南部栖息地则由四川省安县、绵竹、什邡、彭州、都江堰范围内的栖息地构成。

邛崃山系有野生大熊猫528只，分布在破碎化程度较高的栖息地中。在北部理县、小金、都江堰、汶川，中部崇州、大邑、邛崃，南部宝兴、天全、芦山，西部康定、泸定，共12个县内有分布。其中汶川、宝兴、天全3个县中的分布数量最多，约占邛崃山系野生大熊猫总数的60%，且其栖息地占邛崃山栖息地面积的70%。

小相岭山系有大熊猫30只，栖息地破碎化程度较高，大体上分为石棉县栗子坪保护区及周边地区，以及冕宁县冶勒保护区及周边地区两块。

大相岭山系有大熊猫38只，分布区域仅在洪雅、荥经、汉源交界处的荥河、瓦屋山等地。大小相岭栖息地之间也存在分隔，种群结构十分脆弱。

凉山山系有野生大熊猫124只，栖息地呈爪状延伸于大凉山支脉的山脊，或破碎化栖息地孤立于山脊线上，另外在雷波县麻咪泽保护区也有孤立的栖息地分布。这主要是由于毁林开荒和其他人类生产生活干扰造成了栖息地破碎化。

虽然大熊猫栖息地恢复和重建方面的研究从2000年之后才开始发展，但大熊猫栖息地威胁及影响机制则更早被学界所关注（O'Brien et al., 1994；潘文石 等，2001； Loucks et al., 2001；胡锦矗 等，2011；Wei et al., 2015）。目前的研究普遍认为，大熊猫受威胁的主要原因是其栖息地森林退化（王昊 等，2002；Loucks et al., 2003；郭海燕，2003；肖燚 等，2004；胡锦矗 等，2011；Hull et al., 2014），导致这一退化的最关键因素是人类活动影响（Loucks et al., 2003；冉江洪 等，2003a；Bearer et al., 2008；李晓鸿，2008；Ran et al., 2009；Wang et al., 2014；Tian et al., 2019），而保护和恢复森林是保护大熊猫的关键（Zhang et al., 2013；Hull et al., 2014；Wang et al., 2014；Kong et al., 2017, 2021）。

申国珍等通过对大熊猫的监测、栖息地的考察、模型模拟等方法，从地形因子、森林群落因子和食物生长等方面建立了大熊猫栖息地退化与恢复的指标体系，研究了栖息地森林和干扰的动态规律、栖息地森林恢复的模式和途径（申国珍，2002；申国珍 等；2008）。

欧阳志云等（2002）对卧龙保护区大熊猫栖息地的恢复过程进行了样方研究，发现大熊猫生境恢复包括大熊猫可食竹类资源的恢复以及生境群落结构的恢复，两者需要的时间不同。人工造林不是恢复大熊猫生境的有效方式。朱云（2007）、王放（2012）对秦岭大熊猫栖息地生物走廊带的有效管理方法进行了探讨。

在栖息地模型研究的基础上，大熊猫栖息地在保护政策、自然灾害、气候变化等重大场景下的恢复重建问题成为研究热点。5▪12汶川大地震后，多位学者分析了灾变后大熊猫栖息地在未来将面临的新威胁（Wang et al., 2008；申国珍，2008；王学志 等，2008）。

2015年起，大熊猫栖息地在不同尺度上受气候变化的影响以及相关的保护适应性策略被反复讨论。Shen 等（2015）发现气候变化将导致大熊猫栖息地损失（16.3±1.4）%，碎片化程度增加近四倍。 Kong等（2017）讨论了3种不同场景下大熊猫栖息地保护的红线，提出应该将6个山系中80%以上的大熊猫种群和栖息地、共9358 km2的面积纳入大熊猫栖息地保护红线中，同时保持栖息地的连通性，限制人类在大熊猫栖息地的开发活动。在气候变化和国家公园建设的背景下，基于个体的种群风险模型是当前研究大熊猫栖息地受威胁程度的最新方法（Kong et al.，2021）。在6个山系的33个种群中，100年内有18个种群的灭绝风险高于50%，15个种群的灭绝风险高于90%，孤立种群数量可能还会进一步增加。如果种群年龄结构趋于老龄化或幼崽存活率降低，灭绝风险还会进一步明显升高（Kong et al.，2021）。

　　根据全国第四次大熊猫调查结果（国家林业和草原局，2021），野生大熊猫面临的最大威胁的前三位是放牧、公路修建和竹子开花。人类主要从事放牧的空间范围大量分布于大熊猫原本的栖息地中，家畜物种也比其他陆生野生动物物种更容易造成与大熊猫生态位的重叠，且夏季与冬季放牧行为的强度差异与大熊猫活动范围的海拔差异有一定的相关性（冉江洪 等，2003a； 王晓 等，2017；Tian et al.，2019）。放牧强度会直接影响大熊猫的分布范围以及其主食竹类的盖度和枯死竹的比例，这是牲畜取食和践踏以及人类为牲畜养殖开辟场所的结果。同时，家畜也会直接与大熊猫形成种间竞争关系（Hull et al.，2014；Wang et al.，2014）。公路建设给大熊猫带来的威胁主要来自对大熊猫栖息地的切割和破碎化作用。尤其是近些年随着城市化进程的推进和经济发展，大量封闭的高速公路、高山围堰水库和水电站等大型工程，直接造成了部分大熊猫栖息地和种群交流的人为阻断（Loucks et al.，2001；Wang et al.，2014；Kong et al.，2021）。而竹子开花给大熊猫带来的威胁源于其生物学特性，虽然大熊猫在长期进化过程中已经对其有所适应，但由于其与公路修建、人类社区生产生活造成的大熊猫栖息地退化、破碎化共同作用，使得大熊猫长距离迁移到适宜栖息地觅食的能力下降，造成了大熊猫食物的缺乏（Loucks et al.，2003；申国珍 等，2008；Wang et al.，2014）。一言以蔽之，人类活动干扰造成栖息地退化、破碎化和丧失，是威胁野生大熊猫生存的主要因素。

保护区是广泛认可的最有效的就地保护方式（Rodrigues et al.，2004）。早在1989年，国家林业局和世界自然基金会共同制订了《中国大熊猫及其栖息地保护管理计划》。该管理计划指导了我国大部分野生大熊猫保护区从批准成立到运行管理的过程。到了2015年，全国已经建立了67个主要保护物种为大熊猫的自然保护区，总面积达到33 600 km2，覆盖了60%左右的大熊猫栖息地（Gong et al.，2011；胡锦矗 等，2011；Song et al.，2014；唐小平 等，2015；Wei et al.，2015）。然而，目前的大熊猫保护区系统也存在一些问题，主要有以下四个方面：① 保护区分布不均，大熊猫分布的6个山系中保护区数量和面积差别都非常大；② 保护区之间高度隔离，交流困难，隔离因素包括公路、农耕地和居民用地、河流，以及环境的异质性；③ 山系之间的保护区完全隔离，山系内部的保护区交流也比较困难；④ 保护区的保护、管理能力参差不齐。大熊猫保护区中新成立的保护区所占比例较大，82%的保护区为1990年之后成立，60%的保护区在2000年之后成立。这些新成立保护区在人员配备、保护能力和执法管理等方面都十分欠缺，其保护管理水平亟待提高。在气候变化影响下，与保护区外相比，预计保护区内大熊猫栖息地破碎化将导致保护有效性降低 9%。 其中较新建的保护区的保护有效性将降低 35%。这说明保护区在物种保护的长期有效性方面是有风险的，保护大熊猫栖息地需要整合自然过程和动态威胁，而不是简单地依赖于单个静态的自然保护区（Shen et al.，2015）。

2016年9月4日，世界自然保护联盟（IUCN）基于中国第二次至第四次大熊猫调查结果的变化趋势等证据，将大熊猫的濒危等级从"濒危（EN）"下调至"易危（VU）"。但包括本书作者在内的很多学者认为，这样看似斐然的保护成绩可能会掩盖很多隐患，例如，仍然存在的大熊猫种群和栖息地的长期威胁可能得不到足够的关注（Kang et al.，2016；Xu et al.，2017；Kong et al.，2021）。

已开展的四次全国大熊猫野外种群考察所采用的数据收集方法、分析方法以及采样面积并不一致（史雪威 等，2016），例如，采样面积从第二次调查的49个县扩大到了第四次调查的62个县，因此各次调查得到的体现大熊猫种群数量增加的结果，可能仅仅是因为考察面积增加了。欧阳志云的研究团队（Xu et al.，2017）通过分析不同年份的栖息地数据发现，大熊猫栖息地在1976—2001年减少了4.9%，在2001—2013年增加了0.4%，在总体上仍然没有扭转栖息地遭受威胁的状况。而以完整的、不破碎化的大熊猫栖息地为考量，这两个时间段则分别减少24%、增加1.8%，栖息地面积变化差距更加明显。虽然自然保护区有效地减少了一部分人类活动对大熊猫种群和栖息地的影响，然而放牧、公路建设等依旧在加剧大熊猫栖息地的破碎化。想要确保野生大熊猫种群的长期生存，道阻且长。

第三节　用社区保护搭建人与大熊猫和谐共存的桥梁

大熊猫保护区除了其自身系统上存在数量面积分布不均、高度隔离、交流困难、管理水平参差不齐等问题以外，其最难以解决的还是在49个有大熊猫栖息地分布的县级行政区划中的1075.1万人的生计问题（Swaisgood et al.，2018；胡锦矗 等，2011；Song et al.，2014）。在社区集体林分布的大熊猫栖息地占栖息地总量的40%左右，其周边社区一般都是偏远山区和经济不发达地区，居民收入主要来源为林下采集、放牧、种植业等，因此而带来的对大熊猫栖息地的干扰最为持久和突出。如若在这些区域采取与保护区类似的管理和保护措施，势必产生大熊猫及栖息地保护与社区居民生计的矛盾和冲突。同时，社区集体林中分布的大熊猫栖息地在地理上通常是重要的大熊猫栖息地走廊带，对大熊猫种群的连通与迁移、种群间交流至关重要。因此，在社区集体林的大熊猫栖息地开展社区参与的保护，尤其是通过大力发展保护友好型产业，充分利用优质大熊猫栖息地带来的生态系统服务价值，是解决这一问题的重要出路。

对于平武来说同样是如此。据笔者与时任王朗国家级自然保护区管理局局长蒋仕伟的个人交流，在王朗保护区建立伊始，没有开展社区合作共管之前，保护区与周边社区关系非常紧张，特别是白马社区。其主要原因在于，保护区建立没有给社区带来任何利好，保护区也没有主动与社区接触，社区居民经常强行搭车堵路，保护区员工对于社区村民采取的是惧怕、隔绝的态度。在这种情况下，社区因放牧、采集、盗伐、盗猎与保护区不断发生冲突，产生了很多不利的后果。根据尚未正式出版的《平武县生态保护发展史》记载，1982年森林派出所成立至1994年底，平武森林公安局共立案查处林业刑事案件216起，其中，盗伐滥伐森林等林木案件56起，猎杀野生动物和走私、倒卖野生动物及其产品案件160起，缴获非法狩猎工具300余件。这些数据既说明了保护区的建立对有效打击盗猎起到了关键作用，同时也表明了社区生计与保护之间矛盾的尖锐。

20世纪末的两项重要政策和法令的实施对平武和大熊猫的保护都产生了深远的影响。《中华人民共和国枪支管理法》的颁布，直接减少了盗猎频度和野外工作威胁，对减少盗猎这一当时对大熊猫和其他保护动物最大的威胁的意义重大；而天然林保护工程（以下简称"天保工程"）的实施则对保护区影响较大，除了保护区短时间没有财政预算，县财政对木材采伐的依赖达到75%，工资及运行经费缺失以外，周边社区收入严重下降，从而对保护区森林资源利用依赖性增强，因为之前社区都是以木材相关产业作为主要生计，所以在天保工程刚实施之时，社区与保护区的冲突尤其剧烈。

与此同时，看似内忧外患交织，王朗保护区和平武的大熊猫栖息地所在的社区却迎来了一个转机。1996年底，世界自然基金会启动"平武ICDP项目"，重点支持王朗保护区及周边社区的综合保护与发展。随着ICDP项目的启动，王朗保护区又成为该项目的重点资助区域，在资金、技术和专家资源等方面都得到了很多帮助，并惠及周边社区。首先，保护区将社区发展纳入保护一起考虑，从对立转成合作，相互走动加强；其次，给予了社区大量培训，开展社区调查、能力建设，并且给予了小额信贷、养殖品种改良、传统服饰编织、传统文化挖掘弘扬、节柴灶和太阳能安装、村寨道路建设、生态旅游接待能力建设等实在的帮助。在这期间，通过ICDP项目，保护区联合社区启动了白马生态旅游规划设计、薄膜玉米种植、高山蔬菜产业支持等替代生计项目，这在国内的自然保护区都是先驱性的尝试。这些尝试使得社区参与了保护区部分管理，参与巡护、务工等。保护项目还通过大量的调查与评估，如本底调查、人员能力调查、管理现状调查等，找出了王朗保护区当时存在的问题与不足，并提出了相应的对策。通过积极参加ICDP项目，王朗保护区的工作人员接受了社区共管的理念和方法，从重大事务决策到日常管理、制度建立、项目合作等，都引入参与式观念，对推动保护管理和缓和保护与社区发展的矛盾起到了积极的作用。保护工作方面依托ICDP项目开展了一系列社区共管活动，完善了大熊猫及栖息地的监测、巡护工作。通过项目合作，对保护区全体职工进行了多次有关参与式工作方法、生态旅游、非木材林产品开发、保护生物学等不同层次的培训，也培养了一大批擅长社区工作的保护区人才，以及拥有娴熟的巡护监测和自然教育、生态产业技能的社区人才。

ICDP项目作为打响平武大熊猫保护的"社区模式"的第一枪，确实足够响亮。但它不管是从资源投入，还是影响地理范围、影响人数的角度，对于平武县的大熊猫栖息地来说还是远远不够的。要想在平武实现人与大熊猫等野生动物和谐共存的愿景，首先，需要了解大熊猫栖息地的总体状况，面临着何种威胁，进而对保护措施提出合理的建议；其次，社区参与无疑对保护是有用的，但社区保护项目究竟以什么样的机制和效果影响着保护成效，又有什么样的新的行动应运而生，其可持续发展的前景又将如何？这些问题都伴随着平武20多年来的社区保护发展历程，尤其是"熊猫–蜂蜜"保护策略和关坝沟流域自然保护小区的发展，不断地得到新的答案。本书接下来的章节将一一对这些问题进行探讨。

第二章

共存的土壤

——平武大熊猫栖息地适宜度评价与变迁分析[1]

1 本章所涉研究的主体内容完成于2008年，文中涉及的行政区划为当时的行政区划，如今部分乡镇已有调整，但不影响本文的结论，特此说明。

过去，对大熊猫栖息地的研究和描述存在三个方面的局限：

（1）绝大部分研究是针对单个因素影响进行的定量分析，但各因素之间怎样交互作用共同决定和改变大熊猫栖息地，由于受方法所限，并未进行过客观全面的分析。虽然采用概念模型同时分析了多个因素对栖息地的影响，但由于这种方法不依据野外的实际观察数据，仅根据专家知识和经验人为制定评价准则或对其进行赋值，其客观性值得商榷。

（2）一个比较大的局限是研究中大多采用大熊猫活动痕迹（如食迹、粪便）等间接指标来指示大熊猫的栖息地利用频度或种群密度。痕迹指标和频度/密度之间存在一定的相关性，但是否能够真实准确地反映频度/密度，很大程度上依赖于取样设计。在大多数情况下，实际野外工作往往难以满足指标使用的假设和前提，因此这种间接指标的使用存在其局限性。

（3）在过去的栖息地研究中，由于大部分人为因素难于量化统计，因此没有系统地分析人的影响。事实上，人作为生态系统中无法排除的因素，是大熊猫栖息地研究中不能回避的问题。了解人为因素的作用机理、影响范围等，可以为科学地设计保护行动提供理论支持和决策依据。

针对大熊猫栖息地研究中这些现存的不足，本章试图对世纪之交的平武大熊猫栖息地威胁因素急剧变化的情况进行探究，通过引入综合的栖息地研究方法来回答如下一些具体问题：

（1）如何应用一套客观的、可操作的方法综合系统地评价大熊猫栖息地质量格局和分布状况？哪些关键因素决定了这种质量格局？

（2）1988—2008年平武县大熊猫栖息地质量经历了怎样的变化过程？栖息地质量格局变化的规律和程度如何？哪些区域经历了剧烈的退化，哪些区域目前正处于恢复中，哪些区域是最值得恢复的潜在栖息地？

（3）影响大熊猫栖息地变化的关键因素有哪些，其作用机制和影响范围如何？影响因素之间有什么样的内在联系？哪些是关键的影响因素？

（4）目前开展的保护行动和措施是否有效恢复了大熊猫栖息地？影响大熊猫栖息地的主要威胁在这世纪之交的20年中发生了哪些变化？

本章的研究结合了栖息地野外样线调查方法、社会访谈方法、遥感解译（RS）和地理信息系统（GIS）技术方法搜集和处理物种分布数据、生态地理环境数据和人为干扰分布数据。研究中采用的主要研究方法和相关工具如表2.1所示。

表2.1 研究中采用的主要研究方法和相关工具

研究方法	使用工具
ENFA生态位模型	Biomapper 4.0
遥感解译	ERDAS IMAGINE 9.1
空间数据处理、分析和制图	ArcView 3.2a
	ArcGIS 9.2
栖息地景观格局	FRAGSTAT 3.3
破碎化分析	栅格版本
统计分析	SPSS 15.0
	Microsoft Excel 2003
数据存储和处理	Microsoft Access 2003

第一节 大熊猫栖息地研究方法概述

一、大熊猫栖息地研究概述

大熊猫栖息地研究在多篇文献和研究综述中进行过总结（张泽均 等，2000；王昊 等，2002；胡锦矗 等，2003；刘雪华，2008；杨春花 等，2006；王学志 等，2008）。总结起来，关于大熊猫栖息地研究经历了如下几个阶段：

20世纪70年代以前，主要是对大熊猫分布的栖息地进行描述，包括Sheldon（1937）在 *Notes on Giant Panda* 中的描述"……大熊猫主要活动于有竹子分布的环境"，崔占平（1962）在《中国经济动物志·兽类》中描述"大熊猫生活于2600~3000 m的高山竹林"，Wang等（1973）在 *Giant Panda in the wild* 中描述大熊猫栖息地"位于高山峡谷的针阔混交林中……"。

20世纪70年代开始，国内外对大熊猫生态学的系统研究逐渐展开（胡锦矗 等，2003）。从70年代至1990年，胡锦矗（1981a，1981b，1981c）、Schaller等（1985）、吴家炎（1986）和潘文石等（1988）开始对卧龙和秦岭的野生大熊猫栖息地进行研究，并涉及栖息地选择问题，但仍然以定性描述为主。

20世纪90年代开始，随着统计学的不断发展，定量研究手段和研究方法开始引入大熊猫栖息地研究。同时，第二次全国大熊猫调查的开展为大熊猫研究积累了大量本底数据，大熊猫栖息地选择成为这个时期的研究热点。这些研究通常是以野外样点/样方调查数据为基础的，应用Vanderploeg & Scavia选择指数、Forage Ratio选择指数和主成分分析等方法，将大熊猫活动频度（通常以大熊猫活动痕迹作为间接指标）与环境变量的分布频率进行比较。到目前为止，栖息地选择的研究区域几乎覆盖了大熊猫分布的所有山系，包括岷山（胡杰 等，2000a，2000b；张泽均 等，2000；曾宗永 等，2002；曾涛 等，2003）、邛崃（Reid et al., 1991； 张泽均 等，2000；王昊 等，2002）、凉山（魏辅文 等，1996a，1996b；冉江洪 等，2003a）、小相岭（唐平 等，1998；魏辅文 等，1999；冉江洪 等，2003b）、大相岭（张文广 等，2006） 和秦岭山系（杨兴中 等，1998a，1998b；赵德怀 等，2005；Liu et al., 2005 ）。然而，大部分研究都在保护区以内，研究方法不够统一，而且大部分研究没有考虑人类干扰对栖息地选择的影响，因此难以进行大尺度的比较分析。

90年代末，模型方法和地理信息系统、遥感解译等空间分析方法逐渐引入大熊猫栖息地研究，开始对大熊猫栖息地质量状况进行量化评价（欧阳志云 等，2000，2001；刘雪华，2006 ）。随着空间数据不断丰富和技术方法的进步，研究范围从单个保护区或区域扩大到山系乃至整个大熊猫分布区，同时开始尝试分析栖息地破碎化、群落格局以及栖息地的变化动态（陈利顶 等，1999；欧阳志云 等，2001；Liu et al., 2001；徐卫华 等，2006；张文广 等，2007；王学志 等，2008），并与社会经济研究方法结合起来，分析大熊猫栖息地变化与政策、经济因素的关系，模拟和预测不同情景下的栖息地变化（Liu et al., 1999，2001）。在这个时期，对大熊猫保护逐渐加强，与大熊猫保护生物学相关的研究开始广泛开展，包括从森林群落和食物生长等方面研究大熊猫栖息地的恢复与重建、分析大熊猫保护现状等。

二、大熊猫的栖息地选择和栖息地利用

栖息地选择和栖息地利用是大熊猫栖息地研究中最丰富和最深入的领域，目前的研究已经覆盖了各个山系大熊猫对生境因子的选择规律和利用特征、选择机制、季节变化、栖息地选择对环境变化和干扰的适应，以及大熊猫和同域分布的竞争物种之间生态位关系等多个方面。

大熊猫选择的生境因素可以分为四类：环境因素、食物因素、植被因素和干扰因素（杨春花 等，2006），每一类因素包括的具体影响因子及其选择规律和选择机制（表2.2）（Reid et al.，1991；魏辅文 等，1996a；唐平 等，1998；杨兴中 等，1998a，1998b；魏辅文等，1999；胡杰 等，2000a，2000b；张泽均 等，2000；王昊 等，2002；曾宗永 等，2002；冉江洪 等，2003a，2003b；赵德怀 等，2005；Liu et al.，2005；张文广 等，2006）。

表2.2　大熊猫对生境因素的选择规律

类型	生境因素	选择规律	选择机制
环境因素	海拔	1500~3900 m，山系间差别较大	影响植被垂直分布和温度差异，从而影响食物资源的分布、更新和生长状况
	坡度	<40°的平缓坡，各山系的坡度上限略有不同	利于觅食行为，节约时间和能量，土壤肥厚利于主食竹生长
	坡向	东南坡或半阳半阴坡	利于季风深入，形成暖湿的小气候
	坡位	中、上坡位	趋避人类干扰较多的下坡位和谷底
	水源	<3 km离水源较近	影响主食竹生长和更新
食物因素	主食竹密度/盖度	<50%密度盖度适中	密度过高的竹子营养状况较差，而且觅食困难
	主食竹高度	较高，3~5 m	
	主食竹生长状况	长势较好，基径较粗	直接反映竹子的质量和营养状况
	主食竹类型	营养丰富，幼竹比例高	
植被因素	植被类型	针阔混交林、针叶林为主	提供隐蔽条件，提高其繁殖成功率
	郁闭度	>50%浓密森林	
	森林起源	原始林	营造适宜的微气候，利于竹子生长和更新
	灌木盖度	<50%	过密的灌木影响竹子生长
干扰因素	各种人类干扰	趋避采伐、放牧、林下产品采集、薪柴和公路等干扰	直接或间接影响大熊猫生存

在秦岭佛坪（杨兴中 等，1998a，1998b；Liu et al., 2005）和凉山马边（杨光 等，1998）等区域的研究发现，大熊猫栖息地选择具有季节性差异，可以分为冬季栖息地和夏季栖息地，存在季节性垂直迁移，这与气候及不同主食竹发笋的季节性差异相关。

在环境变化时或次生环境中，大熊猫的栖息地选择发生相应的改变，产生对新环境的适应。这种适应包括对竹子开花（胡锦矗，1993，1994）、次生林生境（王昊 等，2002；冉江洪 等，2004）和各种人为干扰的适应（潘文石 等，1988；周世强 等，1999；高新宇 等，2004，2006）；适应的主要方式是扩大活动范围和巢域，从而扩大生境选择范围，或转而利用次好的栖息地改变原有的生境因子选择规律。

三、大熊猫栖息地评价及其动态变化分析

大熊猫栖息地评价及其动态变化分析是近几十年大熊猫栖息地研究的热点。从20世纪90年代开始3S技术广泛引入野生动物及其栖息地的研究，欧阳志云和刘建国等利用概念模型（或机理分析模型）和GIS技术相结合的方法对多个山系的大熊猫栖息地进行了栖息地评价并绘制了栖息地适宜性分布图（欧阳志云 等，2001；肖燚 等，2004；徐卫华 等，2006；张文广 等，2006，2007），并探讨了其历史变化（Liu et al., 2001）。除了概念模型之外，集成的专家系统和神经网络（刘雪华，2006）和生态位模型ENFA（王学志 等，2008）也开始被应用到大熊猫栖息地评价中。

周洁敏初步建立了栖息地质量评价指标体系，并说明了其采样指标（周洁敏，2005，2008）。

李天文等（2004）采用GIS软件的内插分析及统计功能系统分析和绘制生境要素的空间分布图，直观反映了栖息地的生态状况，为秦岭地区大熊猫栖息地质量的综合评价奠定了基础。李军锋等（2005）和邱春霞等（2006）建立了影响大熊猫栖息地的7个指标，采用层次分析法确立指标的权重，结合GIS的空间叠加分析功能，制作了洋县大熊猫栖息地质量等级图。

　　大熊猫栖息地经历了剧烈的历史变迁，目前大熊猫零星地分布在历史分布范围中（Loucks et al., 2001），被岛屿状的栖息地隔离为大约24个种群（O'Brien et al., 1994）。徐卫华等（2006）对大熊猫栖息地动态变化研究发现，从1974年以来，全国大熊猫栖息地分布格局基本没有变化，但总潜在栖息地面积减少了2040km^2。从1965年到1997年，卧龙自然保护区的大熊猫栖息地随着人口增长明显减少和退化（Liu et al., 2001）。然而，也有部分区域（如迭部）的大熊猫栖息地经历了严重退化之后，已经开始恢复和扩展（李晓鸿，2008）。

四、栖息地适宜度评价方法

　　采用ENFA生态位模型方法模拟大熊猫栖息地适宜度分布现状和栖息地质量格局，并利用Fragstat分析了现有栖息地的景观特征和破碎化现状，同时分析了大熊猫栖息地的季节性变化。

　　1. 确定模型关键参数

　　确定空间分辨率是模型建立的关键问题（Sinha et al., 2002），应根据物种分布区域的环境梯度特征及其测量方法和取样精度来确定（Guisan et al., 2005）。综合考虑取样精度和大熊猫自身的活动能力，我们将整个平武县范围划分为66 241个300m×300m的栅格，采用UTM坐标和WGS84投影体系。

　　2. 物种分布数据收集和处理

　　物种分布数据的收集有多种途径，主要包括野外调查和收集现有资料两种。本研究的数据来源于野外调查。

　　基于全国第三次大熊猫调查，产生了一套大熊猫及其栖息地的调查方法。随着大熊猫保护区逐步开展野外监测巡护工作，这一套方法不断得到改进和丰富，从而形成了一系列大熊猫保护监测巡护方法。本研究的野外调查就是在保护区野外监测巡护的基础上，根据需求增加了部分保护区以外的调查样线，并调整了监测频率。最后采用的大熊猫分布数据为保护区内的监测巡护、多次与林场和森林发展公司联合开展的对保护区以外的大熊猫的调查，以及火溪河流域调查等多次专项调查数据的集合。

本研究中使用的数据的时间跨度为2005年2月20日—2008年5月11日，共计378条样线，共发现1254个大熊猫的痕迹分布点，如图2.1上所示。调查覆盖面积约为750 km²，约占平武县大熊猫分布区域面积的40%。

由于模型运用的前提是要求取样随机独立，并且研究区域内工作量一致。理想状况下，应该通过分层随机取样，保证样本的客观性和准确性，避免产生偏差。但因为工作条件所限，没有能够完全按照理想的状态布设样线和设计调查频次。各个区域之间存在不均衡性。而工作量相一致是大多数模型的基本前提之一，我们通过在已有数据中随机取样的方式并且将调查样点之间距离小于1 km（根据大熊猫日活动距离确定）（王昊 等，2002）的样点合并为一个样本，以消除工作量不均匀的影响，接近真正的随机取样调查情况，从而取得更为客观真实的预测结果。处理之后剩余442个独立的大熊猫痕迹点，如图2.1下所示。

根据模型的数据格式要求准备大熊猫痕迹分布点图层，生成"大熊猫分布点"布尔值型图层，1为物种出现点，0为背景值。

3. 生态地理因子

模型中的生态地理因子应包含影响物种分布的关键因素。根据大熊猫生物学与行为生态学长期研究积累的成果，影响大熊猫生境质量的因素包括物理环境因素、生物环境因素以及人类干扰因素。

（1）物理环境因素。包括海拔高度、地形地貌、坡向、坡度、水源等方面。

（2）生物环境因素。包括植被类型、森林起源和年龄、乔木层和灌木层特征、主食竹分布等方面。

图2.1　2004—2008年野外调查大熊猫痕迹点分布：
原始数据（上图）和处理后数据（下图）

（3）人类干扰因素。在岷山地区，影响大熊猫栖息地质量的人类干扰主要包括森林砍伐、公路交通、大型工程建设、开矿、农业活动、林下资源采集以及当地居民的日常生活生产活动，如放牧、挖药等。这些人类活动，直接或间接影响大熊猫栖息地质量，使栖息地退化、隔离和破碎化。

具体变量的具体处理方式参见表2.3。

4. 生态地理变量（ecological geographic varibales）的处理

根据上述各种影响因素的作用方式和大熊猫对这些影响因素的不同反应曲线，可以分为资源类因素、限制因素和干扰因素，这几种因素应分别采用下列处理方式转化为生态地理变量：

（1）资源类因素。转化为频率型变量，表现为大熊猫活动范围内该资源出现的频率。通常以动物日活动距离为半径，或者以统计区域与动物巢域面积大小相当。根据秦岭和卧龙的大熊猫研究（Schaller et al., 1985；胡锦矗，2001；王昊等，2002）本研究采用1.5 km为半径，即以5个栅格为半径，则统计区域面积约7 km^2，与大熊猫的平均巢域大致相当。这一类变量包括森林、灌丛等。

（2）限制因素。根据该因素变量类型确定处理方法。连续变量保持原始值，如气候数据、海拔、坡度等。分类变量根据该因素对大熊猫的影响方式和大熊猫对每个类别的选择性转化为序次变量，如坡位。

（3）干扰因素。转为距离变量，表现为某一栅格与出现该因素的栅格之间的最小距离。这一类变量包括公路、居民点、耕地等。

本研究最终选择了33个生态地理变量，变量的具体含义、数据来源和处理方式参见表2.3。检验变量栅格图层空间一致性后，对变量进行Box-Cox标准化变换（Hirzel et al., 2002）。

5. 模型拟合与空间预测

ENFA分析过程采用Biomapper 4.0（Hirzel et al., 2007）完成，并采用GIS软件ArcView3.2a和ArcGIS 9.1进行后续图层处理。

栖息地适宜度图采用几何均值（geometric mean）算法（Hirzel et al., 2003），由特征根大于1的前n个特征因子计算生成。

6. 模型验证

Biomapper V4.0使用Jack-Knife交叉检验（cross-validation）方法验证评价模型的稳定性和预测准确程度。该方法将物种分布数据随机划分成k部分，每一次都使用$k-1$部分校正模型，剩余一部分则用来验证模型；反复重复k次，之后生成P-E曲线判断模型（Hirzel et al., 2006）。

具体计算过程如下：先将大熊猫活动痕迹点均分成10份，选取其中9份用于生成生境适宜图，剩下1份用于模型精度计算。模型精度采用绝对验证指数（absolute validation index，AVI）、相对验证指数（contrast validation index，CVI）和Boyes P-E指数来共同反映（Hirzel et al., 2006）。AVI为检验点所在栅格的栖息地适宜度指数（HSI）大于0.5这一临界值的比例，取值范围[0, 1]，AVI可以反映模型的拟合优度。CVI为模型AVI值与随机模型AVI值之差，取值范围[0, 0.5]，因此CVI可以反映模型判别能力的好坏。上述两个指数的取值都依赖于阈值的选择。

Boyes指数是指预测概率与随机期望概率的比值，首先是将栖息地适宜度指数根据等距法分组，然后计算每组的预测概率与期望概率。预测概率（P_i）是指第i组中根据预测为有分布的栅格数与有分布的栅格总数的比率；随机期望概率（E_i）是指随机情况下第i组有分布的栅格占总栅格数的比率。

由于Boyes指数随分组数的不同而不同，因此，为了消除人为分组的影响，可以采用连续Boyes指数代替静态固定的Boyes指数。不再是固定地分为n组，而是动态地以一定步长移动框架（通常步长远小于框架范围），这样便得到连续性的Boyes指数曲线，从而避免了Boyes指数由于分组数不同而发生改变。单向持续上升而且连续的Boyes曲线是好的预测曲线的代表。

由于三种指数各自判别了模型不同方面的特征，且各具优缺点，因此采用三种指数结合的方式来判断模型预测能力。

7. 模型比较与模型选择

根据上述三种模型验证指数的大小，选择合理数量的特征因子和最佳的适宜度算法。我们选择的特征因子越多，模型能够解释的信息量越大；然而过多的特征因子往往导致模型的表现更不稳定，准确性降低。因此，根据验证指数的变化情况，和我们要求解释的信息百分比，选择合理的特征因子。

8. 栖息地适宜度分级

最后，虽然ENFA分析能够给出每个栅格的栖息地适宜度指数，从0到100连续分布。但是，连续分布的栖息地适宜度指数实际上并不意味着能够将栖息地分为100个适宜等级。通常说来，如果生态地理变量中存在分类变量时，栖息地的分类数不应该超过生态地理变量的分类数（Hirzel et al., 2006）。由于本研究中采用了四分类的分类变量，故根据Boyes指数曲线图确定栖息地适宜度指数的重分类阈值，将栖息地适宜度分为最适宜栖息地、较适宜栖息地、边际栖息地和非栖息地四类。

表2.3　生态地理变量列表：数据来源及处理方式

类型	生态地理变量	数据来源	处理方式
物理环境	海拔	1:10万地形图	根据等高线插值生成DEM
	海拔标准差	1:10万DEM	从DEM栅格计算得到，计算半径为1.5 km
	坡度		从DEM用AcrView Derive Slope模块得到
	坡位		采用ArcView Topographical position index扩展模块计算，根据大熊猫偏好等级分为：山体下部与谷底、山体中部、山体上部、脊部
	坡向		从DEM用空间扩展模块Derive Aspect得到
	坡向余弦		栅格图层计算，求cos
	坡向正弦		栅格图层计算，求sin
	与山脊的距离	1:10万地形图	根据等高线走向数字化山脊，ArcView Find Distance模块转化为距离图层
	与主要河流的距离（>2 m）与小河的距离（<2 m）		数字化得到河流shp文件，ArcView Find Distance模块转化为与河流的距离
植被类型	森林频率	TM遥感影像	监督解译，以1.5 km为半径提取森林频率
	灌丛频率		监督解译，以1.5 km为半径提取灌丛频率
	与森林的距离		
	与灌丛的距离		根据解译结果，ArcView Find Distance模块转为距离
	与非森林的距离		
	与草地的距离		

续表

类型	生态地理变量	数据来源	处理方式
生物因素	森林郁闭度 森林年龄 森林起源 主食竹盖度 主食竹平均高度 灌木盖度	平武县1999年森林小班调查	以小班shp文件为基础，根据相应的属性转化为栅格数据
气候	年平均降雨量 年最高温度 年平均温度 年最低温度	Worldclim 生物气候数据	从Worldclim裁取平武区域，并用ArcGIS空间分析模块重采样将栅格大小转化为300m
人类干扰	耕地频率 与耕地的距离	TM遥感影像	监督解译，以1.5 km为半径提取农田频率，根据解译结果，ArcView Find Distance模块转为距离
	与城镇的距离 与村庄的距离	平武县2006年行政图	数字化得到相应shp文件，ArcView Find Distance模块转化为距离
	与九环线的距离 与主要道路的距离 到乡村小路的距离	平武县公路局2005年公路图	数字化得到相应shp文件，ArcView Find Distance模块转化为距离

五、种群分布和栖息地格局变化研究方法

采用与栖息地适宜度评价同样的方法，根据1988年和1998年两次调查的大熊猫分布数据，模拟了这两个时相的历史栖息地适宜度分布状况，比较三个时相下的栖息地变化。同时结合标准化距离指数（standard distance index，SDI）、景观格局指数，综合分析了大熊猫栖息地质量格局变迁、分布范围变化、景观格局和破碎化状况及其变化。

1968年起我国开始对局部地区的大熊猫数量进行了调查，1974—1977年我国政府组织了大约3000人参加的大熊猫资源普查，对所有分布区内的大熊猫资源进行了较为详细的调查，基本掌握了大熊猫的资源状况，这是第一次全国范围内的大熊猫调查（毕凤洲 等，1989）。

从1985—1988年中国林业部（国家林业局）和世界自然基金会联合进行第二次全国大熊猫调查，采用路线取样技术，在30多个大熊猫分布县进行了详细调查，掌握了大熊猫分布区内大熊猫的分布和数

量、森林和竹子的分布以及社会经济状况（毕凤洲 等，1989）。第
三次全国大熊猫调查于1998—2001年开展，其中，平武县作为试点区
域实际在1998年进行野外调查（国家林业局，2006）。

本研究1988时相的大熊猫分布数据来自对第二次全国大熊猫调查
分布点进行数字化（图2.2上），1998时相的分布数据来自第三次全国
大熊猫调查（图2.2下），2008时相则来自2005年2月20日—2008年5
月11日，共计378条样线，共发现1254个大熊猫的痕迹分布点的数据。

距离指数是指到最近大熊猫活动痕迹点的距离，大熊猫活动
痕迹包括粪便、取食痕迹、足迹和卧迹等能够证明是大熊猫活动后
留下的痕迹以及大熊猫实体的分布点位。将平武县整个范围划分为
300 m×300 m的栅格，用ESRI公司的GIS软件 Arcview 3.2a的
空间扩展模块find distance功能，生成到最近大熊猫分布点距离的
栅格图层。

为了进行年际之间的比较，消除年际之间的取样误差，采用标准正
态化方法对数据进行处理，得到标准化距离指数。具体计算公式如下：

$$\text{标准化距离指数 } SDI = \frac{D_i - D}{stDev} = \frac{D_i - D}{\sqrt{\dfrac{\sum\limits_{i}^{n}(D_i - \overline{D})^2}{n-1}}}$$

其中，n为栅格数量，D为栅格边长，D_i为栅格i到最近大熊猫分布点的
距离，$\overline{D}$为所有栅格距离的平均值，$stDev$为所有栅格距离的标准差。

每个栅格可以得到1988—1998—2008三个时相的标准化距离指
数SDI_{88}、SDI_{98}和SDI_{08}，则每个区域的SDI变化平均值可以通过如下
公式得到：

$$\text{SDI变化平均值}_{88-98} = \frac{\sum\limits_{i}^{n}(SDI_{98} - SDI_{88})}{n}$$

$$\text{SDI变化平均值}_{98-08} = \frac{\sum\limits_{i}^{n}(SDI_{08} - SDI_{98})}{n}$$

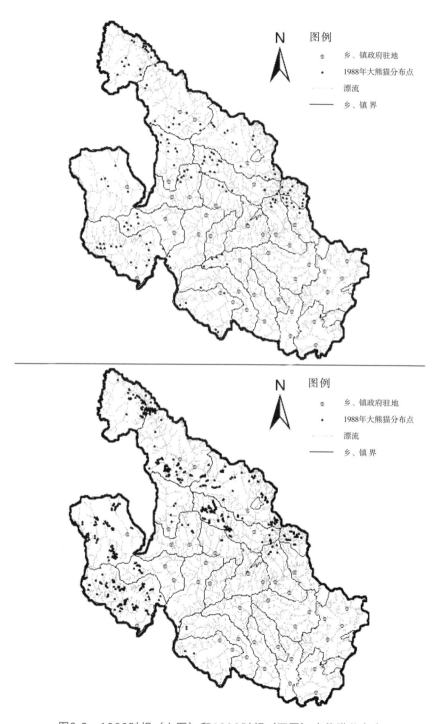

图2.2　1988时相（上图）和1998时相（下图）大熊猫分布点

由于SDI变化值不符合正态分布，故采用非参数方法Wilcoxon成对数据检验，将每个栅格的三个SDI值作为配对数据进行两两比较，以判断变化是否具有统计上的显著性。

根据生态位模型的特点，为了便于比较不同时相的栖息地适宜度，在计算1988时相及1998时相栖息地适宜度指数时，模型考虑的生态地理因子与2008时相保持一致。由于研究中采用的物理环境因素和人类干扰因素在研究时间尺度内相对稳定，而植被因素发生了一定的变化。因此，在模拟前两个时相的HSI时，选择将1990年卫星影像的解译结果转化为相应的植被变量。其他的一些立地植被因素，如森林郁闭度、竹林盖度和平均高度等，由于无法获得较早时期的相应数据，故采用与2008时相相同的环境变量。

六、栖息地变化影响因素评估方法

采用非参数统计方法、因子分析和广义线性模型定序logistic回归方法等对大熊猫栖息地的关键影响因素进行空间化的定量分析，研究和分析单个因素对于栖息地质量变化的作用机制和影响范围，探索多个因素之间的内在关系和结构，并根据多元回归方法确认了关键影响因素的重要性和显著性。

本研究从2004年到2007年针对竹子开花位点、水电站、开矿等工程建设等干扰因素和退耕还林的情况进行了全面的样线调查，并设计问卷进行社区访谈，以访谈结果作为补充。整个研究区域内共设置了284条调查样线（图2.3），有效访问记录127份。

开花位点根据样线调查和访谈相结合的方式获得。开花位点以样线调查为基础，访谈的结果对样线调查的结果进行补充，并且了解竹子开花的历史信息，得到竹子开花位点图层。

水电站和其他工程建设数据采用相同方式处理，由于水电站均沿河流分布，为了区分水电站和其他工程的影响，因此分为两个图层处理。

森林退化的数据从1990年前后和2000年前后的TM/ETM遥感影像解译得到，森林转化为非森林的区域作为森林退化区域，解译方法参见第二章相关内容。

野外调查样线分布

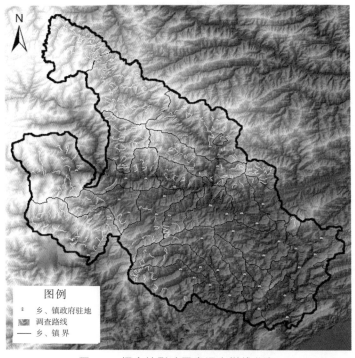

图2.3　栖息地影响因素调查样线分布

森林采伐道路数据来源于平武县公路局1990年、1999年和2006年的公路制图，根据公路制图分级将采伐道路段数字化，得到采伐道路矢量文件。

各乡镇的人口、户数和GDP等社会经济数据从平武县统计局发布的统计年鉴中获得，并根据访谈的数据进行修正。将修正后的人口统计数据与各乡镇面积相除得到各乡镇的人口密度、户数密度，GDP除以各乡镇人口得到人均GDP。再将上述三个指标除以各栅格到最近居民点的距离，得到该栅格的社会经济影响指数。具体公式如下：

$$人口影响指数 = \frac{人口数量 / 该乡镇面积}{栅格到最近居民点距离};$$

$$家庭影响指数 = \frac{户数 / 该乡镇面积}{栅格到最近居民点距离};$$

$$GDP影响指数 = \frac{GDP/人口数量}{栅格到最近居民点距离}。$$

林权类型根据1998年的平武县森林小班调查数据，转化为相应的栅格图层。

退耕还林的调查结果未能全面反映整个平武县的情况，因此根据国家《退耕还林条例》和《四川省退耕还林实施指导纲要》"坡度在25度以上的坡耕地（含梯田）、水土流失严重或泛风沙严重、及一切生态地位重要地区必须营造生态林，要按照先陡坡后缓坡的原则进行退耕还林，还林后实行封山管护"，利用2000TM/ETM遥感影像解译结果中农耕地类型和坡度25度以上的区域进行空间叠加，得到退耕还林区域。

第二节　平武县大熊猫栖息地适宜度评价

一、大熊猫的生态位特征

ENFA模型中两个主要因素，边际值M（marginality）和特异值S（specialization）能反映物种的生态位特征。

1. 边际值M

M是度量物种分布区各环境变量的分布与总体环境变量的分布中值的差异程度，体现的是两者分布之间偏离程度：M值越大表示两者的中值相差越大，从而体现该物种对环境条件的选择性越强。如果M值很小甚至接近于0，则表示该物种在模型所考虑的环境变量集中的选择性是近似于随机的。如前文所述，本研究选择了33个环境变量来进行模型模拟，边际值M=1.522>1，表明大熊猫对环境变量的选择并不是随机的，而是具有一定的偏好，其生态位偏离环境背景条件的平均值。

2. 特异值S

S是度量物种对环境条件选择性的专化程度：S值越小，则物种的专化程度越低，生态位越宽，对环境条件具有广泛的适应性；而S值越大，特异程度越高，对环境条件要求较为苛刻。

3. 耐受值 T （tolerance）

即 S 值的倒数 $(1/S)$。T 的取值范围为 $[0，1]$：T 值越接近1，表示该物种的耐受性高，其环境适应力强，能够忍受更大范围的环境变化；T 值越接近于0，表示该物种只能在较窄的变化范围内生存。本研究中，大熊猫的特异值 $S=2.502>>1$，$T=0.400$ 说明大熊猫对环境条件有一定耐受性，但其生态位较为狭窄，容易受到环境条件的制约。

二、大熊猫栖息地适宜度与环境因子的关系

根据模型预测结果得到了33个生态地理变量对前5个特征因子的贡献率（表2.4）。其中，第一列为模型中采用的生态地理变量（EGV）。第二列为每个变量在边际因子上的边际系数，边际系数的绝对值大小反映了该变量对边际因子的贡献。边际系数的符号反映了该变量与大熊猫栖息地的关系，正值代表大熊猫栖息地在该变量上的均值高于环境均值，负值代表栖息地均值低于环境均值；边际因子解释了100%的边际性和49%的特异性。第三列到第六列为影响模型结果的四个主要特异因子，分别解释了15%、5%、4%和3%的特异性。同样的，表格里的数值为每个环境变量的特异系数，特异系数的绝对值反映了该变量在该特异因子上的贡献。

根据各环境变量的边际系数和特异系数，能够分析大熊猫分布的栖息地适宜度与环境变量之间的关系，可以将大熊猫栖息地的特征总结如下：在平武县，影响大熊猫栖息地质量的主要因素是土地利用格局；继而是植被因素，尤其是主食竹的资源分布状况的影响；然后是气候条件的影响；此外栖息地质量还受到人类干扰因素的影响。

从大熊猫栖息地适宜度与具体的影响因子关系来说，大熊猫栖息地主要分布在远离城镇（>平均距离8300 m）、耕地（>平均距离1070 m）、村庄（>平均距离 3760 m）和主要道路（>平均距离 7050 m）的中高海拔（>平均海拔2130 m）、坡度较缓（<平均坡度21度）的山体上部（地形部位边际系数=0.108）的森林中，尤其是成熟（森林年龄边际系数=0.211）的天然林中（森林起源边际系数=0.183）。

食物资源的分布和生长状况很大程度上决定了大熊猫的栖息地分布，栖息地主要出现在主食竹分布茂密、长势良好的区域（主食竹盖度边际系数=0.231，主食竹平均高度边际系数=0.214）。此外，林下灌木和上层植被影响主食竹的分布状况，因而也影响栖息地分布。大熊猫栖息地较少分布于浓密的灌木丛（灌木盖度边际系数=−0.109，灌丛频率边际系数=−0.076，与灌丛的距离边际系数=0.040），而偏爱具备一定郁闭度的森林（森林郁闭度边际系数=0.195）。

从植被类型的角度来说，栖息地主要分布在森林中（森林出现频率边际系数=0.224，与森林的距离的边际系数=−0.185），避免灌丛/年轻森林（灌丛频率边际系数=−0.076；到灌丛的距离边际系数=0.040）。

气候条件和水源条件也是重要的栖息地影响因素。气候方面，栖息地适宜度高的区域，其平均降雨量、年最低温度、年平均温度和年最高温度都低于整个区域的平均值，这与大熊猫分布在较高海拔区域一致。水源方面，倾向于靠近小河（<平均距离681 m），而与主要河流的距离接近于平均距离（≈2200 m）。

表2.4　ENFA分析中采用的33个生态地理变量对前5个特征因子（共33个因子）的贡献率

生态地理变量 （EGV）	边际因子 （50%）	特异因子1 （15%）	特异因子2 （5%）	特异因子3 （4%）	特异因子4 （3%）
与城镇的距离	0.343	−0.008	0.009	−0.001	0.014
与耕地的距离	0.314	−0.002	0.016	0.001	0.005
年平均降雨量	−0.297	−0.045	−0.006	0.016	−0.01
耕地频率	−0.234	0.002	−0.009	−0.011	0.024
主食竹盖度	0.231	−0.059	−0.030	−0.017	−0.014
年最低温度	−0.229	0.231	−0.361	−0.311	0.718
森林频率	0.224	0.003	−0.005	0.018	0.034
主食竹平均高度	0.214	0.033	0.030	0.018	0.005
森林年龄	0.211	0.015	0.014	0.000	0.010
年平均温度	−0.208	0.518	0.796	0.826	−0.685
森林郁闭度	0.195	−0.013	0.014	0.013	−0.034
海拔	0.192	0.039	0.033	0.034	0.016
与小河的距离	−0.19	0.000	0.002	0.002	−0.002
与森林的距离	−0.185	0.013	0.002	−0.002	0.011
森林起源	0.183	−0.017	−0.036	0.013	0.043
年最高温度	−0.182	−0.817	−0.469	−0.465	−0.004
与村庄的距离	0.147	0.004	−0.011	−0.001	0.016

生态地理变量 （EGV）	边际因子 （50%）	特异因子1 （15%）	特异因子2 （5%）	特异因子3 （4%）	特异因子4 （3%）
与草地的距离	−0.139	−0.019	0.092	−0.021	−0.06
坡度	−0.124	0.005	−0.007	−0.010	0.006
海拔标准差	−0.112	−0.004	0.005	0.011	−0.017
灌木盖度	−0.109	−0.027	−0.001	0.001	−0.008
坡位	0.108	−0.016	−0.01	0.005	0.006
与主要道路的距离	0.108	−0.001	0.025	−0.001	−0.005
与九环线的距离	0.102	0.017	−0.025	−0.015	0.006
灌丛频率	−0.076	0.001	−0.001	0.004	0.009
与非森林的距离	−0.072	0.001	0.019	−0.022	0.062
与主要河流的距离	−0.056	−0.004	0.003	0.000	−0.01
与乡村小路的距离	−0.056	0.001	0.003	−0.002	0.005
坡向余弦	−0.052	0.006	0.005	0.002	0.004
坡向	−0.043	0.004	−0.006	−0.003	0.01
与灌丛的距离	0.040	0.005	−0.034	−0.003	−0.016
坡向正弦	−0.031	0.001	−0.004	0.002	0.003
与山脊的距离	−0.001	−0.001	0.003	−0.003	−0.001

三、栖息地质量分布格局及适宜度现状分析

生态位因子分析（ENFA）的一个主要目的是对环境变量进行降维处理，在保证能反映出绝大部分（90%以上）原有变量所包含信息的情况下，用少数几个特征因子来代替原来的众多环境变量。从图2.4可以看出，特征因子对特异性的贡献率是呈指数递减的，到第六个因子时其贡献率仅为0.022，其累积变异占总体变异的79%，也就是说用前面六个特征因子来代替原始的33个特征因子可以解释79%的特异性。

根据McArthur broken-stick算法将矩阵各因子的特征值与随机值进行比较，选择贡献率大于随机值的特征因子矩阵中的前六个因子来绘制栖息地适宜度分布图。这六个因子累计解释了90%信息，也就是解释了100%的边际性和79%的特异性。

根据ENFA特征因子矩阵中前六个特征因子计算得到栖息地适宜度分布（图2.5）。平武县适宜大熊猫的栖息地主要分布在北部和西北

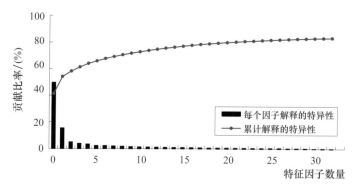

图2.4　特征因子对解释特异性的贡献

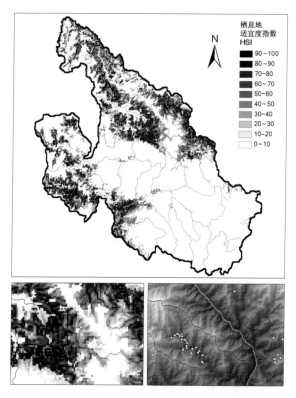

图2.5　ENFA分析计算得到的平武县大熊猫栖息地适宜度分布
　　如图例所示，上图显示了整个平武县的栖息地适宜度分布，颜色越深的栅格其栖息地适宜度指数越高，灰色线条为乡界。下左图显示了上图中的白框内在更高分辨率下的详细情况；下右图为该区域内的DEM图层和大熊猫调查分布点，黑色线条为乡界，灰白色线条为九环线公路

部的乡镇和保护区内。表2.5显示了平武县各乡镇和保护区的栖息地适
宜度指数。目前栖息地适宜度最高的区域依次是老河沟、木皮藏族乡
（以下简称"木皮乡"）、木座藏族乡（以下简称"木座乡"）、泗
耳乡、王朗自然保护区等。

　　根据平武县行政区划，适宜度较高的大熊猫栖息地主要分布在全
县的北部、西北部和西部的乡镇和保护区中。表2.5按照栖息地适宜度
指数从高到低的顺序，列出了平武县各乡镇和保护区的栖息地适宜度
指数，其中最高的是小河沟保护区，其次是老河沟林场、木皮乡、木
座乡等。保护区覆盖了部分栖息地质量较高的区域，但在木皮乡、木
座乡和白马藏族乡（以下简称"白马乡"）以及大桥镇、大印镇等还
有部分栖息地质量较高的区域没有被保护区覆盖。

表2.5　平武县各乡镇和保护区的栖息地适宜度指数

乡镇	HSI平均值	HSI标准差	HSI最小值	HSI最大值	分布区类型
小河沟保护区	44.0	32.2	0	100	全境分布
老河沟林场	43.5	27.5	0	100	全境分布
木皮乡	39.1	31.7	0	100	全境分布
木座乡	37.7	30.8	0	100	全境分布
泗耳乡	35.4	32.3	0	100	全境分布
白马乡	32.2	29.6	0	100	全境分布
雪宝顶保护区	30.8	31.5	0	100	全境分布
王朗保护区	27.6	28.6	0	100	全境分布
黄羊关乡	24.4	28.5	0	100	全境分布
余家山保护区	24.0	18.5	0	64	局部分布
虎牙乡	20.9	28.8	0	100	全境分布
大印镇	16.7	25.5	0	100	局部分布
大桥镇	14.7	24.8	0	100	局部分布
锁江乡	12.9	22.3	0	100	局部分布
土城乡	12.1	21.8	0	100	局部分布
水晶镇	12.0	23.1	0	100	局部分布
阔达乡	11.4	24.5	0	100	局部分布
高庄林场	9.5	14.1	0	51	局部分布
古城乡	8.2	19.4	0	100	局部分布
徐塘乡	7.8	17.1	0	100	局部分布
高村乡	6.1	15.3	0	100	局部分布
龙安镇*	5.2	10.4	0	61	基本无分布
龙安*	2.4	8.7	0	65	基本无分布

续表

乡镇	HSI平均值	HSI标准差	HSI最小值	HSI最大值	分布区类型
南坝镇	2.1	3.9	0	14	基本无分布
旧堡乡	1.8	5.8	0	51	基本无分布
平南乡	0.9	3.2	0	36	基本无分布
豆叩镇	0.60	3.4	0	41	基本无分布
水观乡	0.48	3.1	0	40	基本无分布
坝子乡	0.4	2.1	0	26	基本无分布
响岩镇	0.2	1.0	0	16	基本无分布
平通镇	0.0	0.1	0	2	基本无分布

注：*龙安镇选取的是镇辖区剔除县城的部分，龙安即县城部分。

　　根据Boyes指数曲线图来确定将栖息地适宜度指数重分类的阈值。从图2.6可以确定，0<HSI≤15的区间，Boyes指数<1，为非栖息地，基本不能为大熊猫所利用；15<HSI≤35的区间，Boyes指数接近于1，为边际栖息地，这一类中包括潜在可以恢复、质量可以提高的栖息地；35<HSI≤70，Boyes指数>2，为较适宜栖息地，是大熊猫活动的主要区域；70<HSI≤100，Boyes指数>3，为最适宜栖息地，是大熊猫高频利用的区域。前两类可以合并为不适宜栖息地。

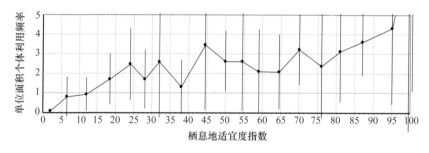

图2.6　ENFA模型结果：Boyes指数曲线

　　根据上述标准，将栖息地按照栖息地适宜度重新分类为非栖息地、边际栖息地、较适宜栖息地和最适宜栖息地四个质量等级，从而得到平武县大熊猫栖息地质量等级分布（图2.7）。平武县大熊猫栖息地位于整个县域的北部和西部。北部的栖息地被火溪河（涪江上游）和九环线分割成东岸和西岸两片，西部的栖息地连续性较差，在多处连接薄弱。

栖息地质量等级分布有一定的结构和格局：最适宜栖息地被较适宜栖息地和边际栖息地包围在中间，形成环状结构；最适宜栖息地位于连续栖息地的核心地带。少量质量等级较低的栖息地孤立地分布在大片连续栖息地周围，由于一些隔离因素存在，与连续栖息地没有能够连接起来。

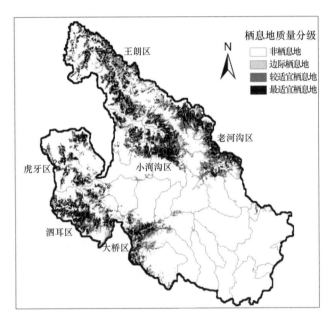

图2.7　2008时相平武县大熊猫栖息地质量等级分布，图中包括六个栖息地小区

根据平武县大熊猫栖息地质量等级分布图，将边际栖息地、较适宜栖息地和最适宜栖息地合并为大熊猫可以分布的栖息地；将较适宜栖息地和最适宜栖息地合并为适宜栖息地，适宜栖息地代表了适宜度较高、大熊猫利用频度较高的栖息地类型。后续的栖息地现状分析统计和景观分析都基于栖息地、适宜栖息地和最适宜栖息地这三个类别进行。

如表2.6所示，目前平武县5974 km²县域中共有大熊猫栖息地1853 km²（占全县面积的31%）、适宜栖息地1299 km²（占全部栖息地的70%）、最适宜栖息地477 km²（占全部栖息地的26%）。虽然平武县已经成立了四个大熊猫保护区，面积占整个平武县的13%，但整个大熊猫栖息地仍然有60%以上没有被保护区覆盖。适宜度较高的栖息地类型被保护区覆盖的百分比也较高，说明目前的保护区更多地保护了适宜度较高的大熊猫栖息地，但即使是最适宜栖息地也只保护了不到一半的面积（45%）。

表2.6　保护区内外三类栖息地面积统计

类别	最适宜栖息地		适宜栖息地		栖息地	
	面积/km²	比例/（%）	面积/km²	比例/（%）	面积/km²	比例/（%）
保护区	216	45	524	40	694	37
非保护区	261	55	775	60	1159	63
全县	477	100	1299	100	1853	100

现存的栖息地分布并不连续，被隔离因素分割成小块。主要隔离因素包括公路、河流、农耕地等人为因素，和高海拔、非森林等景观异质性因素。目前，平武县境内的大熊猫栖息地被隔离因素分割为三块彼此隔离的大区和五个孤立的栖息地小斑块。

三个大区域分别是王朗–白马–小河沟–黄羊–水晶–阔达（王朗–小河沟区域）、雪宝顶–虎牙–泗耳–土城–大桥–大印–锁江（雪宝顶–大桥区域）、老河沟–木座–木皮–古城（老河沟区域）。五个孤立的栖息地小斑块分别位于黄羊–龙池–草原公路以西与松潘交界的三园村，水晶–土城–大桥交界区域的际盘沟–何家山，龙安镇西南角与旧堡乡、徐塘乡交界处杨柳村附近，徐塘乡–豆叩–平南交界处花园村附近，以及高庄林场及水观乡邻近区域。

三个大区可以根据栖息地的连续情况划分为六个小区：其中，王朗–小河沟区域在一定程度上被高海拔非森林景观隔离为王朗区和小河沟区两个小区，王坝楚南面是这两块栖息地的连通关键。雪宝顶–大桥区域可以被分为虎牙区、泗耳区和大桥区三个小区。其中，虎牙区和泗耳区的主要隔离因素也是高海拔非森林景观隔离，而且虎牙区内部的栖息地并不完全连续，随着平武–松潘公路的改建，木瓜墩–龙溪–高山堡–虎牙段的逐步动工，这条公路两边的栖息地将被进一步隔离开来。泗耳区和大桥区主要是由农耕地隔离，这两个区域并没有完全隔离开，但仅仅由边际栖息地连接。

需要说明的是，本研究仅评价了平武县境内的大熊猫栖息地。实际上平武县的大熊猫栖息地是岷山北部连续栖息地中的一个核心部分。三个大区中，王朗–小河沟区域与九寨沟县勿角、白河片相连；雪宝顶–大桥区域与北川县、松潘县境内栖息地相连；老河沟区域与青川县唐家河栖息地相连。因此，六个栖息地小区的划分主要是依据在平武县境内的连续情况。

六个栖息地小区的总面积为1806 km²（占全县大熊猫栖息地面积的97%），其中适宜栖息地面积为1288 km²（占全县适宜栖息地面积的99%），最适宜栖息地477 km²（占全县最适宜栖息地面积的100%），这意味着平武县绝大部分的大熊猫栖息地都位于这六个栖息地小区中，只有少量适宜度很低的边际栖息地形成五个孤立小斑块。在六个栖息地小区中（表2.7），目前面积最大的连续栖息地为王朗区，其次为小河沟区，面积最小的连续栖息地为虎牙区。栖息地适宜度最高的为小河沟区和泗耳区，其次是老河沟区和王朗区，虎牙区与大桥区的栖息地适宜度明显低于其他区域。

表2.7　六个栖息地小区面积统计

栖息地名称	栖息地总面积/km²	适宜栖息地		最适宜栖息地		栖息地适宜度指数	
		面积/km²	比例/（%）	面积/km²	比例/（%）	平均值	标准差
王朗区	408	280	68.6	105	25.9	30.68	29.4
小河沟区	358	276	77.1	106	29.7	34.5	31.6
老河沟区	355	259	72.9	85	24.0	33.17	30.1
虎牙区	172	117	68.3	49	28.4	20.5	28.6
泗耳区	286	214	74.9	88	30.8	34.35	31.5
大桥区	227	142	62.4	43	18.8	22.68	26.9
总计	1806	1288	71.3	477	26.4		

　　本研究从栖息地的连续性和空间破碎化程度、斑块格局边缘形状，以及斑块之间的邻接性和连通性等方面选取10个景观指标对六个小区的栖息地破碎化状况进行了分析（表2.8）。

表2.8　六个栖息地小区景观指标统计

栖息地名称	NP	PD	MPS	LPI	ED	AWMSI	LSI	MNN	MPI	CONNECT
王朗区	34	0.05	1196.74	51.79	12.31	10.69	12.18	728.07	553.52	13.37
小河沟区	18	0.03	1984.00	55.88	8.85	6.81	7.44	753.22	656.79	16.99
老河沟区	18	0.03	1969.00	58.17	8.70	6.88	7.44	738.11	502.68	23.53
虎牙区	31	0.06	552.19	16.74	9.65	4.55	9.30	767.61	95.16	15.91
泗耳区	17	0.03	1682.47	54.99	10.26	7.23	8.06	796.27	473.13	25.74
大桥区	51	0.10	445.06	38.25	8.92	5.67	8.59	710.92	180.07	10.51

注：NP，斑块个数；PD，斑块密度；MPS，斑块平均面积；LPI，最大斑块所占景观面积比；ED，边缘密度；AWMSI，面积加权平均形状指数；LSI，景观形状指数；MNN，平均最近距离；MPI，平均邻近度指数；CONNECT，连接度指数。（MPI的搜索半径和CONNECT的阈值都设定为3000 m，大致相当于大熊猫最大巢域的半径。）

　　斑块个数、斑块密度和斑块平均面积显示了每一块栖息地的空间异质性程度和粒度，小河沟区、老河沟区、泗耳区三片栖息地的斑块个数最少、斑块密度也最低、斑块平均面积最大，说明这三个区域的栖息地有较高的连续性，破碎化程度最低，这与三个区域较高的栖息地适宜度一致。王朗区在这三个指标上略次于上述三个区域，但明显好于虎牙区和大桥区。

　　最大斑块所占景观面积比这个指标上，王朗区、小河沟区、老河沟区和泗耳区比较接近，反映这四个区域都有大片连续栖息地，虎牙区的LPI值最小，反映这个区域没有大片连续栖息地，说明这个区域受到影响景观格局的人类干扰程度最高。

　　边缘密度、面积加权平均形状指数和景观形状指数从斑块周长和边缘形状等方面衡量了栖息地斑块的破碎化程度。六个区域中这三个指标都比较接近，王朗区要略高于其他区域，这反映了王朗区的栖息地斑块形状更为复杂，更容易受到边缘效应的影响，这可能与王朗区海拔较高、地形条件复杂有关。

　　平均最近距离、平均邻近度指数和连接度指数反映了栖息地斑块之间的邻近程度和连通程度，几个区域在这三个指数上呈现出不同的规律。六个区域的平均最近距离非常接近，都稍多于700 m，略高于大熊猫的日平均移动距离（卧龙，约500 m；秦岭，411 m）。但MPI值呈现不同的规律，虎牙区和大桥区的MPI值大大低于其他区域，说明这两个区域的栖息地斑块之间离散程度高，斑块之间的邻近度较低，大熊猫在斑块之间迁移比较困难。老河沟区和泗耳区的连接度指数最高，反映这两个区域栖息地斑块之间的连通性最好。

四、栖息地适宜度预测结果评价

根据十折交叉检验（10-fold cross-validation）的验证结果，模型较为准确可信地模拟了平武区域的栖息地适宜度状况。Boyes曲线基本呈现连续单调递增，且10条曲线的变异范围（variance）较小（图2.8），说明模型在将栖息地适宜度分为四类时有较高的可重复性，表现稳定。

用于评价模型的三个统计指标的数值分别为：Boyes 指数=0.71，

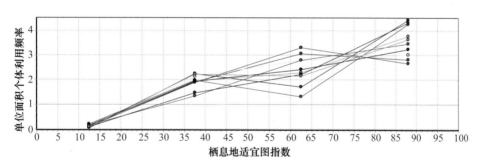

图2.8 模型交叉检验Boyes指数曲线

$p<0.001$（BI=0），AVI指数=0.72±0.04；CVI指数=0.47±0.04。Boyes指数和AVI指数都达到了0.7以上且极显著，说明模型结果稳定且拟合优度较高；模型CVI指数接近0.5，说明模型模拟结果真实可信，与随机模型有显著差别。模型较为准确地反映了平武大熊猫栖息地适宜度的分布状况。

五、栖息地适宜度与季节的关系

物种的栖息地往往呈现出季节性。根据前人对大熊猫的季节性迁移和栖息地的相关研究，在秦岭地区每年6月和10月为大熊猫水平迁移季节（杨兴中 等，1998；Liu et al.，2005）。我们将新鲜的（<15天）大熊猫的痕迹点分为夏季痕迹点（每年6月30日至9月30日）和冬季痕迹点（每年10月30日至5月30日）。分别采用这两组数据作为物种的季节分布数据进行ENFA分析，采用的33个生态地理变量与前文一致，得到大熊猫的冬季栖息地适宜度分布结果和夏季栖息地适宜度分布结果。

如表2.9所示，冬季栖息地的边际值和特异值都高于夏季栖息地，也就是说大熊猫在冬季的适宜生态位更狭窄，与环境背景均值的差异更大，适宜栖息地的面积也更小。

表2.9　冬季栖息地和夏季栖息地生态位特征值

特征值	边际值	特异值	耐受值
冬季栖息地	1.720	2.689	0.372
夏季栖息地	1.602	2.580	0.388

在表2.10中，按照边际系数大小列出了影响冬季栖息地和夏季栖息地的生境因子，箭头显示了各个环境变量的边际系数变化方向，数字为变化的幅度。通过比较冬季栖息地和夏季栖息地的边际系数大小的变化，部分生境因子的影响权重发生了变化。在冬季栖息地中，气候因素和海拔高度的权重成为主要影响因素，同时森林郁闭度、森林起源、灌丛频率和与草地的距离等植被因素的重要性也提高，另外一个显著提高的因素是与乡村小路的距离；而在夏季栖息地中，主食竹盖度和主食竹平均高度等与食物资源相关的因素显著提高，相对于冬季栖息地，与主要道路的距离和与九环线的距离的影响程度也明显提高。

除了灌木盖度之外，其余因素在冬季栖息地和夏季栖息地中的边际系数符号都一致。而灌木盖度这一因素在夏季表现为低于环境背景平均值，而冬季接近平均值。

表2.10 冬季栖息地和夏季栖息地生境因子影响权重比较

夏季	变化	边际系数	冬季	变化	边际系数
与城镇的距离	→	0.392	与城镇的距离	→	0.475
与耕地的距离	→	0.306	年平均降雨量	→	−0.318
年平均降雨量	→	−0.239	与耕地的距离	→	0.289
耕地频率	→	−0.235	年最低温度	↑5	−0.24
森林频率	↑3	0.228	年平均温度	↑6	−0.216
与小河的距离	↑7	−0.227	耕地频率	→	−0.21
主食竹盖度	↑12	0.219	海拔	↑6	0.201
主食竹平均高度	↑12	0.207	森林频率	↓	0.196
年最低温度	↓	−0.204	年最高温度	↑7	−0.189
与森林的距离	↑4	−0.201	森林年龄	→	0.186
森林年龄	→	0.201	与村庄的距离	↑3	0.18
年平均温度	↓	−0.191	森林郁闭度	↑3	0.174
海拔	↓	0.181	与小河的距离	↓	−0.173
与村庄的距离	→	0.18	与森林的距离	↓	−0.169
森林郁闭度	↓	0.17	与主要河流的距离	↑6	−0.169
年最高温度	↓	−0.17	森林起源	→	0.148
森林起源	↓	0.156	与草地的距离	↑9	−0.139
与主要道路的距离	↑9	0.137	与乡村小路的距离	↑9	−0.138
与九环线的距离	↑7	0.127	坡度	↑3	−0.136
坡位	↑4	0.122	海拔标准差	↑4	−0.125
与主要河流的距离	↓	−0.113	主食竹盖度	↓	0.104
坡度	↓	−0.112	主食竹平均高度	↓	0.095
灌木盖度	↑9	−0.109	与非森林的距离	↑2	−0.089
海拔标准差	↓	−0.103	坡位	↓	0.08
与非森林的距离	→	−0.101	灌丛频率	↑3	−0.07
与草地的距离	↓	−0.092	与九环线的距离	↓	0.06
与乡村小路的距离	↓	−0.088	与主要道路的距离	↓	0.051
灌丛频率	↓	−0.075	与灌丛的距离	↑2	0.034
坡向	→	−0.07	坡向	→	−0.032
与灌丛的距离	→	0.053	坡向余弦	→	−0.012
坡向余弦	→	−0.043	坡向正弦	↓	−0.007
与山脊的距离	→	0.025	灌木盖度	↓	0
坡向正弦	→	−0.01	与山脊的距离	→	0

同样，根据Boyes指数曲线图将栖息地适宜度指数进行重分类，阈值为：0<HSI≤15的区间，Boyes指数<1，为非栖息地；15<HSI≤35的区间，Boyes指数接近于1，为边际栖息地，与前一类合为不适宜栖息地；35<HIS≤70，Boyes指数>2，为较适宜栖息地；70<HSI≤100，Boyes指数>3，为最适宜栖息地。

　　根据上述标准，将栖息地按照栖息地适宜度重新分类为非栖息地、
边际栖息地、较适宜栖息地和最适宜栖息地，得到如图2.9所示的结果。

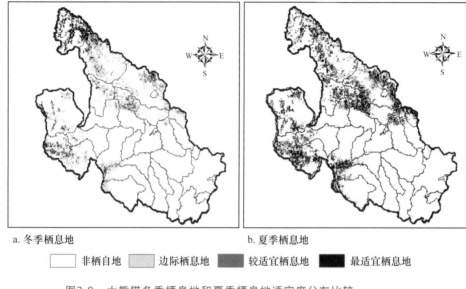

a. 冬季栖息地　　　　　　　　　　　　b. 夏季栖息地

　□ 非栖自地　▨ 边际栖息地　▨ 较适宜栖息地　■ 最适宜栖息地

图2.9　大熊猫冬季栖息地和夏季栖息地适宜度分布比较

　　比较冬季栖息地和夏季栖息地，冬季栖息地相对于夏季栖息地范
围更狭窄，这与冬季栖息地的边际值和特征值更大是吻合一致的。

　　栖息地适宜度在两个季节的变化与海拔有显著关系，各个海拔
段上栖息地适宜度的变化有显著差异（Kruskal–Wallis H检验，
X^2=1497，p<0.001）。如图2.10a所示，随着海拔升高，季节栖息地
适宜差异降低，说明季节性差异主要发生在低海拔区域。夏季适宜度
比冬季适宜度高的栅格主要分布在低海拔区域（1000～3000 m）。
而夏季适宜度比冬季适宜度低的区域主要发生在高海拔区域（3000 m
以上）。

　　除了海拔之外，这种差异还与竹种分布相关。平武县主要分布
有缺苞箭竹、糙花箭竹、青川箭竹、金竹、巴山木竹、慈竹、华西箭
竹和团竹、黄竹、红竹等，偶见取食竹（平武县竹种类分布）。如图
2.10b所示，对于各主食竹类型，栖息地中的季节栖息地适宜度变化有
显著差异（Kruskal–Wallis H检验，X^2=1338，p<0.001）。高海拔

区域分布的缺苞箭竹和糙花箭竹栖息地中，栖息地适宜度季节差异比
其他竹种的小。

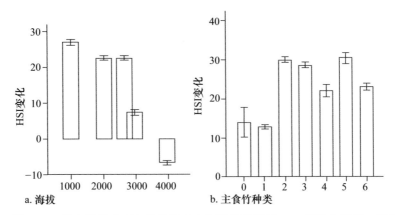

a. 海拔　　　　　　　　　　b. 主食竹种类

图2.10　栖息地适宜度与海拔和主食竹种类的关系。a. 横轴为海拔，纵轴为夏季HSI与冬季HSI的差值。冬季栖息地和夏季栖息地适宜度的差异随着海拔上升而下降，说明季节性差异主要发生在低海拔区域。b. 横轴为主食竹类型：0，无数据；1，缺苞箭竹；2，糙花箭竹；3，青川箭竹；4，金竹/巴山木竹/慈竹；5，华西箭竹；6，偶见取食竹。纵轴为夏季HSI与冬季HSI的差值

六、主要结论

　　首次设计并应用ENFA生态位因子分析方法，采用翔实的第一手野外调查数据，在前人研究的基础上，综合全面地考虑了决定大熊猫生态位的各种因素，得到栖息地适宜度指数。此方法定量、精确和客观地评价了栖息地的质量格局，具备实际的可行性和可操作性，为评价大熊猫栖息地从而科学地保护大熊猫栖息地提供了全新的手段。

　　相对于传统的评价方法，此方法不依赖于间接的痕迹指标来衡量种群密度和栖息地利用水平，而是基于野外的实际数据和精确的数学经验模型，将已经提出的各种评价指标根据其影响方式和影响权重进行综合，定量评价了四川省岷山地区平武县大熊猫栖息地的质量及其分布格局，具体结论如下：

　　（1）大熊猫对环境变量的选择并不是随机的，而是具有一定的偏好，其生态位偏离环境背景条件的平均值。大熊猫对环境条件有一定耐受性，但其生态位较为狭窄，容易受到环境条件制约。

（2）决定大熊猫栖息地适宜度格局的首要因素是土地利用格局；决定因素还包括植被因素，尤其是主食竹的资源分布状况和气候条件的影响；此外，栖息地适宜度还受到人类干扰因素的影响。因此，扩大栖息地面积和提高栖息地质量的首要措施是合理规划土地利用格局。

（3）适宜度较高的大熊猫栖息地主要分布在全县的北部、西北部和西部的乡镇和保护区中。目前适宜度最高的区域为小河沟保护区和老河沟林场。

（4）栖息地质量等级分布具有一定的结构和格局：最适宜栖息地被较适宜栖息地和边际栖息地包围在中间，形成环状结构。最适宜栖息地位于连续栖息地的核心地带。

（5）目前平武县共有大熊猫栖息地1853 km²、适宜栖息地1299 km²（占全部栖息地的70%）、最适宜栖息地477 km²（占全部栖息地的26%）。虽然平武县已经成立了四个大熊猫保护区，面积占整个平武县的13%，但整个大熊猫栖息地仍然有60%以上没有被保护区覆盖。

（6）平武县境内的大熊猫栖息地被隔离因素分割为三块彼此隔离的大区和五个孤立的栖息地小斑块。其中，三个大区可以被划分为六个小区。从栖息地斑块特征和景观格局来看，小河沟区、老河沟区、泗耳区和王朗区是目前最完整、连通性最好的栖息地；虎牙区和大桥区的栖息地HSI较低，栖息地破碎化相对严重。

（7）冬夏两季的栖息地适宜度存在差异，冬季栖息地的生态位更加狭窄。海拔和主食竹类型显著影响了冬夏两季HSI的变化。

第三节　大熊猫种群分布和栖息地格局变化

一、分布区域扩散与退缩：距离指数变化

整个平武县的行政区域被划分为29个乡镇、林场或保护区，大熊

猫主要分布在平武县北部和西部的乡镇中。图2.11分别显示了1988—1998时相和1998—2008时相平武县每个空间单元到最近大熊猫分布点标准化距离指数（standard distance index，SDI）的变化情况。图中红色区域是大熊猫分布退缩的区域，而绿色区域是分布扩散的区域，黄色区域没有发生明显的变化，其中标注了名称的乡镇是在表2.11中经统计检验发生了显著变化的区域。

1988——1998时相，平武县南部乡镇，包括旧堡乡、徐塘乡、大印镇、平南乡、锁江乡、豆叩镇、平通镇的SDI显著或极显著增加，平武县东部的高村乡、南坝林场的SDI也极显著增加，表明这些区域大熊猫分布发生了明显的退缩。虎牙乡的SDI极显著降低，表明虎牙境内的大熊猫分布呈扩散趋势。在平武县全境范围内，栖息地呈现明显的向北和向西退缩的趋势。

1998—2008时相，平武县最南部，锁江乡、豆叩镇、平通镇SDI极显著或者显著增加，表明这些区域大熊猫分布进一步退缩。平武县中部，阔达乡和水晶镇的SDI显著增加，表明这些区域大熊猫分布也开始发生退缩；而旧堡乡、徐塘乡、水观乡和南坝林场的SDI极显著降低，表明这些区域大熊猫分布呈扩散趋势。

比较两个时相的变化，1988—1998时相大熊猫分布向北部和西部退缩，变化是连续的。而1998—2008时相，退缩的区域分布在九环线古城-龙安-木座段和主要公路（阔达-水晶段，平通-豆叩段）周边，这种变化是不连续的。

各乡镇标准化距离指数及其变化如表2.11所示。1988—1998时相，SDI增加最多的区域是豆叩镇、平南乡、徐塘乡和大印镇，这几个乡镇交界的区域是整个平武县大熊猫分布区退缩的中心。根据访问，徐塘乡和旧堡乡交界的区域在这个时段一直在进行岩金矿开发，开发过程对大熊猫栖息地有强烈的干扰。1998—2008时相，豆叩镇和平通镇仍然是SDI增加最多的区域，意味着大熊猫分布区进一步北移。

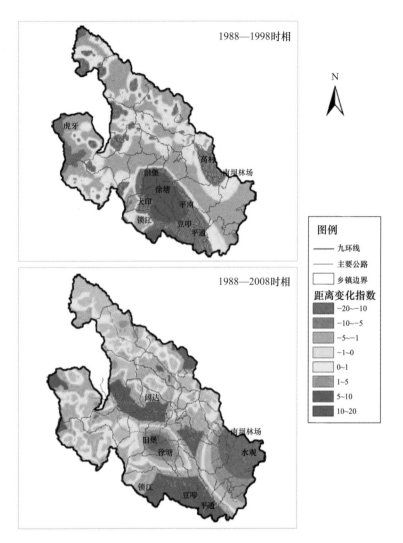

图2.11   平武县1988—2008时相大熊猫分布距离指数变化

表2.11   各乡镇标准化距离指数及其变化

乡镇	1988—1998时相SDI变化平均值	1998—2008时相SDI变化平均值
坝子乡	−0.10	−0.18
高庄林场	0.12	−0.14
白马乡	−0.13	−0.13
大桥镇	−0.05	0.15
大印镇	0.39**	0.19
豆叩镇	0.53**	0.63**

续表

乡镇	1988—1998时相SDI变化平均值	1998—2008时相SDI变化平均值
高村乡	0.28*	−0.17
古城乡	−0.04	0.13
虎牙乡	−0.32**	0.11
黄羊关乡	0.06	0.04
旧堡乡	0.39**	−0.32**
阔达乡	−0.09	0.32**
龙安镇	0.04	0.04
北山林场	−0.14	0.09
木皮乡	−0.07	0.04
木座乡	−0.10	0.14
平南乡	0.49**	0.16
平通镇	0.22*	0.58**
水观乡	−0.20	−0.98**
南坝林场	−0.31**	−0.95**
水晶镇	−0.02	0.28*
泗耳乡	−0.13	0.07
锁江乡	0.24*	0.30**
土城乡	−0.08	0.08
老河沟林场	0.02	−0.09
徐塘乡	0.97**	−0.65**
王朗保护区	−0.04	−0.05
响岩	−0.09	0.04

注：**表示变化极显著，$p<0.01$；*表示变化显著，$p<0.05$。

二、生态位特征

在相同的研究区域中，不同物种或者同一物种在不同时相的边际值、特异值和耐受值可以进行相互比较，从而比较物种之间或者物种在不同时期生态位特征的差异。表2.12列出了大熊猫栖息地生态位模型在1988、1998和2008时相的三个特征值。在1988—2008年的这20年中，平武县野生大熊猫栖息地的边际值和特异值呈升高趋势，相应的耐受值呈下降趋势。

边际值的升高，说明大熊猫的生态位相对于环境背景更加偏离总体均值，特化程度增加，其适宜的栖息地与环境背景的差异更大。而特异值的升高和耐受值的降低，说明大熊猫适宜的生态位变化得更为狭窄，两个方面的变化都意味着大熊猫栖息地面积减少，适宜栖息地比例降低。同时，生态位特征变化，反映了大熊猫对人类干扰因素的一种适应，具体在哪些环境因子上发生了适应性变化，参见后续内容。

表2.12　三个时相栖息地生态位特征值比较

时相	特征值		
	边际值	特异值	耐受值
1988	1.152	1.612	0.620
1998	1.463	1.891	0.529
2008	1.522	2.502	0.400

三、影响栖息地适宜度的环境变量

在表2.13中给出了1988、1998和2008三个时相模型中影响栖息地适宜度的环境变量及其边际系数，和时相之间边际系数变化百分比，环境变量按照1988时相模型边际系数绝对值从大到小的顺序排列。边际系数的变化，反映了大熊猫生态位在该环境变量上与环境背景均值差异的变化。

1998时相与1988时相相比，主食竹生长状况（主食竹平均高度、主食竹盖度）、年平均降雨量、灌木盖度、与小河的距离、与草地的距离、与九环线的距离、与乡村小路的距离等变量的边际系数明显增大，说明大熊猫栖息地分布在主食竹平均高度更高、盖度更大，平均降雨量更小，灌木盖度更低，与小河的距离更近，与九环线和乡村小路的距离更远的区域。主食竹和灌木的分布呈负相关，因此在这个时段中，食物资源丰富、靠近水源、远离九环线的区域更大程度地影响了大熊猫适宜栖息地的分布。

这个时段上也有部分变量的边际系数减小，对应着栖息地的森林频率降低、与森林的距离增加、对森林起源的要求降低，而与非森林的距离、与灌丛的距离降低，灌丛频率升高。这几个变量边际系数变化趋势一致，都反映了随着森林砍伐、原始林减少、森林质量下降，栖息地的分布也产生了相应的变化。

2008时相与1998时相相比，边际系数增加的变量，反映了这个时段栖息地与城镇的距离增加、森林频率增加、与森林的距离缩小、森林郁闭度增加、与灌丛的距离增加、灌丛频率降低、年平均降雨量增加，这些变化说明这个时段砍伐停止，森林逐渐恢复，栖息地格局也发生相应变化。

表2.13　1988—1998—2008三个时相环境变量的边际系数

生态地理变量EGV	边际系数			边际系数变化百分比	
	1988时相	1998时相	2008时相	1988—1998时相	1998—2008时相
与耕地的距离	0.325	0.298	0.314	−8%	5%
耕地频率	−0.272	−0.247	−0.234	−9%	−5%
主食竹平均高度	0.26	0.317	0.214	22%	−32%
主食竹盖度	0.259	0.32	0.231	24%	−28%
与城镇的距离	0.245	0.231	0.343	−6%	48%
年最低温度	−0.229	−0.224	−0.229	−2%	2%
与主要道路的距离	0.228	0.187	0.108	−18%	−42%
年平均温度	−0.227	−0.209	−0.208	−8%	0%
森林频率	0.223	0.187	0.224	−16%	20%
海拔	0.217	0.199	0.192	−8%	−4%
森林年龄	0.216	0.226	0.211	5%	−7%
年最高温度	−0.211	−0.187	−0.182	−11%	−3%
森林起源	0.2	0.174	0.183	−13%	5%
与森林的距离	−0.185	−0.164	−0.185	−11%	13%
年平均降雨量	−0.185	−0.215	−0.297	16%	38%
坡位	0.17	0.121	0.108	−29%	−11%
与非森林的距离	−0.161	−0.115	−0.072	−29%	−37%
森林郁闭度	0.16	0.167	0.195	4%	17%
与村庄的距离	0.152	0.162	0.147	7%	−9%
灌木盖度	−0.115	−0.205	−0.109	78%	−47%
与小河的距离	−0.112	−0.184	−0.19	64%	3%
与草地的距离	−0.109	−0.141	−0.139	29%	−1%
与灌丛的距离	0.106	0.031	0.04	−71%	29%
灌丛频率	−0.093	−0.045	−0.076	−52%	69%
与九环线的距离	0.084	0.127	0.102	51%	−20%
海拔标准差	0.046	0.002	−0.112	−96%	−5700%
坡向余弦	−0.041	−0.025	−0.052	−39%	108%
坡度	0.029	−0.022	−0.124	−176%	464%
坡向正弦	−0.016	−0.034	−0.031	113%	−9%
与乡村小路的距离	0.006	0.023	−0.056	283%	−343%
与主要河流的距离	−0.004	0.002	−0.056	−150%	−2900%
与山脊距离	−0.003	0.021	−0.001	−800%	−105%
坡向	0.002	−0.039	−0.043	−2050%	10%

值得注意的是，20年来栖息地内的海拔标准差和坡度从接近环境均值变化为低于环境均值，即栖息地分布在地形起伏更少、坡度更平缓的区域，这种变化趋势在1998－2008时相尤其明显，有可能反映出这些区域曾经被人类高频利用，保护开展后这些区域的人类活动减少，大熊猫分布区逐渐扩散到这些区域。

另外，栖息地与主要道路的距离一直在缩小（仍然高于环境均值），这种变化产生的原因目前尚不清楚。表格最后几行变量的边际系数虽然发生了较大的变化，但由于其绝对值很小，实际变化幅度不多。

四、栖息地适宜度分布

一般在绘制适宜度分布图时，应根据McArthur broken-stick算法将矩阵各因子的特征值与随机值进行比较，选择贡献率大于随机值的特征因子矩阵中的前几个因子来计算栖息地适宜度分布，或者选择特征值大于2的因子来计算栖息地适宜度分布。为了便于在时相之间进行比较，1988和1998两个时相都选择了前8个因子来计算栖息地适宜度分布，分别解释了81%和78%的信息。

根据特征因子矩阵中前8个特征因子计算的1988和1998时相的栖息地适宜度分布如图2.12所示，2008时相栖息地适宜度分布可参考图2.7。直观比较三个时相，可以看出1988－2008时相，平武县的大熊猫栖息地分布范围基本一致，但栖息地质量格局发生了明显变化，多处发生栖息地退化和退缩。退化最严重的区域是整个栖息地南部的大桥区，这一片栖息地的适宜度明显降低。还有一个显著退化的区域是九环线沿线的栖息地，其中尤其严重的是黄土梁区域，这个区域在1988时相时是大熊猫的重要栖息地，而到1998时相栖息地质量严重下降，原来连续栖息地在这里断开。此外，两片孤立栖息地也严重退化，在无法连通交流的情况下，这些栖息地的孤立小种群的前景堪忧。

图2.7与图2.12一起直观显示了三个时相的栖息地适宜度变化情况，其变化并不是均匀和一致的。部分区域的HSI一直呈下降趋势，如

老河沟、黄羊关等区域；部分区域的HSI先下降后升高，如王朗保护区、白马乡等区域；还有些区域基本保持稳定或略有升高，如小河沟保护区、泗耳乡等区域。表2.14列出了1988—1998—2008时相平武县大熊猫主要分布乡镇和保护区的HSI及其变化显著性检验，检验采用Wilcoxon成对数据检验，对平武县大熊猫主要分布的保护区和乡镇三个时相的HSI进行两两比较，以判断时相之间是否发生了显著变化以及变化发生的方向。

表2.14　1988—1998—2008时相平武县大熊猫主要分布乡镇和保护区的HSI及其变化显著性检验

乡镇和保护区	HSI平均值			1988—1998时相		1998—2008时相	
	1988时相	1998时相	2008时相	Z	Sig.	Z	Sig.
雪宝顶保护区	29.8	27.6	30.8	−14.799	**	−5.591	**
王朗保护区	30.9	23.8	27.6	−23.709	**	7.867	**
小河沟保护区	36.4	43.3	44.0	9.031	**S	−3.298	*
余家山保护区	47.5	31.7	24.0	−7.391	**	−5.991	**
保护区汇总				−5.247	**	2.142	*
老河沟	51.8	45.5	43.5	−7.118	**	−7.162	**
木皮乡	35.9	41.0	39.1	6.043	**S	−9.624	**
木座乡	35.4	36.4	37.7	−1.404	0.160	−5.650	**
泗耳乡	31.1	30.8	35.4	−5.061	**	3.303	*
白马乡	36.1	29.3	32.2	−26.429	**	10.918	**S
黄羊关乡	31.2	27.0	24.4	−13.457	**	−13.454	**
虎牙乡	22.8	19.7	20.9	−21.279	**	−16.728	**
大印镇	22.9	18.0	16.7	−15.312	**	−14.602	**
大桥镇	19.0	13.9	14.7	−21.563	**	−1.402	0.161
锁江乡	20.6	13.4	12.9	−25.354	**	−12.570	**
土城乡	19.8	14.2	12.1	−25.380	**	−16.653	**
水晶镇	16.6	13.0	12.0	−18.688	**	−16.177	**
阔达乡	14.9	11.3	11.4	−15.580	**	−7.811	**
高庄林场	28.9	12.5	9.5	−13.968	**	−9.779	**
古城乡	13.7	9.4	8.2	−16.680	**	−11.338	**
徐塘乡	16.1	9.1	7.8	−21.538	**	−12.886	**
高村乡	12.8	7.6	6.1	−14.262	**	−12.813	**
全县				−70.917	**	−37.360	**

注：Z为Wilcoxon成对数据检验的统计值，Z值的符号代表了变化发生的方向，正值说明HSI增加，负值则说明HSI降低；Sig.为该统计值的显著性，**表示变化极显著，$p<0.01$；*表示变化显著，$p<0.05$。标有S的地方表示该项在非参数符号检验中不显著。

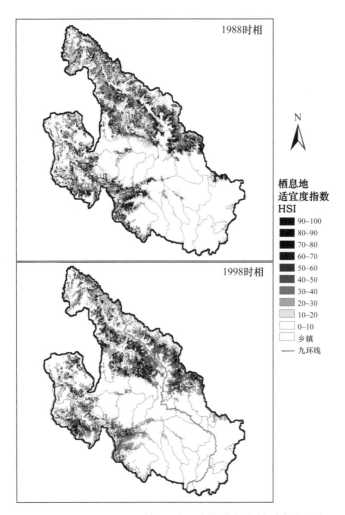

图2.12   1988－1998时相平武县大熊猫栖息地适宜度分布

　　根据配对检验的结果判断的HSI变化方向与每个区域HSI均值变化方向并不完全一致。表格反映出如下规律：1988－2008时相，全县栖息地适宜度持续显著下降，但后一个时段的下降幅度比前一个时段小。其中，保护区在前一个时段栖息地适宜度比其他大部分区域下降缓慢，后一个时段则呈上升趋势。位于连续栖息地边缘的乡镇，其HSI呈一直下降的趋势（表2.14中排在大印镇之后的乡镇）；全域分布大熊猫的几个乡镇HSI变化没有一致的规律。

　　1988—1998时相，绝大多数区域的HSI都显著降低，只有小河沟保护区和木皮乡的HSI显著增加，但这两个变化在符号检验中并不显著。此外，木座乡的HSI没有发生显著变化。这意味着1988—1998时相，平武县主要大熊猫分布区域的栖息地质量呈显著下降趋势，大熊猫种群分布区域大幅退缩。在这个大熊猫栖息地遭受严重破坏且缺乏有效保护的时段，小河沟保护区、木皮乡和木座乡区域成为平武县大熊猫种群生存的庇护所。

　　在1998—2008时相，大部分区域的HSI仍然显著降低，但其变化的Z值较前一个时相相比要小，这意味着变化的幅度较小。这反映大部分区域的栖息地质量虽然仍在下降，但变化速率相对于前一个时期明显减缓。而且，王朗保护区、泗耳乡和白马乡等区域的HSI显著上升，说明部分区域的栖息地质量有了显著提高，局部栖息地已经得到了有效恢复。

　　虽然每个保护区的具体变化情况各不相同，但总体说来，在栖息地全面退化的前一个时段，保护区内的栖息地退化程度好于保护区外的栖息地，保护区的设立在一定程度上遏制了破坏栖息地的人类干扰。后一个时段，保护区外大部分区域的栖息地仍然呈退化趋势，但保护区内的栖息地显著恢复，说明保护区有效保护了大熊猫栖息地。

五、平武县栖息地质量等级分布

　　根据Boyes指数曲线确定将栖息地适宜度指数重分类的阈值，分类阈值与前文相同：$0 < HSI \leqslant 15$的区间，Boyes指数< 1为非栖息地；$15 < HSI \leqslant 35$的区间，Boyes指数接近于1，为边际栖息地，与前一类合为不适宜栖息地；$35 < HIS \leqslant 70$，Boyes指数> 2，为较适宜栖息地；$70 < HSI \leqslant 100$，Boyes指数> 3，为最适宜栖息地。

　　根据上述重分类标准，将1988和1998时相的栖息地按照栖息地适宜度重新分类为非栖息地、边际栖息地、较适宜栖息地和最适宜栖息地，分别得到1988和1998时相的栖息地质量等级分布图（图

2.13）。2008时相栖息地质量等级分布参见图2.7。20年来栖息地质量等级的变化趋势与HSI的变化趋势一致，最明显的退化发生在大桥区、九环线沿线尤其是黄土梁区域。

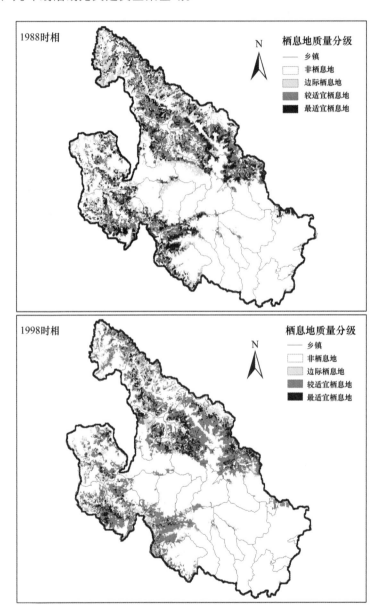

图2.13   1988—1998时相平武县大熊猫栖息地质量等级分布
（2008时相参见图2.7）

表2.15列出了平武县1988、1998和2008三个时相各类栖息地面积变化。其中,适宜栖息地面积为最适宜栖息地和较适宜栖息地面积之和,栖息地面积为除了非栖息地之外的三类栖息地面积之和。我们看到,非栖息地面积一直在增加,这意味着栖息地总面积一直在减少。从1988时相到2008时相,栖息地面积以每10年以近10%的速度减少。其中,从1988时相到1998时相,最适宜栖息地的面积大约减少了50%,说明质量最好的大熊猫栖息地在这个时段大幅度减少。从1998时相到2008时相,最适宜栖息地明显得到了恢复,但适宜栖息地和栖息地总面积仍然减少,反映出部分栖息地得到了较好保护,但整体栖息地仍然受到干扰的现状。

表2.15 平武县1988—1998—2008三个时相各类栖息地面积变化

单位：km^2

栖息地类别	1988时相	1998时相	2008时相
最适宜栖息地	577	293	477
适宜栖息地	1499	1484	1299
栖息地	2300	2036	1853
非栖息地	3674	3938	4121

六、栖息地格局

根据栖息地适宜度将平武县大熊猫栖息地分级后,得到从质量最好到最低的四类栖息地——最适宜栖息地、较适宜栖息地、边际栖息地和非栖息地。除了非栖息地以外的其余三类栖息地总面积20年来一直在减少,空间上原来连续的栖息地也逐渐被分割开来,成为隔离栖息地(图2.14)。1988时相,整个平武县的大熊猫栖息地主要由北部、西部两片连续栖息地和几处孤立栖息地小斑块组成。到1998时相,北部栖息地王朗区和老河沟区随着九环线修建在黄土梁段断开,另一个分割因素是绵阳专区伐木厂四场在矿子沟和夏家沟的长期采伐(个人交流,蒋仕伟,赵联军);王朗区和小河沟区也在王坝楚南面新店子沟处断开。到2008时相,北部三个栖息地小区的隔离状况基本与前一个时相一致,西部栖息地被分割为虎牙区、泗耳区和大桥区三块，这三块栖息地目前还没有完全分割开，但随着公路的新建和改建，这三个栖息地小区的连接程度将会进一步下降。

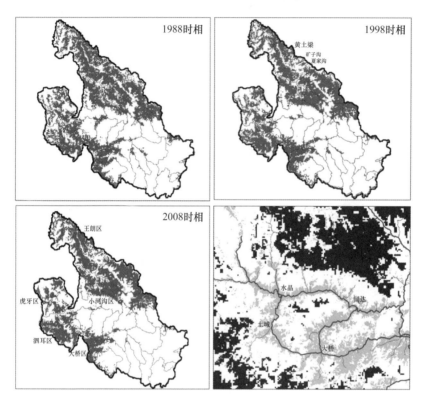

图2.14　1988—1998—2008时相平武县大熊猫栖息地变化
右下为平武县中部"际盘沟-何家山"孤立栖息地放大图，这一片孤立栖息地被阔达-水晶-土城-大桥之间的公路与北面、西面的连续栖息地分割开，同时被农耕地（灰色区域）包围在中间

1988—1998—2008三个时相中栖息地的变化动态可以从其连续性和空间破碎化程度、斑块格局边缘形状以及斑块之间的邻接性和连通性等方面进一步分析，表2.16给出了三个时相平武县大熊猫栖息地景观指数变化。

表2.16　1988—1998—2008时相平武县大熊猫栖息地景观指数变化

时相	NP	PD	MPS	LPI	ED	AWMSI	LSI	MNN	MPI	CONNECT
1988	230	0.04	998.06	21.77	8.40	15.13	27.63	756.04	1311.47	2.10
1998	217	0.04	936.12	12.62	6.98	9.67	24.23	848.75	620.62	2.20
2008	215	0.04	860.11	6.56	6.26	7.27	22.81	835.13	317.40	2.21

注：NP，斑块数量；PD，斑块密度；MPS，斑块平均面积；LPI，最大斑块所占景观面积比；ED，边缘密度；AWMSI，面积加权平均形状指数；LSI，景观形状指数；MNN，平均最近距离；MPI，平均邻近度指数；CONNECT，连接度指数。MPI的搜索半径和CONNECT的阈值都设定为3000 m，大致相当于大熊猫最大巢域的半径。

　　1988—2008时相，平武县大熊猫栖息地的斑块数量、斑块密度基本一致，但斑块平均面积明显减小，这说明20年来平武县的大熊猫栖息地斑块破碎化程度大大增加。同样，最大斑块所占景观面积比例降低了近70%，意味着大片连续栖息地面积也急剧减少，这期间受到人类干扰的程度增加，影响了景观格局。

　　边缘密度、面积加权平均形状指数和景观形状指数从斑块周长和边缘形状等方面衡量了栖息地斑块的破碎化程度。在1998—2008时相，这三个指数都呈现持续下降的趋势，但变化幅度不大。

　　平均最近距离、平均邻近度指数和连接度指数反映了栖息地斑块之间的邻近程度和连通程度，平均最近距离在1988—1998时相上升，这个指数直接反映了大熊猫在栖息地斑块之间的移动和扩散需要跨越的距离。如果斑块的破碎化程度升高，平均最近距离增大到大熊猫难以移动的距离（大于1500 m），则大熊猫在栖息地斑块之间的交流将会非常困难。在1998—2008时相，平均最近距离略有下降，反映随着局部栖息地的恢复，栖息地之间的连通性也有所增加。

　　在1988—2008时相，平均邻近度指数值持续降低，说明栖息地斑块之间离散程度增高，斑块之间的邻近度降低，因此在局部栖息地恢复而整体栖息地仍然退化的状态下，大熊猫在斑块之间迁移比较困难。连接度指数基本一致。

七、栖息地显著变化区域案例分析

在1988—1998时相栖息地质量等级变化分布中（图2.15上），
我们看到大熊猫栖息地的全面退化，栖息地从边缘向核心地带的退化
使得剩下的栖息地形成彼此隔离的孤岛。栖息地的进一步退化和破
碎，必然使原本连续的栖息地形成更多的孤立小斑块。在平武县，我

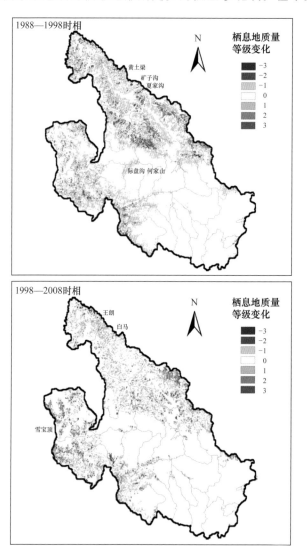

图2.15　1988—1998—2008时相栖息地质量等级变化分布

们已经观察到孤立小斑块栖息地的消失（际盘沟–何家山斑块）。而在
1998—2008时相，天然林停伐之后，栖息地退化和栖息地恢复并存，
部分区域尤其是保护区内的大熊猫栖息地明显得到了恢复（王朗保护
区–白马乡、雪宝顶保护区）。而随着九环线的升级改建，平武–松潘
公路的新建，水电站、开矿等大型工程往大熊猫栖息地的核心地带深
入，这些区域的栖息地仍然不断退化。在研究中，我们选取三个典型
区域来详细说明栖息地的变化。

际盘沟–何家山栖息地孤立小斑块

在1988年，际盘沟–何家山栖息地斑块的面积为34 km^2，随着大
桥–土城–水晶公路的修建，这片区域与南北两片主要栖息地分割开
来。1998年时，这片栖息地缩小为11 km^2。到2008年，这个区域的
栖息地仅剩下8 km^2。在2002年至2004年屡次野外调查中，这个区域
没有再发现大熊猫活动痕迹，被识别为因人类活动而丧失的分布区
（与时任王朗保护区巡护队长赵联军的个人交流，2005）。根据平武
县公路发展"十五"规划，大桥–新乾县道、大桥–土城–水晶段县道
将进行改建，道路的升级使人类活动更加频繁，不利于大熊猫栖息地
的恢复。

九环线黄土梁段和森工采伐区域的退化

由于火溪河和九环线的分布，平武县北部的栖息地被分割开来。
1988年时，火溪河两岸的栖息地距离较近，在多处可以连通。到
2008年，随着九环线车流增加，人类干扰增加，两岸栖息地的距离也
增加，连通变得困难。黄土梁、矿子沟、夏家沟区域正是联系平武县
北部王朗区和老河沟区栖息地的关键位置。这个区域在2003年的调查
中，没有发现任何大熊猫活动痕迹。同时，森工企业在矿子沟、夏家
沟的长期采伐使栖息地的退化加剧。

> **王朗保护区–白马乡、雪宝顶保护区的恢复**
>
> 　　在栖息地全面退化的同时，研究也发现部分区域栖息地明显恢复。随着十多年各种保护项目的开展，保护区能力得到显著提高，定期监测巡护保障了王朗保护区和雪宝顶保护区内栖息地的恢复。白马乡在1988年到1998年经历了严重的森林采伐，栖息地质量显著下降。1998年停伐以后，通过社区项目引导当地居民改变传统的生活生产方式，开展生态旅游。从1999年到2007年，白马乡的旅游收入所占的比例逐渐提高，对环境和大熊猫栖息地的压力降低，这个区域的栖息地显著恢复。

八、平武县各区域栖息地质量变化分析

　　根据栖息地适宜度将平武县大熊猫栖息地分级后，得到从质量最好到最低的四类栖息地——最适宜栖息地、较适宜栖息地、边际栖息地和非栖息地。随着土地利用变化、森林砍伐、放牧等人类干扰因素以及植被动态变化、竹子开花等自然因素的影响，平武县各区域的四类栖息地此消彼长，并且呈现出不同的变化规律。

　　平武县两个国家级自然保护区雪宝顶保护区和王朗保护区的栖息地质量变化展现类似规律（图2.16）：在第一个时段（1988—1998时相）质量显著下降（雪宝顶保护区：$Z_{88-98}=-8.575$，$p<0.01$；王朗保护区：$Z_{88-98}=-19.516$，$p<0.01$）（Wilcoxon成对数据检验，下同），主要是最适宜栖息地退化为较适宜栖息地，其他类别变化不明显；而在第二个时段（1998—2008时相）质量显著上升（雪宝顶保护区：$Z_{98-08}=6.250$，$p<0.01$；王朗保护区：$Z_{98-08}=4.409$，$p<0.01$）。

　　小河沟保护区则呈现不同规律，在第一个时段质量显著上升（$Z_{88-98}=9.372$，$p<0.01$），最适宜栖息地比例增加。然而，这两个时相的两组数据在符号检验中没有显著性变化（统计上，符号检验与Wilcoxon成对数据检验相比，较不敏感），说明这个增长并不是十分

显著；在第二个时段，栖息地质量基本保持稳定，没有发生显著变化（$Z_{98-08}=-2.564$，$p<0.1$）。

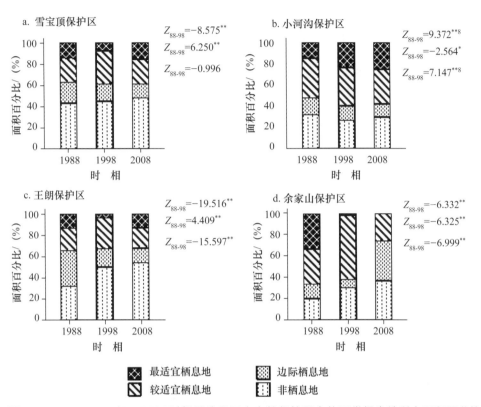

图2.16　1988－1998－2008时相平武县四个自然保护区内的四类栖息地所占面积百分比变化趋势

Z值为两个时相间的Wilcoxon成对数据检验的统计量，其中正负号表明在两个时相之间栖息地适宜度的增减。其中：**，Z值极显著；*，Z值显著；S，该变化在符号检验中不显著。图2.17、图2.18、图2.19同

余家山保护区是平武县于2006年成立的一个县级保护区，之前为个人承包的林场。1988－1998时相，余家山原有较高比例的最适宜栖息地几乎全部退化为较适宜栖息地，栖息地质量显著下降（$Z_{88-98}=-6.332$，$p<0.01$）；1998－2008时相，较适宜栖息地中很大比例退化为边际栖息地，栖息地质量继续显著下降（$Z_{98-08}=-6.325$，$p<0.01$）。

平武县各乡镇的栖息地质量变化特征大致可以分为以下三种类型（图2.17）：第一种类型，栖息地质量在前一个时段降低，后一个时

段升高或稳定；第二种类型，栖息地质量在前一个时段升高，后一个
时段降低或稳定；第三种类型，栖息地质量在两个时段始终降低。

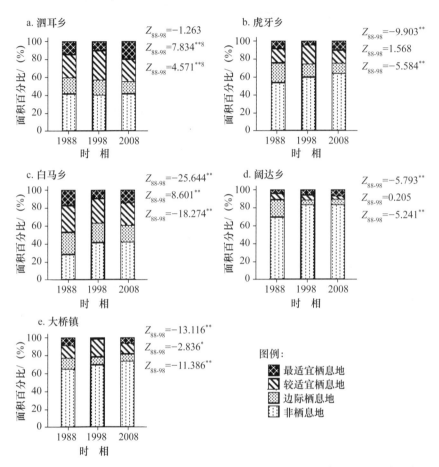

图2.17　1988－1998－2008时相平武县泗耳乡、虎牙乡、白马乡、阔达乡和
大桥镇四类栖息地变化趋势

第一种类型包括泗耳乡、虎牙乡、白马乡、阔达乡和大桥镇五个
乡镇。1988－1998时相，泗耳乡5%的最适宜栖息地部分退化为较适
宜栖息地（$Z_{88-98}=-1.263$，p不显著）；虎牙乡5%的最适宜栖息地退化
为较适宜栖息地，7%边际栖息地也退化为非栖息地（$Z_{88-98}=-9.903$，
$p<0.01$）；白马乡前三类栖息地均发生退化，8%的最适宜栖息地退化

（Z_{88-98}=-25.644，$p<0.01$）；阔达乡的最适宜栖息地基本一致，但15%的边际栖息地退化为非栖息地（Z_{88-98}=-5.793，$p<0.01$）；大桥镇8%的最适宜栖息地退化为较适宜栖息地，4%的边际栖息地退化为非栖息地（Z_{88-98}=-13.116，$p<0.01$）。

1998—2008时相，泗耳乡、虎牙乡和白马乡各有9%、6%和5%的较适宜栖息地恢复为最适宜栖息地（泗耳乡：Z_{98-08}=7.834，$p<0.01$；虎牙乡：Z_{98-08}=1.568，$p<0.1$；白马乡：Z_{98-08}=8.601，$p<0.01$）。阔达乡和大桥镇在这个时段各类栖息地保持稳定（阔达乡：Z_{98-08}=0.205，p不显著；大桥镇：Z_{98-08}=-2.836，$p<0.1$）。

第二种变化类型包括木皮和木座两个藏族乡（图2.18）。1988—1998时相，木皮乡的最适宜栖息地和较适宜栖息地都略有增长（Z_{88-98}=9.054，$p<0.01$，但符号检验不显著）；木皮乡最适宜栖息地部分退化为较适宜栖息地，但较适宜栖息地总面积增长（Z_{88-98}=3.802，$p<0.01$）。

1998—2008时相，木皮乡最适宜栖息地保持稳定，10%的较适宜栖息地退化为边际栖息地（Z_{98-08}=-10.118，$p<0.01$）；木座乡的各类栖息地基本一致（Z_{98-08}=-0.658，p不显著）。

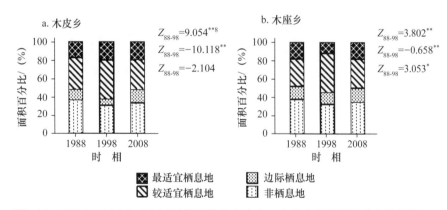

图2.18　1988—1998—2008时相平武县木皮乡、木座乡四类栖息地变化趋势

第三种类型包括平武县其他十个大熊猫分布乡镇（图2.19）。这些乡镇的大熊猫栖息地一直显著减少，其退化的共同特点是，1988—1998时相，最适宜栖息地部分或甚至全部退化为较适宜栖息地，栖息

地总面积也减少。而1998—2008时相，栖息地总面积仍然减少，但在部分分布区最适宜栖息地保持稳定或略有上升（老河沟林场、大印镇、锁江乡、土城乡）。

这些区域的一个共同特点是境内没有保护区分布。这从一个侧面说明，保护区对于保持大熊猫栖息地的面积和质量是极为重要的。在这些没有保护区分布的区域，大熊猫栖息地变化前景不容乐观。

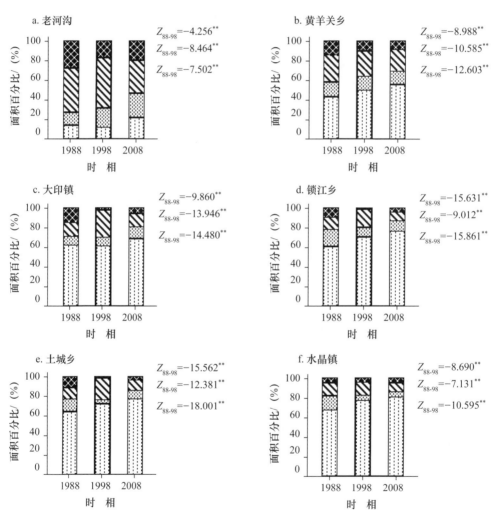

图2.19　1988—1998—2008时相平武县大熊猫栖息地
退化乡镇四类栖息地变化趋势

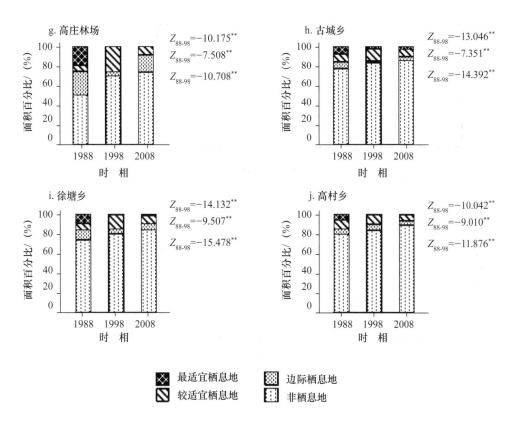

图2.19 （续）

九、栖息地适宜度预测结果评价

根据十折交叉检验的验证结果，1988时相模型和1998时相模型都较为准确可信地模拟了平武县当时的栖息地适宜度状况。两个模型的交叉检验Boyes指数曲线如图2.20和图2.21所示，Boyes曲线基本呈现连续单调递增，且10条曲线的变异范围（variance）较小，说明模型在进行栖息地适宜度分级时有较高的可重复性，模型表现稳定。两个时相模型较为真实地反映了平武县大熊猫的历史栖息地状况。

用于评价模型的三个统计指标分别为Boyes指数、AVI指数和CVI指数，其具体数值参见表2.17。

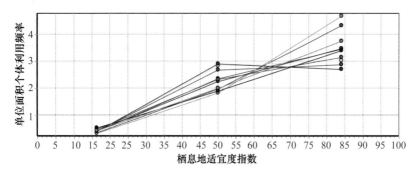

图2.20   1988时相栖息地模型交叉检验Boyes指数曲线

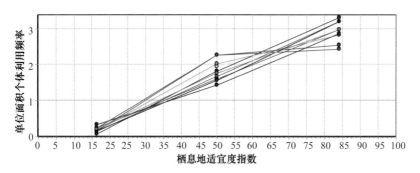

图2.21   1998时相栖息地模型交叉检验Boyes指数曲线

表2.17   1988—1998—2008三个时相模型的评价指数列表

模型	Boyes指数	AVI	CVI
1988时相	0.75（$p<0.001$）	0.77 ± 0.09	0.44 ± 0.08
1998时相	0.66（$p<0.01$）	0.65 ± 0.06	0.41 ± 0.06
2008时相	0.71（$p<0.001$）	0.72 ± 0.04	0.47 ± 0.04

其中，1988时相模型的Boyes指数和AVI指数都达到了0.7以上且极显著，1998时相模型的Boyes指数和AVI指数都接近0.7且显著，两个时相的CVI指数均接近0.5，说明1988时相和1998时相模型模拟结果稳定而且真实可信，与随机模型相比有显著差异，较准确地反映了平武大熊猫栖息地适宜度的分布状况。

十、栖息地恢复的优先区域

在1988—1998年的10年间，研究结果显示平武县大熊猫栖息地全面退化。然而，在1998—2008年的10年间，已经有多处栖息地呈恢复趋势。这首先说明，在10年的时间尺度上，已经可以检测到栖息地的显著退化或恢复。同时也说明退化的栖息地可以有效地恢复，尤其是那些原本是最适宜栖息地的区域。这些区域产生退化的原因，往往是人类活动过于频繁，干扰程度严重，大熊猫不得不放弃这些干扰过高的区域而选择生活在次一级的栖息地当中。根据生态位理论，物种只有生活在适宜度最高的栖息地中，才能进行最有效的繁衍，雌性才有最高的繁殖率。长期生活在适宜度不佳的栖息地中不利于大熊猫的持续生存。

那么在全县尺度上，在1988时相和1998时相曾经是大熊猫最适宜栖息地，而在2008时相变化为较适宜栖息地和边际栖息地的区域，是平武县在未来的大熊猫保护中应该优先考虑恢复的区域。图2.22展示了栖息地质量等级的变化，整体而言，栖息地分布在三个时相基本保持一致，但栖息地质量等级在空间分布上发生了明显变化。其中最明显的转变是九环线附近的低海拔区域，曾经是大熊猫最重要、质量最好的栖息地，在1998—2008时相，这些栖息地逐渐退化甚至完全丧失。大桥区也存在类似的情况。这些区域都是大熊猫潜在的最好的栖息地，应该优先进行恢复。

基于对栖息地质量格局的分析，最适宜栖息地往往处于较适宜栖息地和边际栖息地的中间，位于大片连续栖息地的核心地带。最适宜栖息地退化的原因往往是周边栖息地被人类占据，位于中间的最适宜栖息地由于失去了较适宜栖息地和边际栖息地的保护和缓冲作用也发生相应的退化。因此，在恢复这些最适宜栖息地的时候，还应该考虑原有的栖息地格局，恢复其有效结构。

另外一种应该优先恢复的区域，是现存栖息地斑块之间的连接区域。从1988年到2008年，平武县的大熊猫栖息地从两片连续的栖息地逐渐片段化形成三片彼此隔离的栖息地，甚至在三片栖息地内部，多处连接也非常脆弱。

以王朗保护区和小河沟保护区的连接为例，这个两片区域由于图包顶和白河沟之间海拔3700 m以上的裸岩而从西部分开，仅仅在王坝

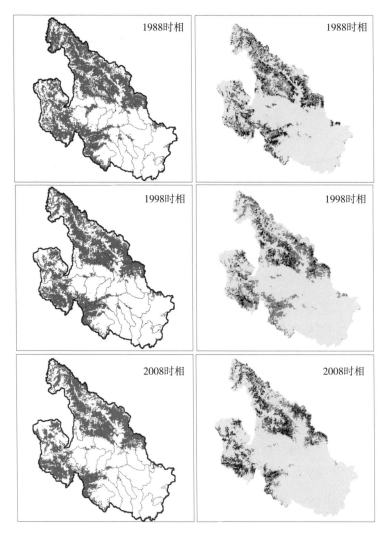

图2.22　1988—1998—2008年平武县大熊猫栖息地（左）和栖息地质量等级（右）

楚以南的新店子沟处连接起来。根据调查和访问，从1990年到1997年，新店子沟进行过长期的森林采伐，植被遭到严重破坏。因而新店子沟的栖息地退化，在其以北的王朗保护区和以南的小河沟保护区从此分开变成两个隔离的区域，如图2.15所示。对这个区域的恢复能够有效地连接南北两个大熊猫种群，加强种群间的交流，同时也使得大熊猫在面临一些高强度的风险和威胁时（例如地震），能够进行有效的迁移，及时躲避威胁因素。

十一、主要结论

本研究设计出标准化距离指数，作为评估大熊猫分布变化的关键指标。提出了综合标准化距离指数、栖息地适宜度指数和景观格局指数的系统化评价体系。基于此评价体系，从分布变化、栖息地质量格局和景观尺度方面全面评估了平武县大熊猫栖息地20年来的变迁。此方法可以定量、精确和客观地评价和监测栖息地质量的变化，其结果可以直接指导栖息地保护的设计、实施和保护成效检验。

在具体分析中，我们模拟了1988和1998时相的大熊猫分布格局和栖息地适宜度格局和景观格局，并进行了三个时相之间的比较，详细结论如下：

（1）在平武县全境范围内，栖息地呈现明显向北和向西退缩的趋势。两个时段的分布变化呈现不同的规律，1988—1998时相大熊猫分布向北部和西部退缩，变化是连续的；而1998—2008时相，退缩的区域集中于九环线古城–龙安–木座段和主要公路（阔达–水晶段、平通–豆叩段）周边。

（2）从1988年到2008年的20年间，平武县野生大熊猫栖息地的边际值和特异值呈升高趋势，相应的耐受值呈下降趋势。大熊猫生态位特征发生如下变化：相对于环境背景更加偏离总体均值，特化程度增加，其适宜栖息地与环境背景的差异更大。同时，生态位幅度更为狭窄。两个方面的变化都意味着大熊猫栖息地面积减少，适宜栖息地比例降低。

（3）影响栖息地适宜度格局的关键因素的影响权重随着时间发生变化。与森林相关的变量的影响权重发生了明显变化。

（4）1988—2008时相，全县栖息地适宜度持续显著下降，多处栖息地退化和退缩，栖息地面积以每10年约10%的速度减少。原来连续的两片栖息地被逐渐分割成六片隔离的栖息地小区，栖息地破碎化程度增加，连通性降低。引起隔离和退化的因素包括森林采伐、公路修建、工程开发等。

（5）1998—2008时相，虽然栖息地总体变化趋势仍然退化，但保护区及部分区域的栖息地在最近10年显著恢复。

第四节 影响大熊猫栖息地变化的关键因素

根据栖息地影响因素概念框架，将大熊猫栖息地的潜在影响因素分为自然因素、人类因素和保护因素，具体分析每个因素对栖息地适宜度变化的影响。

一、自然因素与大熊猫栖息地适宜度变化的关系

在自然因素中，我们考虑了海拔、坡度、坡向、坡位、河流和竹子开花等7种因素的影响。具体内容介绍如下：

1. 海拔

将大熊猫栖息地分布的海拔以100 m为间距分组，比较各组三个时相上的栖息地适宜度变化是否存在显著差别（图2.23）。K–W检验结果表明，各海拔段在三个时相之间的栖息地适宜度变化均存在显著差异（$Chi^2_{88-98}=1730$，$p<0.001$；$Chi^2_{98-08}=1328$，$p<0.001$）。

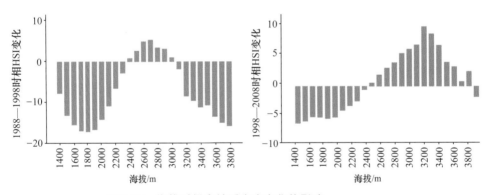

图2.23 海拔对栖息地适宜度变化的影响

其中，1400～2300 m的海拔段，栖息地适宜度呈明显下降趋势；而2300～3000 m的中海拔段，栖息地适宜度略有上升。3100～3800 m的高海拔段，栖息地适宜度在1988—1998时相呈下降趋势，而在1998—2008时相呈上升趋势。

　　1400～2300 m的低海拔区域由于人类活动频繁，其栖息地一直处于退化趋势。在两个时段中，海拔2300 m都是一个明显的变化拐点。在秦岭大熊猫研究中发现，海拔1400 m是农业生产活动的上限（潘文石 等，1988），在纬度较低的岷山地区的平武县，这个分界线上升到2300 m。

　　2. 坡度

　　将坡度以10度为间隔分组，比较各组在三个时相上的栖息地适宜度变化是否存在显著差别（图2.24）。K-W检验结果表明，各坡度段在三个时相之间的栖息地适宜度变化均存在显著差异（Chi^2_{88-98}=16.8，$p<0.05$；Chi^2_{98-08}=1551，$p<0.001$）。

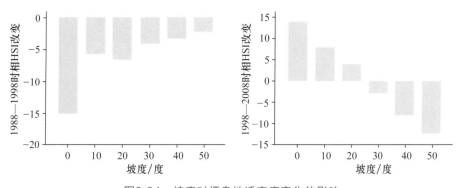

图2.24　坡度对栖息地适宜度变化的影响

　　其中，1988—1988时相，坡度平缓区域的栖息地适宜度下降趋势更为明显，其中0～10度下降最多，坡度小于20度的区域比坡度大于30度的区域下降更多；而在1998—2008时相，坡度平缓的区域栖息地明显恢复，而陡坡的栖息地适宜度仍然呈下降趋势。

　　这说明在栖息地破坏的时候，坡度平缓的区域更容易受到破坏，而在恢复时期由于缓坡的植被生长条件更好，也相对更容易恢复。

　　3. 坡向

　　将坡向分为正北、东北、正东、东南、正南、西南、正西、西北八个组，进行组间栖息地适宜度变化比较（图2.25）。统计分析结果表明：在所有时相变化中，除了西北向之外，其余各坡向栖息地适宜度变化没有显著差异（含西北向的K-W比较：$\text{Chi}^2_{88-98}=47.8$，$p<0.01$；$\text{Chi}^2_{98-08}=45.2$，$p<0.001$；去除西北向后的K-W比较：$\text{Chi}^2_{88-98}=9.48$，$p<0.09$；$\text{Chi}^2_{98-08}=10.5$，$p<0.07$）。说明坡向对于大熊猫栖息地适宜度变化不是显著影响因素。

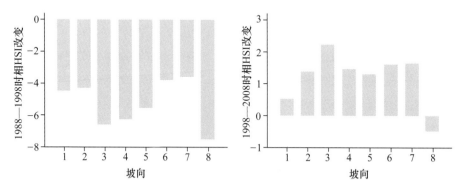

1. 正北；2. 东北；3. 正东；4. 东南；5. 正南；6. 西南；7. 正西；8. 西北
图2.25　坡向对栖息地适宜度变化的影响

4. 坡位

坡位按照山体下部与谷底、山体中部、山体上部、脊部分为四组，比较各组在三个时相上的栖息地适宜度变化是否存在显著差异（图2.26）。K-W检验的结果表明，各坡位在三个时相之间的栖息地适宜度变化均存在显著差异（$\text{Chi}^2_{88-98}=715$，$p<0.01$；$\text{Chi}^2_{98-08}=57.9$，$p<0.01$）。

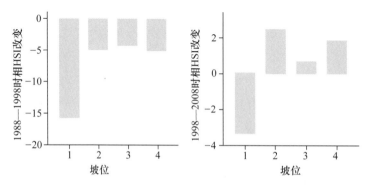

1. 山体下部与谷底；2. 山体中部；3. 山体上部；4. 脊部
图2.26　坡位对栖息地适宜度变化的影响

其中，1988—1998时相的变化在去除山体下部与谷底这一组之后，其余各组之间差异不显著（Chi$^2_{88-98}$=8.10，p=0.017）。说明在山体下部与谷底这个人类活动频繁的区域，栖息地适宜度下降较多，栖息地退化较严重，与其他坡位的HSI变化有显著差异。

5. 河流

根据每个栅格与主要河流（河床宽度＞2 m）的距离和该栅格的HSI变化，进行Pearson相关性检验（数据服从正态分布）（图2.27）。结果表明，在三个时相之间，主要河流对栅格HSI变化均没有显著的影响（r^2_{88-98}=0.011，p=0.068；r^2_{98-08}=0.034，p=0.012）。

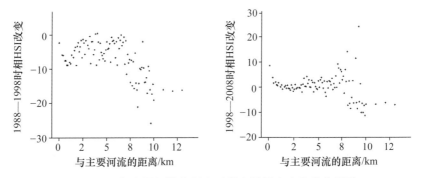

图2.27　与主要河流的距离对栖息地适宜度变化的影响
为了更清晰地显示影响因素和HSI变化之间的关系，在作图时以100 m为单位分组，图上的每个点的纵坐标值实际为每100 m范围内的HSI变化的均值。而进行相关性分析时，仍然采用原始数据。后同

根据每个栅格与小河（河床宽度＜2 m）的距离和该栅格的HSI变化，进行Pearson相关性检验（数据服从正态分布）（图2.28）。结果表明，与小河的距离对HSI的变化有显著影响，但这种影响的作用范围在2 km以内。在2 km之外，与小河的距离与HSI变化无相关关系（r^2_{88-98}=0.074，p=0.015；r^2_{98-08}=0.002，p=0.960）。在2 km范围以内，与小河的距离与HSI变化显著负相关（r^2_{88-98}=−0.144，p<0.001；r^2_{98-08}=−0.200，p<0.001），与小河的距离越近的区域，水源条件越好，栖息地恢复越容易。

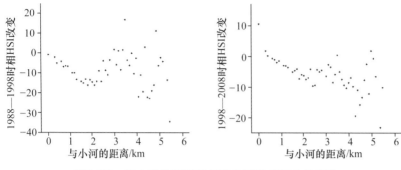

图2.28   与小河的距离对栖息地适宜度变化的影响

6. 竹子开花

由于与竹子开花位点的距离数据仅覆盖了1998和2008这两个时相上的变化状况，故根据每个栅格与竹子开花位点的距离，和该栅格从1998到2008时相的HSI的变化，进行Pearson相关性检验（数据服从正态分布）（图2.29）。结果表明，与竹子开花位点的距离对HSI变化无影响（$r^2_{98-08}=0.006$，$p=0.870$）。

同时，根据每个栅格与森林退化位点的距离，将所有栅格分为三类：森林退化位点附近（距退化位点0～300 m），中距（距退化位点300～1500 m），远距（距森林退化位点1500 m以上，作为比较背景值），三类之间进行K-W检验（图2.29）。虽然从平均值上，退化位点附近和中距的栖息地适宜度变化略低于背景值，但三组值之间没有显著差别（$Chi^2_{98-08}=2.271$，$p=0.321$）。因此在本研究覆盖的时间尺度上，竹子开花并不是栖息地适宜度变化的显著影响因素。

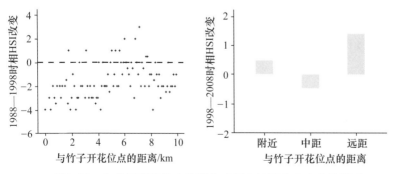

图2.29   与竹子开花位点的距离对栖息地适宜度变化的影响

二、人类因素对大熊猫栖息地适宜度变化的影响

在人类因素中我们考虑了不同林权类型、森林退化、农耕地、公路（九环线、主要公路和乡村小路）、居民点分布（城镇和村庄）、大型工程和水电站十种因素的影响。

1. 林权类型

平武县大熊猫栖息地分布范围涉及七种主要林权类型：自然保护区、国有林场、零星国有林、小采企业、集体林、非林业单位和未知林权类型。比较各种林权类型与三个时相上的栖息地适宜度变化是否存在显著差别（图2.30）。K-W检验的结果表明，七种林权类型在三个时相之间的栖息地适宜度变化均存在显著差异（$\text{Chi}^2_{88-98}=641$，$p<0.01$；$\text{Chi}^2_{98-08}=931$，$p<0.01$）。

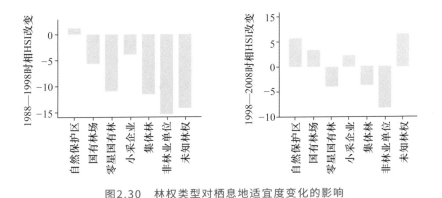

图2.30　林权类型对栖息地适宜度变化的影响

其中，1988—1998时相，除了自然保护区以外，其余各种林权类型的栖息地适宜度都降低；1998—2008时相，自然保护区、国有林场和小采企业的栖息地适宜度增加，而零星国有林和集体林的适宜度仍然降低。这反映了1998时相以前，栖息地全面退化的时期，只有保护区的栖息地基本保持不变。1998年停伐以后，原来进行采伐的区域栖息地得到恢复。但集体林中栖息地的情况仍然不容乐观。平武县集体林的林权改革给大熊猫栖息地的保护提出了新的挑战。

2．森林退化

由于森林退化数据仅覆盖了1990年到2000年这两个时间上的变化状况，故根据每个栅格与森林退化位点的距离将所有栅格分为三类：森林退化位点附近（距退化位点0～300 m），中距（距退化位点300～1500 m），远距（距退化位点1500 m以上，作为比较背景值），对三类栅格在1988到1998时相间的HSI变化进行K–W检验（图2.31）。

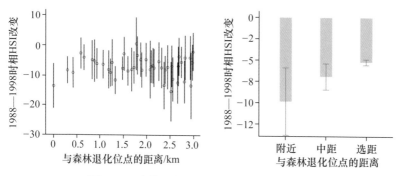

图2.31　森林退化对栖息地适宜度变化的影响

结果表明，森林退化位点附近栖息地也发生显著退化（Chi^2_{88-98}=45.8，$p<0.01$），其影响范围大约为500 m。

3．耕地

根据每个栅格与耕地的距离和栅格的HSI变化进行Spearman相关分析（图2.32），结果显示，耕地的影响范围在5 km左右。在距耕地5 km以内，与耕地的距离越远，栖息地恢复越好（r^2_{88-98}=0.175，$p<0.001$；r^2_{98-08}=0.164，$p<0.001$）；在5 km以外，两者之间没有显著相关性（r^2_{88-98}=-0.014，p=0.754；r^2_{98-08}=0.012，p=0.790）。

4．九环线

根据每个栅格与九环线的距离和栅格的HSI变化进行Spearman相关分析（图2.33），结果显示，九环线的影响范围在10 km左右。在距九环线10 km以内，与九环线的距离越远，栖息地恢复越好（r^2_{88-98}=0.220，$p<0.001$；r^2_{98-08}=0.188，$p<0.001$）；在10 km以外，两者之间相关性较低（r^2_{88-98}=0.073，p=0.012；r^2_{98-08}=0.047，

p=0.19）。

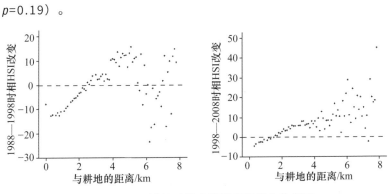

图2.32　耕地对栖息地适宜度变化的影响

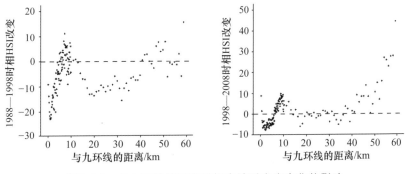

图2.33　与九环线的距离对栖息地适宜度变化的影响

5. 主要公路

　　根据每个栅格与主要公路的距离和栅格的HSI变化进行Spearman相关分析（图2.34），结果显示，主要公路对HSI的影响以4 km处为拐点。在1988—1998时相，距主要公路2 km之内，与主要公路的距离越近，栖息地退化越多；2～4 km，随着距离增加栖息地退化也增加。而在1998—2008时相，在距主要公路4 km以内，与主要公路的距离越近栖息地恢复越好（r^2_{88-98}=−0.138，p<0.001；r^2_{98-08}=−0.213，p<0.001）。在4 km以外，与主要公路的距离越远，栖息地恢复越好（r^2_{88-98}=0.160，p<0.001；r^2_{98-08}=0.122，p<0.001）。事实上，4 km以外的这种正相关并非主要公路自身的影响，很可能是与主要公路相关的其他因素作用的体现。

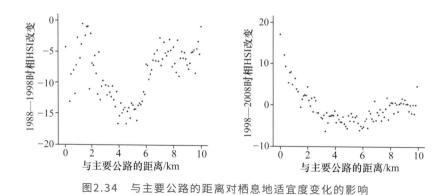

图2.34　与主要公路的距离对栖息地适宜度变化的影响

6. 乡村小路

根据每个栅格与乡村小路的距离和栅格的HSI变化进行Spearman相关分析（图2.35），结果显示，1988—1998时相，在2 km范围之内，与乡村小路的距离越近栖息地退化越严重（r^2_{88-98}=0.086，$p<0.001$）；2 km之外，两者不相关（r^2_{88-98}=−0.012，p=0.052）。1998—2008时相，在1 km范围之内，与乡村小路的距离越近，栖息地恢复越好（r^2_{98-08}=−0.149，$p<0.001$），在1 km以外，与乡村小路的距离越远，栖息地恢复越好（r^2_{98-08}=0.160，$p<0.001$）。

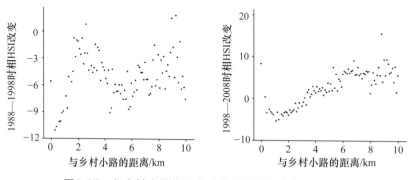

图2.35　与乡村小路的距离对栖息地适宜度变化的影响

两个时段中，乡村小路的影响范围和作用方向都发生明显的变化。前一个时段，乡村小路附近的栖息地退化更严重，而后一个时段乡村小路附近的栖息地恢复更多。这可能与乡村小路上的人类活动频繁程度有关。1998年停伐以前，林区农户对木材采伐非常依赖，如白马乡农户的木材收入占家庭收入的20%～85%，这些采伐活动往往在乡村小路附近进行，因此这些区域的栖息地严重退化。而1998年之后经济结构调整，旅游和外出务工在家庭收入中所占的比重增加（2006年在白马乡，平均旅游收入占23%，外出务工占28%），因此乡村小路附近的干扰减少，栖息地明显恢复。

7．城镇

根据每个栅格与城镇的距离和栅格的HSI变化进行Spearman相关分析（图2.36），结果显示，城镇对HSI的影响范围为10 km。在距城镇10 km以内，与城镇的距离越远，栖息地恢复越好（r^2_{88-98}=0.171，$p<0.001$；r^2_{98-08}=0.241，$p<0.001$）；在10 km以外，两者不相关（r^2_{88-98}=−0.089，$p=0.16$；r^2_{98-08}=0.068，$p=0.24$）。

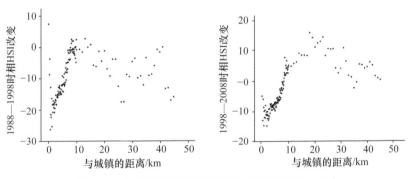

图2.36　与城镇的距离对栖息地适宜度变化的影响

8．村庄

1988—1998时相，3 km之内村庄附近的栖息地退化较严重，3 km之外人与村庄的距离对HSI变化没有显著影响（Spearman相关分析，r^2_{88-98}=0.037，$p=0.294$）；在1998—2008时相，1 km之内与村庄的距离越近，栖息地恢复越好（Pearson相关性检验，r^2_{98-08}=−0.108，$p<0.001$），在1 km以外，与村庄的距离越远栖息地恢复越好（Spearman相关分析，r^2_{98-08}=0.158，$p<0.001$）（图2.37）。

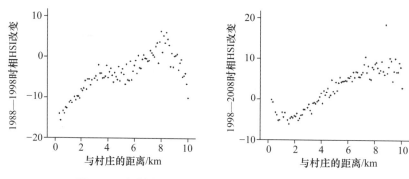

图2.37　与村庄的距离对栖息地适宜度变化的影响

与村庄的距离对HSI变化的影响呈现出与乡村小路类似的规律，其原因也类似，与当地居民的日常生活生产方式的改变有关。

9. 大型工程

大型工程对HSI变化的影响呈现出比较复杂的特征（图2.38）。在1988—1998时相，距大型工程2 km以内，HSI降低较多但无明显线性关系（Pearson相关性检验，$r^2_{88-98}=0.003$，$p=0.921$），2~4 km，距离与HSI变化正相关（Pearson相关性检验，$r^2_{88-98}=0.120$，$p<0.001$），4 km以外，两者不相关（Spearman相关分析，$r^2_{88-98}=0.027$，$p=0.112$）。在1998—2008时相，距大型工程6 km以内，距离与HSI变化不相关（Spearman相关分析，$r^2_{98-08}=-0.040$，$p=0.121$）；6 km以外，两者正相关（Spearman相关分析，$r^2_{98-08}=0.083$，$p<0.01$）。

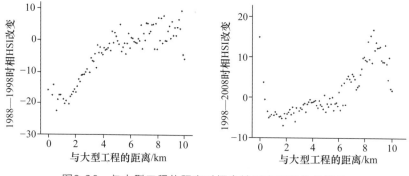

图2.38　与大型工程的距离对栖息地适宜度变化的影响

　　大型工程和HSI变化之间的复杂关系可以解释如下，在前一个时段，大型工程主要包括道路修建时的采石采料和一些小型矿产开发等，这些较小规模的工程建设影响范围略为2 km，在2 km之外其影响逐渐减弱，4 km以外基本无影响。而在后一个时段，大型工程包括大型规模化的矿产开发，随着平武县经济策略的调整，大量招商引资和技术引进，一些大型开发建设逐步进入平武，这些工程对6 km之内的范围产生强烈影响，在6 km之外影响逐渐减弱。

　　10．水电站

　　与大型工程类似，水电站对HSI变化也有比较复杂的影响（图2.39）。绝大部分水电站都是1998年之后修建的，因此分析1998—2008时相变化。水电站的影响范围约为5 km，在5 km之内，HSI降低；5 km之外，距离水电站越远，栖息地恢复越好（即5 km之内：$r^2=-0.014$，$p=0.270$；5 km以外：$r^2=0.077$，$p<0.001$）。

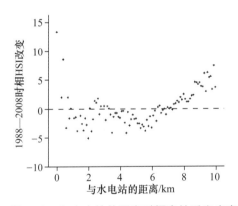

图2.39　与水电站的距离对栖息地适宜度变化的影响

　　在修建水电站时往往需要就地采沙取石，甚至放炮、新建或改建公路，此外机器噪声、工业排放等也是强烈的干扰因素，因而对大熊猫栖息地产生较大影响。而且大型水电站修建周期较长，影响范围大。平武县在未来的水能开发中，应该根据大熊猫保护的需求进行合理规划。

三、保护活动对大熊猫栖息地适宜度变化的影响

1. 保护区

平武县目前共有四个不同级别的保护区，考察保护区内外在三个时相上的栖息地适宜度变化是否存在显著差异（图2.40）。采用两组之间的非参数检验（Mann-Whitney检验），结果表明，在两个时段中保护区内外的栖息地适宜度变化均存在显著差异（$Z_{88-98}=-4.453$，$p<0.001$；$Z_{98-08}=-9.471$，$p<0.001$）。与保护区外相比，1988—1998时相保护区内栖息地退化较少，而1998—2008时相，保护区内栖息地恢复较好。

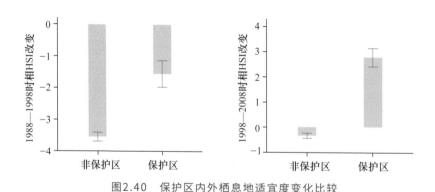

图2.40　保护区内外栖息地适宜度变化比较

2. 退耕还林工程

平武县计划退耕区域约为92 km²（13.8万亩），大部分退耕区域不在大熊猫分布范围，仅白马、木皮、木座、泗耳、虎牙等乡共计3 km²退耕区域涉及大熊猫栖息地。采用两组之间的非参数检验（Mann-Whitney检验）比较退耕区域在1998—2008时相的HSI变化和背景变化值（图2.41），结果表明，退耕区域栖息地恢复目前还明显低于环境背景的变化水平（$Z_{98-08}=-7.177$，$p<0.001$）。因此在平武县，退耕还林工程对于大熊猫栖息地保护的效果还不明显。

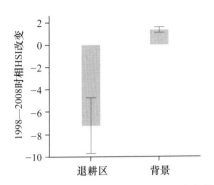

图2.41　退耕区域栖息地适宜度变化比较

3．天保工程

天保工程实施之后，占平武公路总里程36％的林区公路，已经废弃或成为乡村公路（与时任王朗保护区管理局副局长蒋仕伟的个人交流，2003），这些道路附近的大熊猫栖息地显著恢复（K–W检验，$Chi^2_{98-08}=217$，$p<0.01$）（图2.42）。同时，天然林保护站附近的栖息地恢复也比其他区域更明显（K–W检验，$Chi^2_{98-08}=18.3$，$p<0.01$）（图2.42），但其影响范围大约只有500 m。这说明实施天保工程，对于大熊猫栖息地是有效的保护策略，对于保护区未覆盖的栖息地起到了积极的作用。

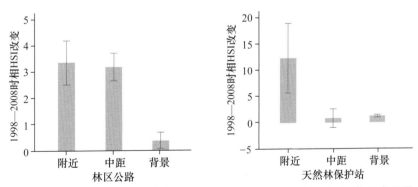

图2.42　林区公路和天然林保护站对栖息地适宜度变化的影响（栅格分类同图2.29）

四、影响因素之间的相关性和结构分析

影响物种栖息地变化的各种因素之间往往存在内在相关关系，例如，海拔的数字高程模型（DEM）直接影响到温度。其衍生的地形变量（如坡度、坡向等），通过影响光照条件、湿度、日温差、土壤稳定性和粒度等，决定植被的生长状况（Guisan et al.，1998）。影响大熊猫栖息地变化的各项因素之间也存在类似的结构和格局。

通过因子分析揭示因素之间的内在关系，将33个原始变量进行降维处理，确定互相独立的影响因子和最关键的影响因子，排除相关性较高的因素之间的互相干扰。

自然状况下，影响大熊猫栖息地变化的各项自然因素在空间上存在一定的相关性，其中部分自然因素之间高度相关。大熊猫栖息地自然影响因素之间的关系树如图2.43所示：年平均温度、年最高温度和年最低温度之间高度相关，并且与海拔有显著的相关性；其余因素之间的相关系数小于0.3，可以视为相互独立的影响因素。

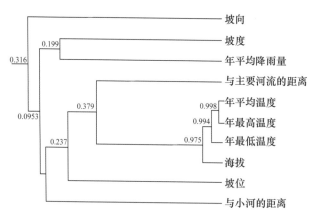

图2.43　大熊猫栖息地自然影响因素之间的关系树

人类因素往往直接影响栖息地适合度（Hirzel et al.，2008）。在加入了人类因素之后，各项因素之间仍然存在一定的相关性（图2.44）。其中，竹子开花位点与砍伐道路之间存在很高的相关性，这意味着在1988—1998时相进行过砍伐的区域，在1998—2008时相有

更多的竹子开花。而大型工程主要分布在九环线沿线。与主要人类干扰（如与耕地的距离，与居民点的距离，与主要道路的距离，与大型工程、水电站的距离）相关性最高的自然因素是海拔和主要河流的分布。

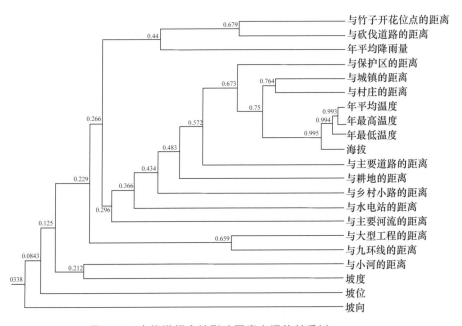

图2.44　大熊猫栖息地影响因素之间的关系树

由于各影响因素之间高度相关，而且样本量和相关性满足进行因子分析的条件，因此采用因子分析方法分析因素之间的相关结构，并且提取主要成分进行后续分析。因子分析的结果见旋转后的因子系数矩阵（表2.18）。

根据因子分析的结果，特征根>1的因子有9个。这9个主要因子包含了80%的原有变量变异信息。从提取因子的特征根的值观察，如图2.45所示，前5个因子之后特征根的变化趋于平缓，因子8和因子9的特征根已经非常接近于1。

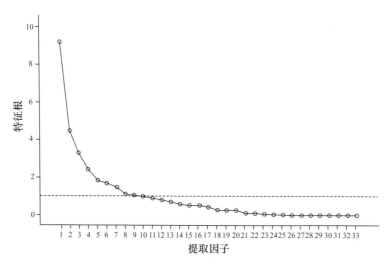

图2.45 因子分析所提取因子的特征根值

表2.18 旋转后的因子系数矩阵

原始变量	原始信息被提取的比例/（%）	提取的主要因子								
		1	2	3	4	5	6	7	8	9
与保护区的距离	79	−0.01	0.31	−0.01	0.7	−0.35	0.13	0.19	0.14	−0.09
海拔	92	−0.18	−0.91	−0.13	−0.13	0.05	−0.09	0.04	0.04	0.04
坡向	46	−0.01	−0.07	0.13	0.06	−0.11	0.13	0.06	0.63	−0.09
坡位	49	0.06	0.17	−0.09	0.05	−0.06	0.08	0.58	0.11	0.31
坡度	68	−0.03	−0.03	0.03	−0.07	0.06	−0.14	0.09	0.02	0.8
与小河的距离	41	−0.03	−0.13	−0.12	0.12	0.09	−0.11	−0.14	0.53	0.21
与主要河流的距离	66	0.08	−0.32	0	0.04	0.17	−0.16	0.66	−0.18	−0.18
林权	58	0.21	0.37	−0.02	0.03	0.21	−0.41	0.13	0.38	−0.15
与森林退化位点的距离	67	0.18	0.33	−0.16	0.44	0.45	0.08	−0.28	0.05	0.14
退耕还林工程	74	−0.08	0.17	0.04	−0.14	−0.11	0.79	−0.02	0.05	−0.2
与竹子开花位点的距离	66	0.05	0.08	−0.07	0.77	0.18	−0.1	−0.08	0	0.05
与耕地的距离	77	0.04	0.12	−0.06	−0.04	0.07	0.86	0.02	0	0.01
与九环线的距离	94	−0.05	−0.16	0.02	0.04	0.95	−0.05	−0.01	−0.03	0.03
与主要道路的距离	69	−0.18	−0.37	0.25	0.33	0.11	0.2	−0.21	−0.32	0.39
与乡村小路的距离	55	−0.11	−0.44	−0.28	0.27	0.09	0.1	0.27	−0.22	−0.25
与砍伐道路的距离	72	−0.02	−0.03	−0.16	0.76	0.16	−0.24	0.08	0.12	−0.11
与城镇的距离	76	−0.1	−0.61	−0.22	0.01	0.13	−0.01	−0.56	−0.04	−0.06
与村庄的距离	88	−0.14	−0.66	−0.38	0.23	0.29	−0.04	−0.36	−0.11	0
与大型工程的距离	92	−0.06	−0.06	0.06	0.17	0.94	−0.02	0.07	−0.01	0.02
与水电站的距离	61	−0.04	−0.53	−0.26	0.37	0.09	−0.07	−0.19	−0.27	0.02

续表

原始变量	原始信息被提取的比例/（%）	提取的主要因子								
		1	2	3	4	5	6	7	8	9
GDP因子（1988—1998）	96	0.33	0.22	0.89	-0.09	0.03	-0.01	0	0.02	0.01
GDP因子（1998—2008）	97	0.28	0.21	0.92	-0.09	0.04	0	-0.01	0.01	0.02
人口因子（1988—1998）	100	0.98	0.13	0.15	0.01	-0.02	-0.02	0.03	0.01	-0.02
人口因子（1998—2008）	100	0.98	0.13	0.14	0.01	-0.01	-0.02	0.03	0	-0.01
人口因子（1988—2008）	100	0.98	0.13	0.15	0.01	-0.01	-0.02	0.03	0.01	-0.01
户数因子（1988—1998）	100	0.98	0.13	0.13	0.02	-0.01	-0.01	0.02	0	0
户数因子（1998—2008）	99	0.98	0.12	0.13	0	-0.03	-0.01	0.03	0	-0.01
户数因子（1988—2008）	100	0.98	0.12	0.13	0.01	-0.01	-0.01	0.03	0	-0.01
年平均降雨量	75	-0.01	-0.56	-0.05	0.5	0.23	0.08	0.3	0.14	0.12
年平均温度	97	0.16	0.95	0.11	0.11	0.01	0.08	-0.03	-0.09	-0.02
年最高温度	96	0.15	0.95	0.1	0.06	0.01	0.07	-0.04	-0.1	-0.02
年最低温度	97	0.18	0.93	0.11	0.18	-0.03	0.1	-0.01	-0.08	0

从原始信息被提取的比例来看，黑体显示的因素没有得到充分的提取。这些因素所包含的信息被提取的百分比都在70%以下，而且没有能够很好地通过一个或几个主要因子来体现。因此在进行多因素分析的时候，保留这些原始变量，而不用提取的因子替代原始变量。

根据提取的9个主要因子在各原始变量上的系数分布，可以将其代表的因素归纳为表2.19。它们代表了影响平武县大熊猫栖息地质量变化的主要方面。前6个因子主要代表了人类干扰因素的影响，后3个因子则代表了自然环境因素的影响。由于后3个因子所代表的原始变量被提取的信息百分比都比较低，故仍然保留原始变量，将提取的前6个因子和未充分提取的后3个因子一起进行后续分析。

表2.19　9个主要因子的含义

提取因子	主要因子的含义
主要因子1	人口压力
主要因子2	海拔，温度，与城镇和村庄的距离，与水电站的距离
主要因子3	GDP社会经济因素的压力
主要因子4	与竹子开花位点、砍伐道路和保护区的距离
主要因子5	九环线、大型工程的影响
主要因子6	耕地的影响
主要因子7	与主要河流的距离，坡位，与城镇的距离
主要因子8	坡向、与小河的距离
主要因子9	坡度

　　其中，主要因子1为人口压力，实际是对耕作、放牧、砍柴和在森林中挖药、采野菌等干扰强度和频度的反映，这些干扰与当地居民的日常生活生产相关，人口密度高的区域，相应的干扰程度也较高。主要因子2反映了海拔和主要由海拔决定的垂直分布的气候条件，以及在这些条件下居民点的分布。主要因子3是GDP社会经济因素，GDP的差异主要反映了不同的经济结构或者家庭收入结构，以及对资源的不同利用方式和程度。主要因子4包括三个看起来不相关的因素，但实际上反映了跟森林相关的方面，包括对森林的规模化利用情况、森林和植被的状况，以及森林受到保护的程度。主要因子5涉及九环线和大型工程，这个因子反映了交通干线带来的大规模开发和工程建设的影响。主要因子6是耕地的影响，这是该区域人类最主要的土地利用。

　　由于两个时段中的影响因素不完全一致，多因素回归分析分为1988—1998和1998—2008两个时相进行，两个时相的模型中采用的因变量和自变量如表2.20所示。

表2.20　多因素回归分析中的变量列表

变量名称	变量描述、量度方法与值域	模型时相	
		1988—1998	1998—2008
因变量	栖息地适宜度变化 两个时相的栖息地级别相减: HSI 变化=−3, −2, −1, 0, 1, 2, 3	$C_{88—98}$	$C_{98—08}$
自变量			
主要因子1	人口压力的影响，因子分析提取，连续变量	Y	Y
主要因子2	地形和居民点分布的影响，因子分析提取，连续变量	Y	Y

续表

变量名称	变量描述、量度方法与值域	模型时相	
		1988—1998	1998—2008
主要因子3	GDP社会经济因素的影响，因子分析提取，连续变量	Y	Y
主要因子4	森林采伐和竹子开花的影响，因子分析提取，连续变量	Y	
主要因子5	九环线和大型工程的影响，因子分析提取，连续变量	Y	Y
主要因子6	耕地的影响，因子分析提取，连续变量	Y	Y
坡向	从1:25数字地形图等高线生成的DEM生成栅格坡向（正北、东北、正东、东南、正南、西南、正西、西北）	Y	Y
坡位	从1:25数字地形图等高线生成的DEM生成栅格坡位（山体下部与谷底、山体中部、山体上部、脊部）	Y	Y
坡度	从1:25数字地形图等高线生成的DEM生成栅格坡度值，范围从0~90度	Y	Y
到小河的距离	利用ArvView Find Distance模块计算栅格到最近小河的直线距离，单位：m	Y	Y
到主要河流的距离	利用ArvView Find Distance模块计算栅格到最近主要河流的直线距离，单位：m	Y	Y
林权	从平武县1998年制作的小班调查结果转化为栅格图层（国有林场、小采企业、自然保护区、零星国有林、非林业单位、集体林、未知林权）	Y	Y
与森林退化位点的距离	从1990年前后和2000年前后TM/ETM遥感影像解译得到森林转化为非森林的区域作为森林退化区域，利用Find Distance模块计算栅格与森林退化位点的距离，单位：m	Y	
与竹子开花位点的距离	利用ArvView Find Distance模块计算栅格与竹子开花位点的最近直线距离，单位：m		Y
与主要道路的距离	利用ArvView Find Distance模块计算栅格与主要道路的最近直线距离，单位：m	Y	Y
与乡村小路的距离	利用ArvView Find Distance模块计算栅格与乡村小路的最近直线距离，单位：m	Y	Y
与水电站的距离	利用ArvView Find Distance模块计算栅格与最近水电站的直线距离，单位：m		Y

五、1988—1998时相的栖息地变化影响因素分析

根据Ordinal Regression分析筛选的最佳模型，一共检验到两个主要因子和三个原始变量对大熊猫栖息地适宜度的变化存在显著影响，分别是反映GDP社会经济因素的主要因子、反映耕地影响的主要因子、与主要道路的距离、与森林退化位点的距离和坡位（表2.21）。

表2.21　1988—1998时相大熊猫栖息地适宜度显著影响因素

自变量	回归系数β	Exp β	标准化β	显著性
主要因子3：GDP社会经济因素	−0.009	0.991	0.992	0.015
主要因子6：耕地的影响	0.021	1.021	1.032	0.002
与主要道路的距离	0.000	1.000	1.004	0.003
与森林退化位点的距离	0.024	1.024	1.035	0.037
坡位：				
山体下部与谷底	−0.098	0.906	0.913	0.002
山体中部	−0.003	0.997	0.987	0.856
山体上部	0.008	1.008	1.018	0.530
脊部（参照类）				

回归系数反映了在控制或调整模型中其他自变量不变的条件下，该自变量的一个单位变化引起的因变量变化的程度。因此，这五个显著变量对栖息地适宜度变化的影响解释如下：GDP社会经济因素取值越高，栖息地适宜度下降越多；与耕地、主要道路和森林退化位点的距离越远，栖息地适宜度增加越多；山体下部与谷底和其他部位相比，栖息地适宜度下降更多。

在连续变量回归系数经过标准化得到标准化回归系数之后，可以用于比较自变量对因变量的影响作用。上述五个显著影响因素中，与森林退化位点的距离、与耕地的距离的单位变化引起的栖息地适宜度变化最大，其次是GDP社会经济因素的影响，最后是与主要道路的距离的影响。

六、1998—2008时相栖息地变化影响因素分析

根据Ordinal Regression分析筛选的最佳模型，一共检验到三个主要因子和四个原始变量对大熊猫栖息地适宜度的变化存在显著影响，分别是反映海拔、温度、与城镇和村庄的距离的主要因子，反映九环线、大型工程的影响的主要因子，反映耕地影响的主要因子，以及坡度、与小河的距离、与主要道路的距离、与森林退化位点的距离这四个原始变量（表2.22）。

表2.22　1998—2008时相大熊猫栖息地适宜度显著影响因素

自变量	回归系数 β	Exp β	标准化 β	显著性
主要因子2：海拔、气候及与城镇和村庄的距离	−0.0163	0.98	0.989	0.091
主要因子5：九环线、大型工程的影响	0.0167	1.02	1.104	0.026
主要因子6：耕地的影响	0.0161	1.02	1.093	0.010
坡度	−0.0030	1.00	0.995	0.000
与小河的距离	−0.0002	1.00	0.998	0.006
与主要道路的距离	0.0003	1.00	1.005	0.053
与森林退化位点的距离	−0.0177	0.98	1.113	0.006

　　七个显著变量对栖息地适宜度变化的影响解释如下：主要因子2的取值越高，栖息地适宜度下降越多（由于海拔、与城镇和村庄距离在主要因子2的系数为负数，因此海拔越低，与城镇和村庄的距离越近，栖息地适宜度下降越多）。主要因子5和主要因子6的取值越高，距离九环线和大型工程、耕地越远，栖息地适宜度增加越多。坡度越小越平缓的地方，栖息地适宜度下降越多。小河流附近栖息地适宜度增加更多，而主要道路附近栖息地适宜度下降更多。1990—2000时相的森林退化位点附近，栖息地适宜度增加更多，意味着这些区域栖息地显著恢复。

　　连续变量回归系数经过标准化得到标准化回归系数之后，消除了量纲的影响，可以用于比较自变量对因变量的影响作用。在上述七个显著影响因素中，影响最大的是九环线和大型工程，其次是与森林退化位点的距离，耕地的影响及海拔、气候、城镇和村庄的影响水平比较接近，坡度、与小河的距离和与主要道路的距离的影响最弱。

　　比较两个时相的回归模型，森林采伐引起的森林退化以及退化位点的植被恢复始终是大熊猫栖息地适宜度变化的显著影响因素。森林的质量、面积、结构和层次直接影响到大熊猫栖息地的变化，因此对森林的保护、恢复和管理是平武县大熊猫栖息地保护的关键。耕地是另一个始终显著影响因素，但在后一个时段中，其影响程度要小于前一个时段。这种变化一方面可能与退耕还林的实施有一定关系，虽然在单因素分析中退耕还林区域的栖息地还没有明显恢复；另一方面可能与大熊猫分布区的居民生活生产方式发生巨大改变有关。以白马乡为例，随着当地旅游业的发展和外出务工人数的大幅增加，还有部分村民搬到县城居住，原有耕地出租给外来公司种植反季节蔬菜。主要道路也一直是显著影响因素，但其回归系数接近于1，因此该因素实际上对栖息地变化的影响并不十分明显。

除了上述三个始终是显著影响因素之外，两个时段里其他显著影响因素发生了明显变化。在第一个时段的模型中，显著因素GDP社会经济因素和坡位，实际上反映了当地居民因为生活生产需求对环境资源的利用。随着人口的增长，需求相应增加，也就给大熊猫栖息地带来了更大的压力。而在第二个时段里，九环线和大型工程成为栖息地的显著影响因素。这种变化与天保工程实施之后，平武县的经济结构调整有密切关系。在平武县"工业强县，旅游兴县"发展战略实施后，随着公路的新建、改建，招商引资规模不断扩大，外来大型工程开发逐步进入平武县。对大熊猫栖息地的关键影响因素逐渐从当地居民的影响转变为外来经济开发的影响。

七、主要结论

本节通过定量统计分析揭示了各种潜在栖息地影响因素对大熊猫栖息地的影响方式和作用范围，揭示了影响因素之间的相关性、内在联系和结构，并从全县的范围上评估了影响栖息地变化的关键因素及其重要性排序。研究结果总结如下，

研究分析了17种威胁因素和保护区对于栖息地变化的影响，同时评估了退耕还林工程和天保工程对于大熊猫栖息地保护的效果。保护区有效地保护了大熊猫栖息地，退耕还林区域的大熊猫栖息地没有显著恢复，天保工程对大熊猫栖息地保护有显著效果。各种影响因素对大熊猫栖息地变化的影响如表2.23所示：

表2.23　各种影响因素对大熊猫栖息地变化的影响

影响因素	影响方式	原因和机理分析	影响范围
海拔	2300 m以下栖息地退化 2300 m以上栖息地较稳定	低海拔区域人类干扰较多，栖息地容易受到人类活动影响	2300 m为变化拐点
坡度	1988—1998时相：坡度越小，栖息地退化越严重 1998—2008时相：坡度越小，栖息地恢复越好	破坏时期，缓坡被人类利用较多，栖息地较容易退化。恢复时期，缓坡的植被较容易生长，栖息地恢复也较快	

续表

影响因素	影响方式	原因和机理分析	影响范围
坡向	西北向栖息地退化较严重，其他坡向无明显区别	西北向的光照条件和水热条件相对较差，不利于植被生长，栖息地破坏后更难恢复	
坡位	山体下部与谷底的栖息地退化较严重	山体下部与谷底相对于其他坡位更容易被人类利用，因而栖息地更易退化	
与主要河流的距离	没有显著影响	栖息地与主要河流的距离较远，影响不明显	
与小河的距离	距离越近，栖息地退化越少，栖息地恢复越好	与小河距离近的区域，水源条件较好，利于植被和栖息地恢复	2 km
与竹子开花位点的距离	1998—2008时相：没有影响	10年内没有大面积开花，因而影响较弱	
林权	1988—1998时相：除保护区以外其他林权栖息地均退化1998—2008时相：保护区、国有林场和小采企业栖息地恢复，其余仍退化	林权决定对森林资源的利用方式，1998年以前，除了保护区之外的地方都可以采伐，因而都发生退化。1998年天然林停伐之后，部分栖息地开始恢复	
与森林退化位点的距离	1988—1998时相：森林退化区域栖息地也退化	森林采伐直接破坏大熊猫栖息地	500 m
与耕地的距离	距离越近，栖息地退化越严重	耕地的上限往往是森林的下限，直接决定了栖息地的分布。而且，耕地附近人类活动较多，因此耕地及其附近区域的栖息地退化更多	5 km
与九环线的距离	距离越近，栖息地退化越严重	九环线上车流量较大，周边工程建设、水坝建设、挖沙、采矿等活动频繁	10 km
与主要公路的距离	1988—1998时相：0~2 km，距离越近，栖息地退化越多；2~4 km，距离越远，栖息地退化越多1998—2008时相：4 km之内，距离越近，栖息地恢复越好	主要公路对栖息地变化的影响较为复杂，这可能跟主要公路周边的影响因素类型复杂有关。具体原因和机理需要结合其他资料分析	4 km
与乡村小路的距离	1988—1998时相：2 km之内，与小路距离的越近，退化越严重1998—2008时相：距离在1 km之内的栖息地恢复，1 km之外距离越近恢复越少	乡村小路及其周边是当地居民活动频繁的区域，因而附近的栖息地退化较多。1998年以后，由于停伐和保护宣传、社区项目开展，当地居民普遍了解到大熊猫是国家保护动物，已经记录到多次大熊猫在村庄附近出现	2 km1 km
与城镇的距离	距离越近，栖息地退化越严重	城镇附近是人类活动最多的区域，人类干扰大	10 km
与村庄的距离	1988—1998时相：3 km之内，距离越近，退化越严重1998—2008时相：距离3 km之内，栖息地仍退化，但1 km之内，栖息地退化较少，1 km之外与村庄的距离越远，恢复越好	村庄的影响也比较复杂，但其影响方式和乡村小路一致。一定程度上反映了当地居民对于大熊猫和保护态度的转变	3 km1 km
与大型工程的距离	1988—1998时相：2 km之内影响较强，2~4 km影响逐渐减弱1998—2008时相：6 km之内有强烈影响	前一个时期的大型工程主要包括道路修建时采石采料一些小型开发等，影响范围较小；后一个时段的大型工程包括大规模的矿产开发，影响范围扩大	2 km4 km6 km
与水电站的距离	1998—2008时相：距离5 km之内有强烈影响	水电站修建时期存在强烈干扰	5 km

基于这些因素对大熊猫栖息地的影响，给栖息地保护提出如下一些建议：

（1）海拔2300 m以下，坡度较平缓、距离水源近均有利于栖息地的恢复，可以将其作为选择优先恢复区域的指标。

（2）集体林中的栖息地持续退化，在林权改革中必须考虑集体林中栖息地的保护。

（3）耕地、各级公路、城镇和村庄、工程建设都不利于栖息地恢复，但有一定的影响范围。在栖息地恢复的设计和实施过程中，必须考虑这些因素的存在及其空间分布状况。

（4）矿产开发、水电站等工程建设对于大熊猫栖息地有比较强烈的影响，作为平武县的发展战略，必须充分考虑栖息地分布现状，合理科学规划矿产开发及水电站等工程建设。在距离关键大熊猫栖息地5 km之内不能进行开发。

各种影响因素之间存在一定空间相关性和内在结构，因素之间并不完全独立，往往共同作用影响大熊猫栖息地。根据因子分析结果，可以将多种影响因素归纳为如下六个主要方面：人口压力，海拔和气候条件、居民点的分布，GDP社会经济因素，森林和植被状况，九环线和大型工程，耕地。

虽然多个因素对于局部栖息地的变化产生了显著作用，但在全县尺度上，影响最显著的因素随着时间推移和社会经济背景的变化而发生变化。在1988—1998时相，影响最显著的因素依次为：与森林退化位点的距离、与耕地的距离、GDP社会经济因素和与主要道路的距离。在1998—2008时相，影响最显著的因素依次为：与九环线的距离，与大型工程的距离、与耕地的距离、海拔、气候、与城镇的距离、与主要道路的距离；全县森林退化位点的森林恢复使得栖息地恢复显著。

本章小结

大熊猫栖息地影响因素之间具有高度相关性，一些影响往往通过多种因素反映出来。以1988—1998时相最显著影响栖息地变化的坡位和耕地为例。其中，坡位是一个显著的影响因素，实际上并非坡位本身对栖息地变化有影响。由于耕地主要分布在下坡位与谷底，因而这两个变量实际上反映了相同的影响因素。换一个角度来说，两个变量从不同方面衡量了相同影响，彼此印证了在全县的尺度上，这种影响的显著性。

研究中一个重要发现是竹子开花区域与砍伐区域高度相关。在20世纪70年代中期，平武县是大面积竹子开花的中心（毕凤洲 等，1989），整个平武县的大熊猫主食竹全面开花。在二十多年后，我们调查到零星开花区域大多位于90年代采伐最严重的区域，这些区域缺乏上层植被的覆盖。根据一些专家对竹子开花周期的研究发现，上层植被缺失的区域竹子开花周期明显缩短。因此可以推测，在经历了森林采伐被暴露在阳光下的竹林可能会更早地出现开花情况。

虽然在本研究的时间尺度上，我们没有发现零星竹子开花引起的栖息地退化。但大面积竹子开花枯死仍然有可能为大熊猫种群带来威胁。在整个大熊猫分布区内，很多区域都经历了大规模的森林采伐，采伐之后的区域竹子开花的风险更高。

因此，根据本研究的结果，对森林采伐和森林退化的监测可以作为一个有效且快速评估竹子开花风险的新方法和手段，具有重要的应用价值。

本研究还试图回答的一个问题是：保护区和保护政策是否真的显著改善了大熊猫栖息地？从保护区内外栖息地变化对比来看，保护区内的栖息地状态要好于保护区外，但是各个保护区的具体情况不同，王朗、雪宝顶和小河沟是较早成立的大熊猫保护区，但2000年之前的管理以森林管护为主，真正开展监测巡护等保护管理是在2000年之后。所以在1998年之前保护区外栖息地广泛退化的时候，这些保护区内栖息地没有明显退化，但是也没有发现明显的恢复；在1998年到2008年，保护区的管理能力大幅提高，随着有效保护的开展，我们看到了栖息地的显著恢复。2006年成立的余家山自然保护区，栖息地始终在退化，而该区域曾经是大熊猫最适宜的栖息地。基于这些结果，保护区对于大熊猫栖息地的保护至关重要，关键的大熊猫栖息地必须通过成立保护区来进行有效保护。同时，保护区的保护管理能力也是保护成效的关键，"纸上保护区"（paper park）并不能真正有效地保护大熊猫栖息地。如果仅仅是成立了保护区，没有建立相应的管理机构、保障必要经费和人员、进行能力建设，那么这些保护区形同虚设。

1998年和1999年，平武县相继开展了两个全国性的保护工程，退耕还林工程和天保工程。这两个保护工程的开展，为平武县的保护工作带来了巨大的变化，本研究根据栖息地变化的结果评价了两个工程的成效。退耕还林区域的栖息地目前还没有显著恢复。根据欧阳志云等（2002）在卧龙对栖息地恢复的研究，大熊猫生境恢复包括大熊猫可食竹类资源的恢复以及生境群落结构的恢复，前者需要30年时间，后者至少需要50年时间。然而人工造林不是恢复大熊猫生境的有效方式。退耕还林是在坡度较大的坡耕地中进行人工造林。在造林的实际操作中，又是以速生林、经济林为主，没有考虑大熊猫的生境需求（陈佑平，个人交流）。因此，在这种背景下，我们没有检测到退耕还林对于大熊猫栖息地保护的显著意义。

天保工程目前已经对大熊猫栖息地恢复起到了显著效果，再一次说明对于森林尤其是天然林、原始林的保护，能够提高大熊猫栖息地的质量。

森林保护是大熊猫栖息地保护的关键，而目前平武县正面临林权改革，将集体林的使用权和经营权承包到户。平武县的集体林为大熊猫提供了330 km^{2}的栖息地（图2.46），约占全县栖息地面积的18%，是栖息地重要组成部分之一。从1988年到2008年，集体林中的栖息地持续退化。这反映人类对这些区域森林的干扰和利用强度较高，尤其是在保护区和国有林场因天保工程实施严格管护之后，集体林面临了更多的压力。

林权改革后，集体林中的栖息地应该如何进行有效保护，避免发生栖息地退化，是亟待解决的问题。如果能够通过协议保护等方式，引导当地居民对集体林进行可持续利用和保护，这些分布在集体林中的栖息地有可能被很好地保护下来。因而，林权改革是目前平武县大熊猫栖息地保护的重要挑战，同时也是机遇。

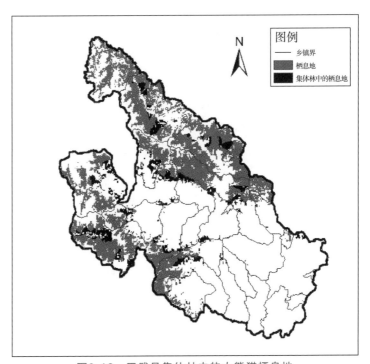

图2.46　平武县集体林中的大熊猫栖息地

大熊猫对环境变量的选择具有特定的偏好，大熊猫对环境条件有一定耐受性，但其生态位较为狭窄，容易受到环境条件的制约。决定大熊猫栖息地适宜度格局的首要因素是土地利用格局，其次为植被因素，尤其是主食竹的资源分布状况和气候条件的影响，栖息地适宜度还受到人类干扰因素的影响。因此，扩大栖息地面积和提高栖息地质量的首要措施是合理规划土地利用格局。

目前平武县共有大熊猫栖息地1853 km²、适宜栖息地1299 km²（占大熊猫栖息地的70%）、最适宜栖息地477 km²（占大熊猫栖息地的26%）。虽然平武县已经成立了四个大熊猫保护区，面积占整个平武县的13%，但整个大熊猫栖息地仍然有60%以上没有被保护区覆盖。

栖息地质量等级分布具有一定的结构和格局：最适宜栖息地被较适宜栖息地和边际栖息地包围在中间，形成环状结构。最适宜栖息地位于连续栖息地的核心地带。栖息地的这种质量格局与保护区的设计结构类似，最重要的适宜栖息地周围应该被质量等级稍低的栖息地包围，在栖息地保护中必须考虑这种结构和格局。

平武县境内的大熊猫栖息地被隔离因素分割为三块彼此隔离的区域和五个孤立的栖息地小斑块。其中，三个大区可以被划分为六个栖息地小区。从栖息地斑块特征和景观格局来看，小河沟区、老河沟区、泗耳区和王朗区是目前最完整、连通性最好的栖息地。虎牙区和大桥区的栖息地HSI较低，栖息地破碎化相对严重。

在1988—1998时相，全县大熊猫栖息地向北和向西退缩，而从1998—2008时相，退缩的区域集中于九环线和主要公路周边。森林变化是引起栖息地变化的关键变量。平武县的栖息地适宜度持续显著下降，多处栖息地退化和退缩，栖息地面积以每10年约10%的速度减少。原来连续的两片栖息地被逐渐分割成六片隔离的栖息地小区，栖息地破碎化程度增加、连通性降低。引起隔离和退化的因素包括森林采伐、公路修建、工程开发等。在1998—2008时相，虽然栖息地总体变化趋势仍然是显著退化，但保护区及保护区周边的部分区域的栖息地有显著恢复。说明平武县大熊猫栖息地在经历了严重的破坏之后已经开始恢复。

研究还分析了17种影响因素和保护区对于栖息地变化的影响、同时评估了退耕还林工程和天保工程对大熊猫栖息地的保护效果。在威胁因素中，除了竹子开花之外，耕地、公路和居民点的分布，采伐和森林退化，大型工程都引起了栖息地质量显著降低。海拔、坡度和河流等物理环境因素调节了上述人类因素对栖息地质量的影响。在保护因素中，保护区对于大熊猫栖息地的保护具有关键作用，退耕还林对于大熊猫栖息地的恢复没有明显作用，而天保工程对大熊猫栖息地保护有显著效果。

各种影响因素之间存在一定空间相关性和内在结构，因素之间并不完全独立，往往共同作用影响大熊猫栖息地。根据因子分析结果，可以将多种影响因素归纳为如下六个主要方面：人口压力，海拔和气候条件、居民点的分布，GDP社会经济因素，森林和植被状况，九环线和大型工程，耕地。

虽然多个因素对于局部栖息地的变化产生了显著作用，但在全县尺度上，影响最显著的因素随着时间推移和社会经济背景的变化而发生变化。在1988—1998时相，森林采伐和森林退化、耕地、社会经济因素以及主要道路是最重要的影响，反映在这个时期的主要威胁来源是商业采伐和当地居民的生活生产。在1998—2008时相，九环线和大型工程、耕地、主要道路以及停伐后的森林恢复成为最重要的影响，反映这个时期主要威胁演变为外来的开发和九环线带来的新经济模式，而天然林停伐是大熊猫栖息地在这个时期显著恢复的重要契机。

本研究所采用的方法结合了多种野外调查方法和社会访谈方法，也搜集了大量翔实、全面的干扰因素分布数据和社会经济资料。研究采用的方法定量、精确和客观地评价了栖息地的质量格局和监测栖息地质量的变化，具备实际的可行性和可操作性，为评价大熊猫栖息地从而科学地保护大熊猫栖息地提供了全新的手段，其结果可以直接指导栖息地保护的设计、实施和进行保护成效评价。

相对于传统的评价方法，本研究采用的方法不依赖于间接的痕迹指标来衡量种群密度和栖息地利用水平，而是基于野外的实际数据和精确的数学经验模型将已经提出的各种评价指标根据其影响方式和影响权重进行综合系统分析，这种方法确保了评价的客观性，而且易于在不同时相和不同区域之间进行比较。

基于以上结论，我们提出如下保护建议：

（1）尽快连通栖息地：建立廊道和恢复原有的廊道，将现存的栖息地斑块连接起来，同时加强对连接脆弱区域的监测、巡护和管护。这些关键连接区域包括王坝楚以南的新店子沟、黄土梁及其以南的矿子沟、泗耳乡和虎牙乡的交界区域。新店子沟和矿子沟需要监测其植被恢复状态，黄土梁则应适当控制车流量，降低人类干扰的强度。

（2）优先恢复原有的最适宜栖息地，在恢复过程中遵循栖息地原有的质量等级结构和格局，并进一步在退化位点上具体分析退化产生的原因。

（3）加强对孤立栖息地小斑块的监测和保护，将其与周边的大片栖息地有效连接起来，保证大熊猫能够在两者之间进行成功迁移。在后续的大熊猫保护工作中，应该尽快调查和深入分析，了解在整个大熊猫分布区中，这样的栖息地小斑块的数量、面积和分布，防止其快速退化。

（4）将本研究中的方法和结果在大熊猫分布全境应用，利用大熊猫保护区的监测数据和各种专项调查数据，分析和监测大熊猫栖息地的动态变化，指导后续保护措施的制定和保护活动的设计，并且将其用于评价保护活动的成效。

第三章

共存的路径

——平武关坝村大熊猫社区保护的保护生物学研究

　　从2010年开始，山水自然保护中心（以下简称"山水"）在四川省绵阳市平武县木皮乡关坝村开展了"熊猫–蜂蜜"保护策略的实践（图3.1），其主旨是建立养蜂专业合作社，通过资助当地居民的中华蜜蜂养殖产业以及居民参与大熊猫栖息地森林巡护与监测等保护行动，来替代传统的对森林破坏较大的放牧等生产方式，同时使得在传统野生生境中正在消退的中华蜜蜂种群得以保护和发展。进而在社区中建立政府、蜂农、其他社区居民合作的机制，用蜂蜜产品营销收益以及其他相关资助来支持长期的栖息地保护计划，影响并改变全社区居民的生产生活行为方式，最终实现生态公平。

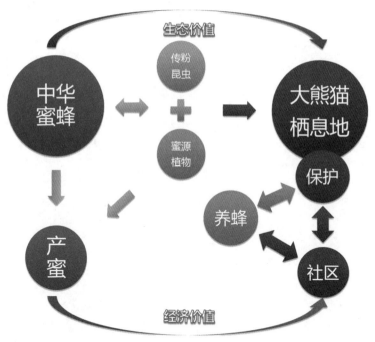

图3.1　"熊猫-蜂蜜"保护策略的逻辑关系示意

　　大熊猫的生态系统服务价值直到近年才得到初步的评估（Wei et al.，2018）。结果虽然表明大熊猫及其栖息地的生态系统服务价值是大熊猫保护投入资金的10～27倍，但关于其价值链、外部性、保护实现与成效评估等方面的研究，尤其是社区保护的机制及生态影响评估的实证研究非常缺乏，这对实现以上述保护策略为代表的美好愿景造成了一定的阻碍。虽然公众广泛认同保护大熊猫栖息地具有重大价值且非常必要，但大熊猫栖息地的生态系统服务付费的实现目前在一定程度上是摸着石头过河，需要靠明确的生态影响评估、价值实现评估、保护行为影响因素评估等将付费机制和价值建立起联系。

因此，将社区保护策略的生态价值、经济价值以及综合保护行为、保护成效作用结合在一起的多学科交叉的保护生物学研究，是野生大熊猫栖息地保护研究工作至关重要的方向。以家养中华蜜蜂的研究为例的研究工作成果，可以为更多地以生态产业维护社区保护地的保护策略提供理论依据。通过对上述逻辑关系的梳理，可以为未来推广基于生态系统服务付费的保护策略提供重要的参考。

第一节 "小蜜蜂保护大熊猫"——替代生计策略简介

一、缘起关坝村

相对于"黑熊"所指代的亚洲黑熊，"白熊"是四川平武县和青川县一带对大熊猫的昵称，这个名字体现了当地人历史上对大熊猫的认识以及大熊猫和当地社区的紧密关系。例如，白熊沟、白熊关、白熊坪这些地名，甚至在平武县还有专门以白熊为名的部落，主要位于平武县火溪河流域。

2009年深秋，刚刚入职山水的冯杰第一次走进了平武县火溪河流域一块处女地——关坝村。关坝村距离县城18 km，是早期白熊大部落的核心区域。1950年，平武县藏族自治委员会宣布成立；根据当时的政策和少数民族的要求，恢复土司、番官、头人制，恢复土通判辖地，改建成白熊大部落，关坝村是白熊大部落的核心区域，这从《平武县藏族自治全图》中可以明显看出来。不知道是因为当地大熊猫多，还是位于关键位置，现在经常叫的关坝沟以前叫作白熊沟。关坝村与青川县唐家河保护区、老河沟社会公益型保护地、小河沟保护区、余家山保护区相连，是进入这些区域的重要通道和周边廊道，同时也是大熊猫栖息地、木皮乡场镇和关坝村600余村民的水源地。

刚刚到这个村做本底调查时，放牧、盗猎、毒（炸）鱼、挖药、森林砍伐等人类干扰在大熊猫栖息地的保护矛盾中比较突出，而当冯杰坐在村公社场院里和刚返乡回来当村民委员会主任（以下简称"村主任"）的唐虹、村文书赵建华聊起来，这两名曾经走出山村，在大城市打拼过的中青年都感到"村子这样下去不行"，希望要转变传统的生产生活方式，发展生态产业，保护生态环境。

二、关坝村概况

关坝沟流域位于四川省绵阳市平武县木皮乡火溪河沿岸，东经104.55°～104.65°，北纬32.49°～32.56°。地势由东向西逐渐降低，起伏明显，海拔1100～3080 m。关坝沟流域东连唐家河保护区，东南邻老河沟保护区，南邻余家山保护区，西面是小河沟保护区，北面是薅子坪保护区和摩天岭，位于大熊猫核心走廊带上。这里珍稀野生动植物种类繁多，有大熊猫、金丝猴、扭角羚、红腹锦鸡等多种国家级保护动物，有银杏、珙桐、红豆杉等多种国家级保护植物，生物多样性价值非常高。同时，关坝村的关坝沟是火溪河径流量第三大的支流，同时也是木皮乡场镇（木皮乡政府、学校、卫生院）和关坝村的水源地，关系到上千人的饮水安全，其生态服务功能非常重要。

关坝沟所在辖区属于亚热带山地湿润季风气候，气候温和，降水丰沛，日照充足，四季分明，具有云多、雾少、阴天多的特点。沟内年平均气温9.1℃，极端最高温度32.6℃，极端最低温度-2.0℃，年平均降水量 720～1190 mm，降水集中在7—8月。就关坝沟所在的火溪河流域而言，森林覆盖率在95%以上，植被区系成分复杂，物种丰富。据不完全统计，火溪河流域维管植物约2040种，隶属183科、783属，主要有松科、樟科、毛茛科、芍药科、山茶科、十字花科、报春花科、蔷薇科、蝶形花科、伞形科、菊科、唇形科、禾本科、百合科、鸢尾科和兰科等。这里是暖温带和亚热带植被相互过渡的区域，物种以东洋界成分占优势（平武县县志编纂委员会，1997）。

关坝沟所在区域位于岷山中段大熊猫栖息地中心地带，四面都与有大熊猫分布的自然保护区相接壤。这里没有长期的大熊猫种群监测记录，但据关坝村村民反映，在山上砍柴、采菌子的过程中经常能发现大熊猫的粪便和咬节，尤其是在退耕还林之后。2012年，全国第三次大熊猫调查提供的大熊猫密度数据显示，在关坝沟流域内共分布有7只大熊猫，属于大熊猫的中密度分布区（0.06~0.2只/km²）（国家林业局，2006）。

在2010年前的很长一段时间内，关坝沟沿岸都是村民开展生产生活的主要场所，其主要生计有养牛、养山羊、养蜂等养殖业，以及采菌子、挖药、砍柴等。持续的人类活动是这片大熊猫栖息地的主要干扰因素。

关坝村下辖4个村民小组，128户共408人，户均3.19人，劳动力占全部人口的55.80%，平均每户劳动人口为1.78人。全村居民中藏族人口占总人口的84.85%；汉族人口仅占15.15%。村组织建设比较齐全，有党政基层组织、妇女组织和民兵组织，还成立了养蜂专业合作经济组织。

关坝村幅员广阔，村境内的关坝沟分布着国有林、乡有林，村林地总面积6499.3亩，耕地面积1209.7亩。其中，1113亩耕地退耕还林，仅存农地96.7亩，户均0.76亩，人均0.24亩，土地资源匮乏。全村有150多名青壮年长期在外务工，务工地多在省会成都或东南沿海的大城市；留守人员中有近150人为全劳力，以30—45岁的妇女居多，他们中的大部分也没有赋闲在家中，而是会在每年特定时期去外省市务工（如农历七月到九月赴新疆采摘棉花）；剩余为儿童和老人。其中，从事种植业人数为81人，约占总人数的20%，从事养殖业者163人，约占总人数的40%，外出务工者占总人数的36%以上。

三、平武县关坝村养蜂专业合作社的概况

2010年，以发展中华蜜蜂养殖为突破口，山水开始了与关坝村的合作保护。关坝村成立了养蜂专业合作社，作为行动主体，33人加入了合作社，山水作为技术支持，一方面开办农民田间学校，为蜂农提供活框养殖等先进养殖方法的培训；另一方面推动村里开展与养蜂业

密切相关的蜜源植物和水源保护行动。山水伙伴文化发展有限责任公司（以下简称"山水伙伴公司"）也应运孵化而生，努力推广"生态公平产品"的概念，打造了"熊猫森林蜜"品牌，以提高社区蜂产品的收益。养蜂合作社在头两年就获得了蜂蜜有机认证，通过万豪集团和山水伙伴公司的平台销往大城市。山水与合作社逐渐建立起信任，而关坝村的村民，也越来越认可保护与发展兼顾的理念。

2012年，经过在养蜂工作上两年的磨合，关坝村也希望在更多领域开展合作。以村支部、村民委员会为主导，山水仍然作为技术支持，关坝村开始了全方位的生态产业发展和资源管护：在养蜂的基础上进行原生鱼增殖放流，发展乌仁核桃，尝试林下中药材种植；成立村级巡护队，开始深入村域内的大熊猫栖息地，进行红外相机监测和专项巡护。在这样的局面下，有更多的返乡青年回到关坝村参与到保护与可持续发展工作中。

在这最关键的破局的3年里，养蜂专业合作社在关坝的社区保护中成为最关键的机制。

平武县关坝村养蜂专业合作社位于木皮乡关坝村，于2009年4月发起成立，2009年6月正式注册登记，主要从事中华蜜蜂养殖、技术培训、蜂蜜加工、销售、技术交流和咨询等业务，注册资金2.55万元，2014年被评为平武县十大优秀合作社。合作社理事会成员5名，监事会成员2名。目前股东34名，会员5名，集体蜂场2个，合作社签约蜂场5个，蜂箱数量约500箱，年均产蜜量在5000 kg，年产值在50万元，年利润约10万元，其中50%用于股东分红，10%用于会员返利，15%用于理事会成员职务补贴，5%用于公益储备，20%用于合作社流动资金。合作社建立了自有品牌 "藏乡土蜜"，蜂蜜主要销往北京、广州、上海等一线城市，一部分为山水伙伴公司开发的"熊猫森林蜜"提供原蜜，一部分加工成"藏乡土蜜"。主要产品包括蜂蜜、巢蜜以及衍生品，如唇膏、蜂蜜酒、口红、沙琪玛等。合作社每个季度公开一次财务报告，每年年底召开社员大会，公开财务报告并分红，进行年度总结和制订下一年的计划。

四、关坝村养蜂专业合作社发展的四个阶段

1. 第一阶段：空壳期（2009年4月—2010年4月）

平武县关坝村养蜂专业合作社是由返乡回家的村主任唐虹作为发起人成立的，鼓励村内9户蜂农以蜂箱入股，折资9000元，加入合作社。成立之后的合作社因为缺乏销售渠道和资金，没有管理团队，也没有能力为会员提供技术、销售等服务，基本是一个有名无实的空壳合作社。2010年8月，关坝村争取到灾后重建项目资金5万元用于发展养蜂产业，建立了集体蜂场，委托合作社进行管理，平整土地，建立夜间守护板房，购买蜂箱、蜂种、蜂具，雇佣两名村民进行管理，一名负责夜间看守，每月补助300元，一名负责养蜂，每月补助500元。其间受气候因素和管理问题的影响，蜂群损失较为严重，从起初的50箱萎缩到10箱，面临破产的窘境，这成为摆在村集体和合作社面前的一个难题。

2. 第二阶段：转型期（2010年4月—2013年5月）

2009年，平武县生物多样性和水资源保护基金管理委员会（以下简称"平武水基金"）和山水在火溪河流域进行协议保护项目选点工作。鉴于关坝村生态位置比较重要，一方面地处大熊猫栖息地，另一方面是进入周边保护区的重要通道，同时面临盗猎、挖药、放牧等对栖息地和野生动物的干扰，平武水基金和山水决定在关坝村开展协议保护项目。2010年4月，山水组织生物多样性和社会经济方面的专家对关坝村进行本底调查，而养蜂合作社和养蜂产业成为项目关注的重要内容。对于调查中发现的合作社"空壳"问题，首先，邀请了四川农业大学合作社领域的专家和社区工作的专家给关坝村村民开展合作社方面的培训；其次，进一步分析养蜂产业的潜力和了解养蜂合作社的问题，对如何调动蜂农的积极性、增加流动资金、理清村集体与合作社的关系、提高蜂农技术、提升产品质量、拓展销售渠道等议题进行了讨论，最终合作社决定进行转型重组。其中涉及四项重要工作：① 进行股东和会员相结合改造；② 对蜂产品进行有机认证；③ 开办农民田间学校；④ 对接市场，寻找销路。进行股份和会员相结合改造

是为了解决合作社和村集体的关系及增加合作社的流动资金，通过面向全村招股、村集体蜂场折价入股、山水以有机认证的资金进行技术入股，最终形成股金83 050元，股东34名，会员5名。对蜂产品进行有机认证是为了提升产品质量，增强合作社的管理，在山水的支持和帮助下，于2011年12月拿到了蜂蜜养殖的有机认证证书。开办农民田间学校是为了增加蜂农人数，提升蜂农技术，提高蜂蜜产量。针对蜂农提出的养殖过程中遇到的问题，共同设计了养蜂四季课程，邀请养蜂专家住在关坝村，历时3个月，传授养蜂技术，培训了11名养蜂技术员。为了销售蜂蜜，增加蜂农和合作社的收入，其间成功对接万豪集团和山水伙伴公司，打通了蜂蜜的销售渠道。2012年，因万豪公司支持的项目结束，导致蜂蜜滞销，出现财务赤字，合作社的管理也跟不上外部市场的变化和需求。合作社意识到必须主动跑市场，调整合作社的管理以应对危机，他们召开社员大会，选举出更年轻有想法的理事长，建立自身品牌和销售渠道，开源节流，逐步提升了关坝村养蜂专业合作社和蜂蜜产品品牌的知名度。

3. 第三阶段：发展期（2013年5月—2015年9月）

退伍军人李芯锐被推选为养蜂专业合作社理事长，担起了合作社管理重担。他调整了合作社管理模式，合作社每年与蜂农签订协议，保证蜂蜜的产量和会员的利益，一方面继续为"熊猫蜂蜜"提供原蜜，另一方面注册"藏乡土蜜"作为自主品牌，创建淘宝店，主要到北京、成都等地市场、签订单、拓展销售渠道，避免出现2012年的滞销危机。面对合作社财务赤字，在减少理事会成员补贴的同时，将集体蜂场承包出去，不再支付集体蜂场养蜂人员工资等，并积极开发巢蜜及其衍生品，如唇膏、蜂蜜酒等。合作社集体决策重新调整了利润的分配比例，提高股东和会员的积极性，争取外部支持。同时，合作社实施了走出去战略，与周边村社蜂农签订会员合同，收售符合合作社质量标准的蜂蜜，带动周边蜂农致富，增加合作社的生产能力和利润。在股东开始分红之后，更多的人想加入合作社。合作社的发展也得到了平武县的认可，被评为平武县优秀合作社。关坝村还建立蜂采馆，逐步提升了关坝村养蜂专业合作社的知名度。

4. 第四阶段：平稳期（2015年9月至今）

关坝村养蜂专业合作社的市场渠道在缓慢拓展，没有出现大的机遇，基本与合作社的生产能力保持了平衡，会员股东没有变化，产量和利润基本保持平稳，合作社尝试了沙琪玛、口红的衍生品研发。随着关坝村乡村旅游业的起步，部分蜂蜜的销售开始在村内进行，政府采购和回头客购买的数量有所增加。合作社的管理制度得到巩固，财务季度公开和年度社员大会继续保持，合作社进入一个相对平稳的时期，同时也是一个瓶颈期。平武县开展的中华蜜蜂+项目和周边县域推行的中华蜜蜂产业扶贫政策，尤其是由此引起的产量增加带来的价格下调，以及不同标准的蜂蜜进入市场致使消费者选择困难等问题，有可能会对未来的蜂蜜市场造成冲击。

关坝村养蜂专业合作社的实践验证了Mancur Olson在《集体行动的逻辑》中的结论，即小集团因为成员人数少，较之实现的集团总收益，集团的总成本更小，比大集团更容易组织起集体行动。提出小规模的、专业合作性强的农民合作社不仅是农业合作社发展的重要方向，更是社区发展与生态保护相结合时最为可行的一种撬动力。

五、小蜜蜂为什么能保护大熊猫？

关坝村养蜂专业合作社的案例可以作为多学科交叉的保护生物学研究的典型样本，给更多以生态产业维护社区保护地的保护策略提供有价值的参考。

因此，本章从以下三个角度分别对"熊猫–蜂蜜"保护策略进行分析：

（1）从生态学角度评估中华蜜蜂在关坝沟大熊猫栖息地中的生态影响。

使用样线法和色盘泛捕获法（coloured pan trap）调查大熊猫栖息地的蜜源植物和访花昆虫，进而通过对昆虫访花频率、蜜源植物坐果率，以及现有大熊猫栖息地情况的统计分析及制图，分析家养中华蜜蜂对大熊猫栖息地的生态贡献和可能存在的生态风险。

（2）从社会行为学角度研究中华蜜蜂养殖业对大熊猫栖息地社区保护的作用。

通过调查"熊猫–蜂蜜"保护策略实施前后关坝村的社会经济和居民认知变化，利用计划行为理论（theory of planned behavior）设置外部变量并建立社会行为学模型，研究社区居民参与保护的行为影响因素，再利用Q方法建立主观意识集合，研究社区居民对保护与发展的主观态度，从而了解该策略通过发展中华蜜蜂养殖业影响大熊猫栖息地社区保护的机制。

（3）从经济学角度探究中华蜜蜂产品中大熊猫栖息地保护的附加价值。

通过选择实验法（choice experiment）设计支付意愿调查，评估中华蜜蜂产品中大熊猫栖息地保护的经济价值及其影响因素，并对"熊猫–蜂蜜"经济的可持续性提出建议。

第二节　为什么是中华蜜蜂？
——蜂产业的生态影响分析

本节研究通过植物物种多样性的样线法调查、色盘泛捕获法昆虫取样调查等方法，了解研究区域内的蜜源植物及访花昆虫构成，进而通过蜜源植物坐果率调查、访花频率监测等方法，分别研究家养中华蜜蜂与蜜源植物及与其他访花昆虫物种的关系，以对其在大熊猫栖息地中的生态影响进行科学描述。

本节研究发现，中华蜜蜂的访花行为在关坝沟的传粉生态系统中占有重要地位；同时，中华蜜蜂对盐肤木、鸡骨柴等蜜源植物的坐果率影响显著，可能有利于关坝沟大熊猫栖息地森林的恢复。中华蜜蜂在访花行为上与其他类群访花昆虫几乎没有强烈的竞争关系，表明其影响本地昆虫种群生存的生态风险较低；大熊猫栖息地中家养中华蜜蜂的分布与大熊猫的数量有显著的相关性，但与大熊猫栖息地面积相关性不显著，表明大熊猫和中华蜜蜂两个物种具有同域栖息的关联，且"熊猫-蜂蜜"保护策略尚有较大的应用潜力。

一、中华蜜蜂和传粉昆虫保护的研究背景

目前普遍认为，传粉昆虫在有花植物构成的生态系统中扮演着重要角色。特定的动物种群为有花植物传粉被Kearns等（1998）认为是植物生态系统为人类提供的最重要的一项生态系统服务功能。它不仅能在农作物的传粉上给人类带来直接的货币收益，还可以通过为特定虫媒植物传粉来维系植物生态系统的生物多样性，以提供额外的产品和间接收益。同时，目前学界普遍认为传粉生物对植物生态系统质量和栖息地的片断化程度能起到重要的指示作用，因为它们种群自身的栖息地选择与采集行为的范围都受到栖息地质量的高度制约（Rathcke et al.，1993；Kearns et al.，1998；Kevan，1999；Tscharntke et al.，2004；Tscharntke et al.，2005）。所以对传粉生物的保护直接关系到植物生态系统的保护。

将传粉昆虫的生态功能具体到植物-传粉昆虫相互作用的层面上，Didham等（1996）和Ghazoul（2006）认为很多植食性昆虫种群（植物-昆虫系统，plant-insect system）可以在景观中组成集合种群并发挥其功能，但真实情况比集合种群理论所设想的要复杂得多，因此，研究植物-昆虫的相互作用模式需要考虑周围环境的影响，以及昆虫觅食和扩散的活动范围。Rathcke等（1993）认为植物多样性和传粉昆虫营养级的相互作用往往是共变的，但并没有发现其间的因果关系。营养关系的破坏对目标种群的作用并不明确，可能有利也可能有害，比如增加植物的生物作用即意味着增加访花和传粉（增加协同，减少拮抗），也意味着种子被偷食或者真菌类的寄生（增加拮抗，减少协同）。干扰生物作用的结果还可能是所谓的二次灭绝，增加物种灭绝的风险。类似的逻辑还适用于物种引进。因此，传粉昆虫对植物-昆虫系统的作用是很复杂的交互过程。

但是，确有实例证明，森林栖息地片断化对传粉生物种群和植物

生态系统的影响是显著的。Aizen等在阿根廷Chaco Serrano亚热带森林中的一系列传粉生态学研究中（Aizen et al.，1994），用测量植物传粉率、坐果率、结实率等指标来测评栖息地片断化对传粉的影响。他们在森林中选取了16种乔木和灌木植物，在小片断森林（小于1 ha，即$10^4 m^2$）、大片断森林（大于2 ha）以及连续森林中划定样方，定时监测。他们用苯胺蓝溶液法观测花期最后阶段的花粉形态，以花粉管的数目来指示传粉率；用花期前的花蕾数目和花期后的果实数量的比例来指示坐果率；将不同种类的植株以相应的子房数与种子数的比例来指示结实率。通过计算比较三类生境中的植物传粉状况，作者发现结稗率随片断化程度上升，花粉管的数量随片断化程度减少。这些结果证明了植物繁殖明显受到森林栖息地片断化的制约，确立了传粉效率作为栖息地质量与片断化指示指标的地位。此外，Roland等（1997）、Hill等（1999）、Thies等（1999）也通过不同的实验得到了类似的结果。这一结论提示，目前大熊猫栖息地森林片断化的现状，同样很有可能引起传粉生物种群和植物生态系统的退化。

有清晰的证据表明，过去50年里世界范围内的传粉生物经历了巨大的衰退，并且这一衰退现在还在进行之中（Potts et al.，2010）。美国的蜜蜂巢脾数量在1947年至2005年间减少了59%，中欧（德国、奥地利、捷克等国）的蜜蜂巢脾数量在1985年至2005年间减少了25%。虽然有这些蜜蜂种群区域性减少的案例，全球范围内的蜜蜂从1961年至今还是增加了45%。但与此同时传粉依赖型农业也增加了300%以上，使得传粉生态系统受到了很大的压力（Potts et al.，2010；Roberts et al.，2011）。传粉生物衰退的原因包括杀虫剂、栖息地破坏、疾病和寄生虫的传播扩散、来自外来访花者的竞争等。

在全球性传粉昆虫消退的背景下，植物–传粉生物系统所遭受的威胁主要包括以下方面（Roberts et al.，2011；Dicks et al.，2013）：

（1）人为的土地使用变迁及由此导致的栖息地丧失、片断化、退化以及资源多样性的减少；

（2）寄生虫及疫病；

（3）　由于过量驯化导致的种群自身遗传多样性的丧失；

（4）　入侵物种，包括入侵的植物、竞争传粉物种及病害；

（5）　气候变化。

二、中华蜜蜂在大熊猫栖息地自然环境的优势

中华蜜蜂（*Apis cerana cerana*）简称中蜂，是东方蜜蜂（*Apis cerana*）的一个亚种，分布于我国的东方蜜蜂均属于这个亚种（杨冠煌，1982，2005；Oldroyd et al.，2009）。它属昆虫纲（Insecta），膜翅目（Hymenoptera），蜜蜂总科（Apoidea），蜜蜂科（Apidae），蜜蜂属（*Apis*），东方蜜蜂种（*Apis cerana*）。中华蜜蜂作为我国的本地物种，数千万年来扮演着我国各种有花植物主要传粉昆虫的角色。在与植物的长期相互适应过程中，通过协同进化，形成了丰富的植物多样性和植物–传粉昆虫群落。其中，中华蜜蜂对我国落叶阔叶林植物多样性的形成，阴生和半阴生小灌木、草本植物以及与它们构成群落的昆虫多样性和鸟类多样性的形成具有很大的贡献（杨冠煌，2009）。同时，中华蜜蜂作为千百年来中国古代劳动人民饲养的蜂种，为中华文明的发展作出了不可磨灭的贡献，如蜂蜜作为提供食品甜味剂的主要来源、蜂蜡作为制造中药丸的主要原料等（杨冠煌，2009）。

距今约100年前，也就是20世纪初，在我国境内人工饲养的中华蜜蜂有500多万群。野生蜂群遍布全国各地。而100年后，不仅家养的中华蜜蜂受到引进的西方蜜蜂（*Apis mellifera*）四大品种：欧洲黑蜂（*Apis mellifera mellifera*）、意大利蜂（*Apis mellifera ligustica*）、卡尼鄂拉蜂（*Apis mellifera carnica*）、高加索蜂（*Apis mellifera caucasica*）的挤占，数量减少75%以上，分布区缩小75%以上，野生的蜂群也只在西藏、云南、四川西部和部分其他南方省份的山林中有分布，多数呈零星分散状态，而密度较大的连续分布区域不足10%（杨冠煌，2009）。

作为优良家养蜂种被引进的西方蜜蜂被认为是导致中华蜜蜂种群

大量消退的主要原因（杨冠煌，1982；董秉义 等，1984；杨冠煌，2005）。上述研究表明：① 意大利蜂的工蜂有潜入中华蜜蜂群内刺杀蜂王、掠夺巢内存蜜的行为，与中华蜜蜂形成直接竞争；② 意大利蜂的蜂王交尾信息素的主要组分与中华蜜蜂相同，因此中华蜜蜂处女王的交尾婚飞会受到来自意大利蜂雄蜂的干扰，影响交尾成功率；③ 外来蜂种带来的各种病害，如囊状幼虫病、欧洲腐臭病、孢子虫病等，通过野外采集行为的重叠而传染给中华蜜蜂，后者因抵抗力不足而导致大量死亡；④ 平原地区拥有大宗蜜源（如苹果林、荔枝林、油菜田等）的农户，为追求高产而放弃中华蜜蜂转而饲养引进的优质蜂种，导致中华蜜蜂种群迅速减少。

利用中华蜜蜂养殖而不是西方蜜蜂养殖来作为大熊猫栖息地生态系统服务价值的实现手段，原因在于中华蜜蜂比西方蜜蜂更能适应大熊猫栖息地的环境。西方蜜蜂在我国自然生态系统中，在生态位上与中华蜜蜂虽然有许多重叠，但其个体特性却有许多差异，如西方蜜蜂的工蜂嗅觉灵敏度较低，不易发现分散、零星开花的低灌木和草本植物，如十字花科、蔷薇料、漆树科、山茶科、五加科、唇形科、菊科、葫芦科等。这些种类的植株分散，矮小，多生长在遮阴处。开花时，中华蜜蜂是主要采花者，西方蜜蜂的工蜂很少去。另外，在同一采集地区，中华蜜蜂每日外出采集时间比意大利蜂提早和延迟，一般多2～3小时。因此，中华蜜蜂对本地植物授粉的广度和深度都超过西方蜜蜂，更容易利用植物多样性较高的野生环境的蜜源植物。目前，中华蜜蜂被西方蜜蜂取代导致当地植物授粉总量降低，使多种植物授粉受到影响，一些种类的种群数量逐渐减少直至最终绝灭，结果导致山林中植物多样性减少（杨冠煌，2009）。

中华蜜蜂的工蜂在气温7°C左右能正常运行采集活动，而在四川阿坝地区的阿坝亚种，当气温在3～4°C时，工蜂便出外采集。周冰峰、许正鼎（1988）发现：头年12月至次年1月，福建南靖县鹅掌柴（又称八叶五加，*Schefflera octophylla*）开花期，当在气温14°C以下时，中华蜜蜂群外出采集的工蜂数量平均超出意大利蜂3倍。安全采集气温中华蜜蜂为6.5°C，而意大利蜂却是11.0°C。如果西方蜜蜂取代中华蜜蜂，早春和晚秋在较低气温中开花的物种，如枥属、香薷属、菊科、十字花科等一些种类，其授粉作用会受到严重影响（杨冠煌，1973，2005）。

由于中华蜜蜂对比西方蜜蜂具有更好利用零散蜜源、活动气温更低的优势，因此其在大熊猫栖息地的亚高山针叶林（林下灌层）以及亚高山落叶阔叶林的环境中，比西方蜜蜂更具有适应性。

三、蜜蜂养殖业作为社区保护中的替代生计

大熊猫栖息地分布区域的社区经济较为落后，生产生活条件较差。放牧和林下采伐一直是这些区域居民的主要收入来源。随着天然林禁伐和地区经济产业结构的调整，在大熊猫栖息地内的放牧有进一步发展的趋势。大熊猫以竹为食，家畜也取食竹类。同时为家畜开辟放牧场所的过程也会严重破坏大熊猫栖息地的植被。研究表明（冉江洪 等，2003b）放牧对竹类基本无选择性，对大熊猫的竹类选择性要求构成威胁；放牧强度与大熊猫活动范围、大熊猫取食痕迹点之间存在负相关。也有研究表明（王放，个人交流），典型大熊猫栖息地保护区内的家畜对森林栖息地植被类型、土地类型、取食范围、行为时间跨度上的选择均与大熊猫的生境选择有较大的重叠，因此同域分布的家畜和大熊猫存在不可忽视的种间竞争关系。由于社区分布的大熊猫栖息地往往是重要的走廊带地区，因此，放牧及其他林下作业对大熊猫栖息地的干扰问题亟待解决，而如果能够通过养蜂来替代这部分作业时间和收入来源，将直接解决这一问题。

通过资助养蜂产业发展的方式来对生态系统服务价值进行支付，在国际上有一个案例。2006年起在玻利维亚Los Negros河谷中的流域保护项目，使用了免费提供意大利蜂蜂箱作为对当地居民停伐、停止林下采集等保护行为的可供选择的支付选项。该项目研究人员发现，比起传统的保护行为采用直接付费的生态补偿方式，使用养蜂的资金、技术支持手段进行生态系统服务付费，具有可持续产业、保有土地利用的权利、对蜜源植物的依赖激发保护意愿、产业发展的持续

性示范作用等优势，同时也具有技术和教育水平制约、销售预期风险、产量预期风险、产业支持与劳动成本高等劣势（Asquith et al., 2008）。

通过蜂产品营销、回馈的方式来对生态系统服务价值进行支付，在国际上亦有一个案例。2008年起，一些保护机构为了解决南非当地蜜獾（*Mellivora capensis*）因盗食家养蜂巢中的蜂蜜而与蜜獾保护地居民产生的人兽冲突问题，为当地蜂农制定了一套针对蜜獾保护的蜂箱高处布设、蜂箱防盗防护措施的技术标准，并根据该技术标准对蜂农进行保护实践的招募。参与保护实践的蜂农承诺使用新的蜂箱防护技术以做到"蜜獾友好"（honey badger friendly），作为补偿，这些蜂农可以以高价将他们的蜜出售给保护机构，而后者将使用欧美范围内广受欢迎的蜜獾的形象，对这些"蜜獾友好"的蜂蜜进行营销，之后将营销利润回馈给蜜獾保护区（Raw Honey Love，2012）。

作为大熊猫栖息地里使用中华蜜蜂养殖业补偿栖息地保护行为的"熊猫–蜂蜜"保护策略，既有森林生态系统中发展养蜂业以替代对森林干扰较大的生产方式的潜力，又因大熊猫作为国际化生物多样性保护旗舰物种的形象而具有广泛的蜂产品保护概念营销前景，可能将是一个非常有效的大熊猫栖息地生态系统服务付费的保护策略。

四、平武县、关坝沟流域蜜源植物及访花昆虫构成的研究方法

1. 关坝沟内蜜源植物物种及数量调查——样线法和样方法

蜜源植物，是指可开花泌蜜、粉以供蜜蜂采集的植物。由于其分泌花蜜为多种昆虫提供食物来源，因此是传粉生态系统中的主要组成部分（杜相富，2008）。蜜源植物更是蜜蜂赖以生存与生产的主要条件，也是发展养蜂业的重要物质基础。无论是为了研究传粉生态系统中植物与昆虫的相互关系，还是为了保护、开发蜜源植物以发展养蜂业，或是为了监测大熊猫栖息地的恢复状况，开展蜜源植物物种及数量调查都是最基本的研究工作。

蜜源植物调查方法一般来说是访谈调查和实地踏查相结合（董霞

等，2008；郭军 等，2011；买买提，2012），在访谈蜂农、当地农业技术服务部门，初步掌握目标调查物种粗略的构成和分布情况的基础上，实地对目标物种的分布范围、群落类型、生境及密度等进行进一步的调查。首先使用样线法调查蜜源植物的物种多样性，然后按照典型抽样调查法的原理和方法在各种群落中选择具有代表性的地段设置样方，调查目标物种的种群密度。

　　笔者2012年在关坝沟内实施蜜源植物调查，首先（2012年3月13日）沿巡山路线进行首次蜜源植物物种多样性的调查，以巡山路线为起点在关坝村家养中华蜜蜂采集范围内的1200～1600 m、1600～2000 m两个海拔高度水平中设置调查样线，以覆盖可能不同的植被类型。样线长度2 km，平均一条样线控制4 km²，调查时3人一组（其中专家1人）沿样线观察前进，填写认识的每一种植物的名称、丰富度、海拔，采集每种不认识的植物带繁殖器官的标本。结合花部结构、昆虫访花情况的观察和粗略的花蜜测量判断是否为蜜源植物。最后将调查数据汇总，使用《四川植物志》鉴定标本的分类，统计得出关坝沟的蜜源植物物种名录。

　　2. 关坝沟内访花昆虫物种的调查——色盘泛捕获法

　　了解、描述传粉生态系统，除了调查蜜源植物以外，还需要调查访花昆虫。在森林环境中，对访花昆虫的抽样调查是一项比较困难的研究工作，不仅是由于传统的网捕、吸附陷阱等方式费时费力，而且由于森林生态系统中的生物多样性和植被群落结构的多样性非常丰富，在其草本植物群落、灌木层、乔木层中都有蜜源植物和访花昆虫分布，即使是最简单的同龄林中，林下群落结构也非常复杂，使得传统的昆虫捕获方法不易实施。如果需要在研究中考虑特定的蜜源植物类群与特定的访花昆虫类群之间的关系，则需要一套简单有效、有针对性的评估森林栖息地访花昆虫的相对物种丰度和多度的抽样方法。

　　开花植物利用颜色、香味、食物来源（蜜、粉）、大小和形状等特征来吸引访花昆虫，其中颜色是相对重要的一种引诱因素（Leong et al., 1999；Vrdoljak et al., 2012）。所以，使用颜色陷阱作为抽样监测访花昆虫的方式逐渐成为访花昆虫物种研究的主要思路，并已被广泛使用。例如，各种黄色陷阱已经被用来捕捉各种各样的植食性昆虫（Leong et al.，1999）和以这些植食性昆虫为食的捕食者（Campbell et al.，2007；Gollan et al.，2011），蓝色陷阱用来捕捉各种有复眼的膜翅目昆虫（Abrahanczyk et al.，2010），白色和黄色陷阱用来捕捉许多双翅目昆虫（Gollan et al.，2011）。蜜蜂和其他各种访花昆虫会对各种常见花卉的颜色作出食物来源类型与量的判断，以作出访花行为的反应（Munyuli，2013）。

在各类有色陷阱捕获方法中，色盘泛捕获法是最常用的一种，被广泛应用于访花昆虫的取样以及群落结构研究。它的原理是以不同颜色的盘（或盆、盒、碗、桶等）盛装洗涤液（洗洁精、皂粉溶液等）作为陷阱，以颜色吸引访花昆虫，再以洗涤剂增加水的表面张力来捕获落在水面上的昆虫。其优点包括不需要特制的器具，没有来自采集者或观察者的干扰，相对短时间内可相对省力地回收大量数据等（Leong et al.，1999；Abrahamczyk et al.，2010）；其缺点包括对各类访花昆虫的吸引程度不同而不利于定量研究各类昆虫的种群大小（Munyuli，2013），以及对大型鳞翅目昆虫几乎没有捕获力（Campbell et al.，2007）等。基于色盘泛捕获法的这些优缺点，它是一种绝佳的用来作为初次调查访花昆虫物种构成（Bashir et al.，2013），以及在目或目以下分类单元内判断其中优势类群的取样方法（Reader et al.，2005）。因此本研究采用色盘泛捕获法来调查关坝沟的访花昆虫物种构成，同时用网捕的方法捕获被色盘所吸引的鳞翅目昆虫。

由于色盘泛捕获法的捕获效果可能受到陷阱大小、气味、陷阱位置、周围植被类型以及天气条件的影响（Munyuli，2013），而这些影响因素都不及陷阱的颜色构成显著（Vrdoljak et al.，2012），因此合理安排陷阱的颜色非常重要。有研究（Campbell et al.，2007）表明，不同种类的昆虫对不同波长吸收光谱的陷阱有不同的偏好（图3.2，图3.3），因此按照这样的规则兼顾波长、色彩亮度设置陷阱颜色，最佳方案是红、黄、蓝、白（Vrdoljak et al.，2012）。另外在陷阱设置时也需兼顾其他影响。

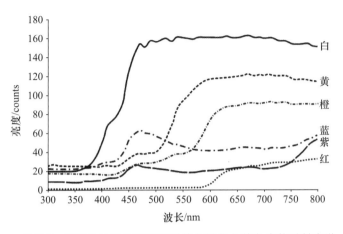

图3.2　使用可见光能谱仪测量的各种颜色的色盘的反射光谱
（Vrdoljak et al., 2012）

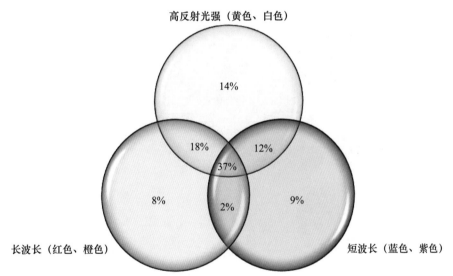

图3.3　被不同颜色陷阱吸引而被捕获的昆虫分布韦恩图（Vrdoljak et al., 2012）。聚类分析显示任何两类颜色之间都没有足够的相似性以互相替代

　　因此，本研究于2013年6月22日沿巡山路线每隔2 km设置一个样方，共设置3个。每个样方如图3.4排列设置有12个圆形色盘（同款红色、黄色、蓝色、白色蔬果盆），每个色盘口直径320 mm，底直径240 mm，深100 mm，每个色盘约盛装200 mL水，和10 g低气味洗

涤剂（雕牌天然皂粉）混合成捕获液。每天早9时至10时布设，第二天同一时段回收。在2013年6月22日至29日的一周内共布设三次。回收陷阱时用纱网过滤昆虫尸体后带回烘干，进行分类鉴定，并记录采集数量和所属色盘颜色。在布设陷阱之后的10时至12时，在陷阱的正上方使用虫网网捕鳞翅目昆虫，每个小时捕捉半小时，来一只捕一只，毒杀后带回，使用《中国动物志：昆虫纲》第20、21、22、25、26、31、32、35、36、37、41、42、43、44、49、50、51、52、53、54、55、59等卷进行分类鉴定，记录采集数量和吸引昆虫的色盘颜色。

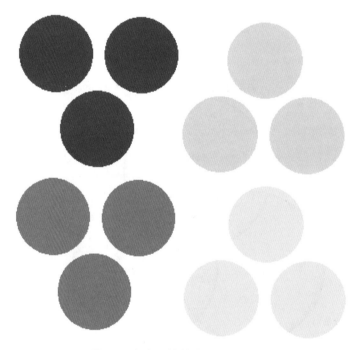

图3.4　色盘泛捕获陷阱布设方式示意

　　最后，根据获取的数据，统计得出关坝沟访花昆虫类群列表以及偏好的陷阱颜色分布。主要访花昆虫类群的调查结果用于昆虫访花频率调查与相关性分析。

3. 中华蜜蜂的访花行为监测方法

中华蜜蜂的访花频率是评估中华蜜蜂在大熊猫栖息地生态影响的重要指标，它可以说明中华蜜蜂的访花行为在大熊猫栖息地森林里虫媒植物的传粉中所占的比例，从而为评价中华蜜蜂的生态影响提供依据（Kevan，1999；Osborne et al.，1999）。

在蜜源植物物种和数量的本底调查中，每条样线中设置3个1 m×1 m的样方，计数样方内单花数量最多的一种正在开花的物种的单花数量N_f。每天从访花昆虫开始活动起，每隔15 min连续记录5 min昆虫访花次数N_v，以一只昆虫接触一朵花的花药或柱头记作1次。分别记录蜜蜂和其他昆虫的访花次数。单一植物物种单花被访问频率（次/d）：

$$F_v = \frac{4 \times \sum_{i=1}^{n} N_{vi}}{N_f}。$$

4. 蜜源植物群落取样方法

根据蜜源植物物种和数量及其分布的调查结果，挑选出包含至少两种主要蜜源植物和至少两种次要蜜源植物，且它们的花期重叠时间大于一个月的一种典型的蜜源植物群落，作为坐果率调查和访花频率调查的目标蜜源植物群落。因为昆虫的访花频率调查的目的是描述中华蜜蜂和传粉昆虫物种，所以要求研究的目标群落足够常见以便于设定地理条件和小气候条件近似的样方，共同花期可观测至少1个月以保证足够的可选择天气的调查天数，且有一定丰富度而具有蜜蜂访花行为选择偏好的区别。基于以上几个条件，盐肤木（*Rhus chinensis*）、鸡骨柴（*Elsholtzia fruticosa*）、醉鱼草（*Buddleja lindleyana*）、广布野豌豆（*Vicia cracca*）构成的蜜源植物群落被选中作为目标群落，以进行昆虫访花频率和植物坐果率的调查。

2013年8月15日至9月2日，以及2014年8月3日至8月20日，本研究在关坝沟内，依据沟内蜂场的位置、溪流的位置以及植物群落结构等指标共等距设置9个样方（图3.5）。其中1号样方（N32.5433°，E104.5690°，海拔1353.6 m）和3号样方（N32.5288°，E104.5839°，海拔1578.0 m）位于蜂场所在地，2号、4号、5号、6号、7号样方距最近的蜂场1 km，8号、9号样方距最近的蜂场2 km，以符合本研究的取样的目的（表3.1）——研究不同的中华蜜蜂密度对蜜源植物和访花昆虫的影响。由于中华蜜蜂的采集半径为1.2 ～1.8 km（中华蜜蜂资源调查协作组 等，1984），所以本研究视8号和9号样方为无家养中华蜜蜂蜂巢影响的样方。每个样方均为10 m×10 m，均位于溪流的右岸（溪边阳坡），均有盐肤木、鸡骨柴、醉鱼草、广布野豌豆的典型蜜源植物群落分布。之后使用线性回归分析和群落相似性分析（ANOSIM）来检验海拔等样方地理指标对样方内植物坐果率和昆虫访花频率影响的显著性。

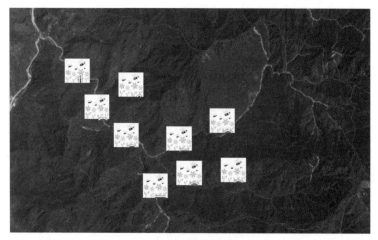

图3.5　关坝沟家养中华蜜蜂与蜜源植物及其他访花昆虫间
关系研究的样方布设位置

表3.1　关坝沟家养中华蜜蜂与蜜源植物及其他访花昆虫间关系研究的样方地理信息

样方编号	经度/（°）	纬度/（°）	海拔/m	坡向/（°）	坡度/（°）	与河道距离/m
1	E104.5690	N32.5433	1353.6	168	5	48
2	E104.5756	N32.5347	1507.7	191	6	20
3	E104.5839	N32.5288	1578.0	186	2	34
4	E104.5810	N32.5411	1622.3	182	9	17
5	E104.5933	N32.5250	1668.8	161	5	33
6	E104.5925	N32.5222	1684.5	179	4	20
7	E104.5866	N32.5202	1739.9	176	2	14
8	E104.6115	N32.5314	1935.2	152	4	58
9	E104.6076	N32.5177	1858.2	178	9	55

5. 坐果率调查方法

坐果率是重要的有花植物生殖效率指标（曾志将，2007；陶德双 等，2010；李久强，2013；娄德龙 等，2013）。对于虫媒植物而言，传粉昆虫对植物自身的生殖效率起决定性的影响。相比结实率，坐果率与传粉昆虫访花行为的关联更直接。调查蜜源植物的坐果率，能够研究中华蜜蜂对哪些蜜源植物的生殖起到显著的作用，进而能通过该植物在大熊猫栖息地中的地位来评价中华蜜蜂的生态影响。

2013年和2014年8月初，在全部9个典型蜜源植物群落样方中，每一个样方选取生长、结果健康，立地条件、上层郁闭度基本相同的盐肤木、鸡骨柴、醉鱼草样株各1～2株，挂牌标记；选取广布野豌豆样株10株（同一丛），结绳标记；在样株上选取高枝和矮枝各4枝作为样枝，每个样枝分别朝向东、南、西、北方向，结绳标记；在每个样枝上选择40～50朵正常花芽为样花，拍照并在照片上标记样花序号。

2013年8月12日至9月2日，以及2014年8月3日至8月23日，每隔10天观察1次，分别调查不同蜜源植物物种的样株、样枝、方向、高矮枝的花朵数、落花数、坐果数、落果数。于2013年9月12日和2014年9月3日坐果稳定后（生理落果结束）调查坐果数，统计坐果率。

$$坐果率 = \frac{坐果数}{样花数} \times 100\%$$

6. 昆虫访花频率调查方法

访花昆虫中有很大一部分以虫媒植物的花蜜和花粉为主要食物来源，因此同域分布的一些访花昆虫势必会在访花行为，也就是取食行为的选择上产生重叠，进而产生竞争。访花昆虫种群间的相互作用是全球性传粉昆虫消退的一个重要原因（Potts et al.，2010），所以要在关坝沟的大熊猫栖息地森林里发展养蜂业，就必须考虑人为扩增的中华蜜蜂种群（家养中华蜜蜂种群）有可能对当地的其他访花昆虫产生影响。评定家养中华蜜蜂有可能会对当地访花昆虫物种造成的生态风险，也是评估中华蜜蜂在大熊猫栖息地中生态价值的一项重要研究内容。

本研究采取定点访花频率监测的方法来调查中华蜜蜂与其他访花

昆虫门类在取食行为上的相互关系。2013年8月15日至9月2日，以及2014年8月3日至8月20日，在全部9个典型蜜源植物群落样方中，从坐果率调查选取的盐肤木、鸡骨柴、醉鱼草、广布野豌豆4种蜜源植物的样枝中随机选取1枝作为样枝，拍照记录并统计其上的样花数。每10天为一单元，选取天气晴好的时机，每个样方使用4台AEE HD50数码摄像机（1080P摄像模式），搭配外接电源、防水罩、管夹、登山杖配件，分别拍摄4种蜜源植物的日间昆虫访花视频，10:30前（估计天亮出发到达最远样方的最早时间）开始拍摄，落日前回收。之后通过反复观看视频来辨认并统计中华蜜蜂和其他各主要访花昆虫类群的访花频数，每20分钟记录一次数据。记录访花频数的目标访花昆虫类群为色盘泛捕获法调查结果中易于利用视频辨认的各大访花昆虫优势类群。

7. 数据分析

使用Student's t test检验2013年和2014年中华蜜蜂访花比例和蜜源植物坐果率的差异显著性；使用one-way ANOVA分析样枝方位、高度对蜜源植物坐果率的影响；使用一般线性模型回归分析地理位置和家养中华蜜蜂蜂巢距离对蜜源植物坐果率和其他访花昆虫访花频率的影响；使用ANOSIM群落相似性R检验分析样方间访花昆虫群落结构的差异（Chapman et al.，1999）；使用卡方检验分析不同访花昆虫对蜜源植物的访花偏好的差异显著性；使用核密度估计（kernel density estimation，KDE）及活动重叠系数（coefficient of overlapping）的Bootstrap置信区间估计来分析不同访花昆虫日间访花行为的共存关系（Ridout et al.，2009）。

使用R语言加载相应的工具包，进行ANOVA、一般线性模型回归、群落相似性分析（vegan工具包，R Project，2014；Oksanen et al.，2007）、核密度估计及日间活动重叠分析（overlap工具包，R Project，2014）等生态学统计分析，使用Microsoft Excel 2010软件制作中文图表。

8. 中华蜜蜂与大熊猫栖息地地理分布关系的研究方法

通过访谈四川省畜牧局蜂业管理站，以及省内有大熊猫分布的各

县养蜂技术服务部门，得到各县养殖中华蜜蜂蜂箱数量的数据。利用
ArcGIS10.3软件，对现有大熊猫栖息地图层分县赋值，制作出大熊猫
栖息地的中华蜜蜂产业分布图。并用R语言进行线性回归分析来研究中
华蜜蜂产业与大熊猫数量、大熊猫栖息地面积的关系。

五、中华蜜蜂养殖对本地传粉系统的影响分析

中华蜜蜂养殖业替代大熊猫栖息地的传统生产方式是"熊猫–蜂
蜜"保护策略的核心内容，它对大熊猫栖息地森林的生态影响是关系
到保护策略是否有效的基本因素。

中华蜜蜂作为我国的本地传粉昆虫物种，同时也是大熊猫栖息地
生态系统中的主要传粉昆虫，可能在保障植物繁殖，促进植被恢复与
更新方面扮演着重要的角色（余林生 等，2001；杨冠煌，2005；杨
冠煌，2009）。但中华蜜蜂在过去数十年间曾经历巨大的消退（杨
冠煌，2009；陈其昌，2012），大力发展其养殖业有可能面临类似
重新引入物种所带来的诸多问题，如对本地其他访花昆虫物种产生干
扰等（Schaffer et al.，1983；Sugden et al.，1991；Markwell
et al.，1993；Schwarz，1997；Dupont et al.，2004；Paini et
al.，2005；Nagamitsu et al.，2010；Polatto et al.，2013）。
因此，研究中华蜜蜂在大熊猫栖息地传粉生态系统中的影响，了解其
与本地蜜源植物、访花昆虫以及大熊猫分布之间的关系，是非常必要
的基础研究工作。

1. 关坝沟蜜源植物物种及分布

2012年的蜜源植物样线法调查发现，关坝沟内共有蜜源植物30科
194种（含变种）。其中乔木28种、灌木70种、草本86种、藤本10种
（表3.2）。根据植株数、开花数量和专家及当地蜂农对被访问数量的
估计，其中有10种是主要蜜源（表3.3），来自它们的花蜜占全部蜜产
量的90%以上。这10种主要蜜源植物全部是木本。其中，华椴（*Tilia
chinensis*）、秀丽莓（*Rubus amabilis*）是大熊猫栖息地主要植被类
型亚高山针叶林的主要伴生物种。全部蜜源植物名录见表3.2，主要蜜

源植物的花期和分布如表3.3与图3.6所示。

表3.2 关坝沟蜜源植物名录

科名	种名	是否为主要蜜源植物	生活型
毛茛科 Ranunculaceae	松潘乌头 *Aconitum sungpanense*	否	草本
	伏毛铁棒锤 *Aconitum flavum*	否	草本
毛茛科 Ranunculaceae	松潘乌头 *Aconitum sungpanense*	否	草本
	伏毛铁棒锤 *Aconitum flavum*	否	草本
	露蕊乌头 *Aconitum gymnandrum*	否	草本
	无距耧斗菜 *Aquilegia ecalcarata*	否	草本
	甘肃耧斗菜 *Aquilegia oxysepala var. kansuensis*	否	草本
	直距耧斗菜 *Aquilegia rockii*	否	草本
小檗科 Berberidaceae	锥花小檗 *Berberis aggregata*	否	灌木
	淫羊藿 *Epimedium grandiflorum*	否	草本
山茶科 Theaceae	山茶 *Camellia japonica*	否	灌木
	油茶 *Camellia oleifera*	否	灌木
	茶 *Camellia sinensis*	否	灌木
椴树科 Atiliaceae	扁担杆 *Grewia biloba*	否	灌木
	华椴 *Tilia chinensis*	是	乔木
大风子科 Flacourtiaceae	山桐子 *Idesia polycarpa*	是	乔木
十字花科 Cruciferae	紫花碎米荠 *Cardamine purpurascens*	否	草本
	葶苈 *Draba nemorosa*	否	草本
	喜山葶苈 *Draba oreades*	否	草本
	平武葶苈 *Draba pinwuensis*	否	草本
	诸葛菜 *Orychophragmus violaceus*	否	草本
	高蔊菜 *Rorippa elata*	否	草本
	蔊菜 *Rorippa montana*	否	草本
柿科 Ebenaceae	小叶柿 *Diospyros dumetorum*	否	乔木
	黑枣 *Diospyros lotus*	否	乔木
海桐花科 Pittosporaceae	光叶海桐 *Pittosporum glabratum*	否	灌木
	崖花子 *Pittosporum truncatum*	是	灌木
绣球花科 Hydrangeaceae	云南山梅花 *Philadelphus delavayi*	否	灌木
	山梅花 *Philadelphus incanus*	否	灌木
	紫萼山梅花 *Philadelphus purpurascens*	否	灌木
蔷薇科 Rosaceae	山桃 *Amygdalus davidiana*	否	乔木
	西南樱桃 *Cerasus duclouxii*	否	乔木
	华中樱桃 *Cerasus conradinae*	否	乔木
	平枝栒子 *Cotoneaster horizontalis*	否	灌木
	小叶栒子 *Cotoneaster microphyllus*	否	灌木
	水栒子 *Cotoneaster multiflorus*	否	灌木
	陇东海棠 *Malus kansuen*	否	乔木

续表

科名	种名	是否为主要蜜源植物	生活型
	李 *Prunus salicina*	否	乔木
	秀丽莓 *Rubus amabilis*	是	灌木
	山莓 *Rubus buergeri*	否	灌木
	光滑高粱泡 *Rubus lambertianus var. glaber*	否	灌木
	喜阴悬钩子 *Rubus mesogaeus*	是	灌木
	大叶乌泡子 *Rubus multibracteatus*	否	灌木
	悬钩子 *Rubus palmatus*	否	灌木
	乌泡子 *Rubus parleri*	否	灌木
	陕西悬钩子 *Rubus piluliferus*	否	灌木
	红毛悬钩子 *Rubus pinfaensis*	否	灌木
	川莓 *Rubus setchuenensis*	否	灌木
	红腺悬钩子 *Rubus sumatranus*	否	灌木
	湖北花楸 *Sorbus hupehensis*	否	乔木
	陕甘花楸 *Sorbus koehneana*	否	乔木
豆科 Leguminosae	毛山槐 *Albizia duclouxii*	否	乔木
	山合欢 *Albizia kalkora*	否	乔木
	多花黄芪 *Astragalus floridus*	否	草本
	广布黄芪 *Astragalus frigidus*	否	草本
	多花杭子梢 *Campylotropis polyantha*	否	灌木
	鬼箭锦鸡儿 *Caragana jubata*	否	灌木
	红花锦鸡儿 *Caragana rosea*	否	灌木
	甘青锦鸡儿 *Caragana tangutica*	否	灌木
	川青锦鸡儿 *Caragana tibctica*	否	灌木
	湖北紫荆 *Cercis glabra*	是	乔木
	牧地香豌豆 *Lathyrus pratensis*	否	草本
	胡枝子 *Lespedeza bicolor*	否	灌木
	截叶铁扫帚 *Lespedeza cuneata*	否	灌木
	美丽胡枝子 *Lespedeza formosa*	否	灌木
	野苜蓿 *Medicago falcata*	否	草本
	天蓝苜蓿 *Medicago hupulina*	否	草本
	紫苜蓿 *Medicago sativa*	否	草本
	白花草木樨 *Melilotus alba*	否	草本
	草木樨 *Melilotus officinalis*	否	草本
	甘肃棘豆 *Oxytropis kansuensis*	否	草本
	黑萼棘豆 *Oxytropis melanocalyx*	否	草本
	野葛 *Pueraria lobata*	否	藤本
	杂种车轴草 *Trifolium hybridum*	否	草本
	白车轴草 *Trifolium repens*	否	草本
	广布野豌豆 *Vicia cracca*	否	草本
	多茎野豌豆 *Vicia multicaulis*	否	草本

科名	种名	是否为主要蜜源植物	生活型
	野豌豆 *Vicia sepium*	否	草本
	歪头菜 *Vicia unijuga*	否	草本
胡颓子科 Elaeagnaceae	胡颓子（羊奶子） *Elaeagnus pungens*	存疑	灌木
	牛奶子 *Elaeagnus umbellate*	否	灌木
八角枫科 Alangiaceae	八角枫 *Alangium chinense*	否	乔木
	瓜木 *Alangium platanifolium*	否	乔木
葡萄科 Vitaceae	蓝果蛇葡萄 *Ampelopsis bodinieri*	否	藤本
	三裂蛇葡萄 *Ampelopsis delavayana*	否	藤本
	白蔹 *Ampelopsis japonica*	否	藤本
	蛇葡萄 *Ampelopsis sinica*	否	藤本
	乌蔹莓 *Cayratia japonica*	否	藤本
	粉叶爬山虎 *Parthenocissus thomsonii*	否	藤本
	崖爬藤 *Tetrastigma obtectum*	否	藤本
	桦叶葡萄 *Vitis betulifolia*	否	藤本
漆树科 Anacardiaceae	盐肤木 *Rhus chinensis*	是	乔木
	青麸杨 *Rhus potaninii*	否	乔木
	红麸杨 *Rhus punjabensis var. sinica*	否	乔木
	野漆树 *Toxicodendron succedanea*	否	乔木
	漆树 *Toxicodendron vernicifluum*	是	乔木
芸香科 Rutaceae	川黄檗 *Phellodendron chinense*	否	乔木
凤仙花科 Balsaminaceae	川西凤仙花 *Impatiens apsotis*	否	草本
	短柄凤仙花 *Impatiens brevifes*	否	草本
	耳叶凤仙花 *Impatiens delavayi*	否	草本
	齿萼凤仙花 *Impatiens dicentra*	否	草本
	水金凤 *Impatiens noti-tangere*	否	草本
	黄金凤 *Impatiens siculifer*	否	草本
	窄萼凤仙花 *Impatiens stenosepala*	否	草本
五加科 Aalialeae	藤五加 *Eleutherococcus leucorrhizus*	否	藤本
	红毛五加 *Eleutherococcus giraldi*	否	灌木
	五加 *Eleutherococcus gracilistylus*	否	灌木
	糙叶五加 *Eleutherococcus henryi*	否	灌木
	刺五加 *Eleutherococcus senticosus*	否	灌木
	刚毛五加 *Eleutherococcus simonii*	否	灌木
	楤木 *Aralia chinensis*	否	灌木
	土当归 *Aralia cordata*	否	草本
	刺楸 *Kalopanax septemlobus*	否	灌木
龙胆科 Gentiaceae	川西秦艽 *Gentiana dendrologi*	否	草本
	獐牙菜 *Swertia bimaculata*	否	草本
	川西獐牙菜 *Swertia mussotii*	否	草本
马鞭草科 Verbenaceae	兰香草 *Caryopteris incana*	否	草本

续表

科名	种名	是否为主要蜜源植物	生活型
	三花莸 *Caryopteris terniflora*	否	草本
	臭牡丹 *Clerodendrum bungei*	否	草本
	马鞭草 *Verbena officinalis*	否	草本
唇形科 Labiatae	藿香 *Agastache rugosa*	否	草本
	紫背金盘 *Ajuga nipponensis*	否	草本
	风轮菜 *Clinopodium chinense*	否	草本
	甘青青兰 *Dracocephalum tanguticum*	否	草本
	香薷 *Elsholtzia ciliata*	存疑	草本
	密花香薷 *Elsholtzia densa*	否	草本
	鸡骨柴 *Elsholtzia fruticosa*	是	灌木
	活血丹 *Glecoma longituba*	否	草本
	毛叶香茶菜 *Isodon japonicus*	否	草本
	线纹香茶菜 *Isodon lophanthoides*	否	草本
	夏至草 *Lagopsis supine*	否	草本
	宝盖草 *Lamium amplexicaule*	否	草本
	野芝麻 *Lamium barbatum*	否	草本
	益母草 *Leonurus japonicus*	否	草本
	华西龙头草 *Meehania fargesii*	否	草本
	蜜蜂花 *Melissa axillaris*	否	草本
	野薄荷 *Mentha haplocalyx*	否	草本
	荆芥 *Nepeta cataria*	否	草本
	穗花荆芥 *Nepeta laevigata*	否	草本
	多花荆芥 *Nepeta stewartiana*	否	草本
	牛至 *Origanum valgare*	否	草本
	紫苏 *Perilla frutescens*	否	草本
	糙苏 *Phlomis umbrosa*	否	草本
	夏枯草 *Prunella vulgaris*	否	草本
	钩子木 *Rostrinucula dependens*	否	灌木
	华鼠尾 *Salvia chinensis*	否	草本
	甘西鼠尾草 *Salvia przewalskii*	否	草本
	橙香鼠尾草 *Salvia smithii*	否	草本
	水苏 *Stachys sieboldi*	否	草本
	石蚕 *Teucrium simplex*	否	草本
醉鱼草科 Buddlejaceae	大叶醉鱼草 *Buddleja davidii*	否	灌木
	醉鱼草 *Buddleja lindleyana*	否	灌木
	密蒙花 *Buddleja officinalis*	否	灌木
	甘肃醉鱼草 *Buddleja purdomii*	否	灌木
木犀科 Oleaceae	矮探春 *Jasminum humile*	否	灌木
	小蜡 *Ligustrum sinense*	否	灌木
	羽叶丁香 *Syringa pinatifolia*	否	灌木

科名	种名	是否为主要蜜源植物	生活型
	四川丁香 *Syringa sweginzowii*	否	灌木
	毛丁香 *Syringa tomentella*	否	灌木
玄参科 Schophulariaceae	川泡桐 *Paulownia fargesii*	否	乔木
	白花泡桐 *Paulownia fortunei*	否	乔木
	毛泡桐 *Paulownia tomentosa*	否	乔木
	细穗腹水草 *Veronicastrum stenostachyum*	否	草本
苦苣苔科 Gesneriaceae	珊瑚苣苔 *Corallodiscus cordatulus*	否	草本
	石花 *Corallodiscus flabellatus*	否	草本
	半蒴苣苔 *Hemiboea henryi*	否	草本
	吊石苣苔 *Lysionotus Pauciflorus*	否	草本
	川西吊石苣苔 *Lysionotus wisonii*	否	草本
紫葳科 Bignoniaceae	楸树 *Catalpa bungei*	否	乔木
	川楸 *Catalpa fargesii*	否	乔木
	梓树 *Catalpa ovata*	否	乔木
茜草科 Rubiaceae	细叶野丁香 *Leptodermis microphylla*	否	灌木
	西南野丁香 *Leptodermis purdomii*	否	灌木
忍冬科 Caprifoliaceae	六道木 *Abelia biflora*	否	灌木
	小叶六道木 *Abelia parvifolia*	否	灌木
	狭萼鬼吹箫 *Leycesteria formosa var. stenosepala*	否	灌木
	蓝靛果 *Lonicera caerulea var. edulis*	否	灌木
	郁香忍冬 *Lonicera fragrantissima*	否	灌木
	刚毛忍冬 *Lonicera hispida*	否	灌木
	杯萼忍冬 *Lonicera inconspicua*	否	灌木
	柳叶忍冬 *Lonicera lanceolata*	否	灌木
	亮叶忍冬 *Lonicera ligustrina var. yunnanensis*	是	灌木
	小叶忍冬 *Lonicera microphylla*	否	灌木
	蕊帽忍冬 *Lonicera pileata*	否	灌木
	凹叶忍冬 *Lonicera retusa*	否	灌木
	袋花忍冬 *Lonicera saccata*	否	灌木
	冠果忍冬 *Lonicera stephanocarpa*	否	灌木
	四川忍冬 *Lonicera szechuanica*	否	灌木
	血满草 *Sambucus adnata*	否	草本
	接骨草 *Sambucus chinensis*	否	草本
	接骨木 *Sambucus williamsii*	否	灌木
败酱科 Valenanaceae	白花败酱 *Patrinia sinensis*	否	草本
	缬草 *Valeriana officinalis*	否	草本
川续断科 Dipsacaceae	川续断 *Dipsacus asper*	否	草本
	大头续断 *Dipsacus chinensis*	否	草本
	白花刺参 *Morina nepalensis var. alba*	否	草本

表3.3 主要蜜源植物的分布与花期（2012年）

种名	植被类型	优势度	始花期	末花期
湖北紫荆	野核桃林	林下灌木层优势种	3月28日	4月29日
亮叶忍冬	野核桃林	伴生种	4月2日	4月29日
山桐子	野核桃林	伴生种	4月12日	5月7日
崖花子	野核桃林、桤木林	伴生种	4月20日	5月15日
秀丽莓	暗针叶林、桦木–箭竹林、华西箭竹灌丛	林下灌木层优势种	5月3日	6月5日
华椴	华椴–桦木–糙花箭竹林	建群种	5月15日	7月25日
漆树	野核桃林、栓皮栎林	伴生种	5月21日	6月20日
喜阴悬钩子	喜阴悬钩子–山梅花灌丛	建群种	6月22日	7月31日
鸡骨柴	野核桃林、栓皮栎林	伴生种	7月20日	9月8日
盐肤木	野核桃林、栓皮栎林	林下灌木层优势种	8月2日	9月13日

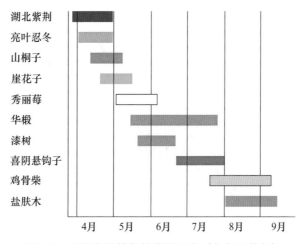

图3.6 主要蜜源植物的花期分布（色条示花色）

2. 关坝沟访花昆虫物种及花色偏好分布

2013年对访花昆虫的色盘泛捕获法调查发现，关坝沟内共有访花昆虫7目29科91属。其中膜翅目8科19属，双翅目7科24属，鳞翅目7科23属，鞘翅目4科20属。关坝沟访花昆虫各属名录详见表3.4。各色盘陷阱及正上方网捕获得的科、属分布如图3.7所示。

表3.4　关坝沟访花昆虫各属名录

目名	科名	属名
膜翅目 HYMENOPTERA	蜜蜂科 Apidae	蜜蜂属 *Apis*
		熊蜂属 *Bombus*
		拟熊蜂属 *Psithyrus*
		木蜂属 *Xylocopa*
	隧蜂科 Halictidae	隧蜂属 *Halictus*
		腹蜂属 *Sphecodes*
	切叶蜂科 Megachilidae	切叶蜂属 *Megachile*
		壁蜂属 *Osmia*
	叶蜂科 Tenthredinidae	中国叶蜂属 *Tenthredo*
		金氏叶蜂属 *Jinia*
	姬蜂科 Ichneumonidae	细颚姬蜂属 *Enicospilus*
		长尾姬蜂属 *Ephialtes*
	胡蜂科 Vespidae	胡蜂属 *Vespa*
		黄胡蜂属 *Vespula*
	茧蜂科 Braconidae	蚜茧蜂属 *Pauesia*
	蚁科 Formicidae	蚁属 *Formica*
		切叶蚁属 *Myrmecina*
		红蚁属 *Myrmica*
		平胸蚁属 *Rotastruma*
双翅目 DIPTERA	食蚜蝇科 Syrphidae	管蚜蝇属 *Eristalis*
		墨蚜蝇属 *Melanostoma*
		狭腹蚜蝇属 *Meliscaeva*
		鼓额蚜蝇属 *Scaeva*
		细腹蚜蝇属 *Sphaerophoria*
		粗股蚜蝇属 *Syritta*
		食蚜蝇属 *Syrphus*
		拟木蚜蝇属 *Temnostoma*
		蜂蚜蝇属 *Volucella*
	虻科 Tabanidae	斑虻属 *Chrysops*
		牛虻属 *Tabanus*
	蜂虻科 Bombyliidae	蜂虻属 *Bombylius*
		东方蜂虻属 *Exoprosopa*
		越蜂虻属 *Toxophora*
		乌蜂虻属 *Usia*

目名	科名	属名
		绒蜂虻属 *Villa*
	丽蝇科 Calliphoridae	蓝蝇属 *Cynomya*
		绿蝇属 *Lucilia*
	蝇科 Muscidae	溜蝇属 *Lispe*
		翠蝇属 *Neomyia*
	花蝇科 Anthomyiidae	花蝇属 *Anthomyia*
		植蝇属 *Leucophora*
	眼蝇科 Conopidae	眼蝇属 *Conops*
		突眼蝇属 *Diopsis*
鳞翅目 LEPIDOPTERA	粉蝶科 Pieridae	豆粉蝶属 *Colias*
		菜粉蝶属 *Pieris*
		绢粉蝶属 *Aporia*
		钩粉蝶属 *Gonepteryx*
		小粉蝶属 *Lepitidea*
	蛱蝶科 Nymphalidae	红蛱蝶属 *Vanessa*
		钩蛱蝶属 *Polygonia*
		蜜蛱蝶属 *Mellicta*
		网蛱蝶属 *Melitaea*
		豹蛱蝶属 *Argyreus*
		线蛱蝶属 *Limenitis*
		福蛱蝶属 *Fabriciana*
	眼蝶科 Satyridae	白眼蝶属 *Melanargia*
		酒眼蝶属 *Oenieis*
	凤蝶科 Papilionidae	凤蝶属 *Papilio*
	弄蝶科 Hesperiidae	花弄蝶属 *Pyrgus*
		赭弄蝶属 *Ochlodes*
	尺蛾科 Geometridae	水尺蛾属 *Hydrelia*
		维尺蛾属 *Venusia*
	天蛾科 Sphingidae	星天蛾属 *Dolbina*
		长喙天蛾属 *Macroglossum*
		透翅天蛾属 *Cephonodes*
		斜纹天蛾属 *Theretra*
鞘翅目 COLEOPTERA	天牛科 Cerambycidae	绿虎天牛属 *Chlorophorus*
		绿天牛属 *Chelidonium*

目名	科名	属名
		斑花天牛属 *Leptura*
		缘花天牛属 *Anoplodera*
		驼花天牛属 *Pidonia*
		厚花天牛属 *Pachyta*
		眼花天牛属 *Acmaeops*
		金花天牛属 *Gaurotes*
		裸花天牛属 *Nivellia*
		楔天牛属 *Saperda*
	花金龟科 Cetoniidae	青花金龟属 *Oxycetonia*
		星花金龟属 *Protaetia*
		锈花金龟属 *Anthracophora*
	叶甲科 Eumolpinae	锯角叶甲属 *Clytra*
		斑叶甲属 *Chrysomela*
		锯胸叶甲属 *Syneta*
	象甲科 Curculionidae	象甲属 *Curculio*
		方喙象甲属 *Cleonus*
		筒喙象甲属 *Lixus*
		菊花象甲属 *Larinus*
半翅目 HEMIPTERA	蝽科 Pentatomidae	叶蝽属 *Amyntor*
		果蝽属 *Carpocoris*
		碧蝽属 *Palomena*
脉翅目 NEUROPTERA	草蛉科 Chrysopidae	草蛉属 *Chrysopa*
长翅目 MECOPTERA	蝎蛉科 Panorpidae	蝎蛉属 *Panorpa*

通过计数色盘陷阱及正上方网捕获得的各分类单元内的访花昆虫个体数量，经过统计可得到相对多度。在捕获的访花昆虫中，膜翅目、双翅目、鳞翅目、鞘翅目占访花昆虫总捕获量的97.6%，蜜蜂属和熊蜂属占膜翅目昆虫总捕获量的94.0%，食蚜蝇科和蜂虻科占双翅目昆虫总捕获量的93.3%，粉蝶科和蛱蝶科占鳞翅目昆虫总捕获量的90.9%，天牛科占鞘翅目昆虫总捕获量的90.9%。因此，熊蜂属、食蚜蝇和蜂虻、粉蝶和蛱蝶、天牛被选择作为与中华蜜蜂访花频数相关性研究的目标类群。如图3.8所示。

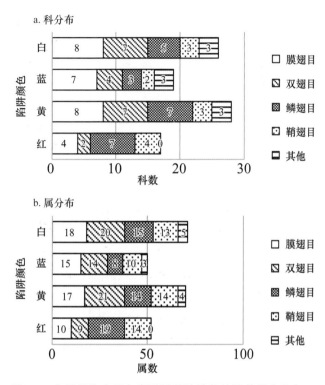

图3.7　在关坝沟内用色盘泛捕获法捕获的访花昆虫分布

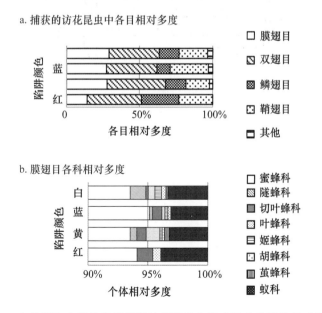

图3.8　在关坝沟内用色盘泛捕获法捕获的各访花昆虫类群的相对多度

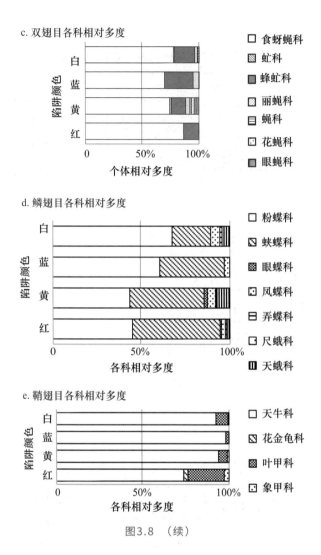

图3.8　（续）

3. 中华蜜蜂访花行为总体描述

在2013—2014年的调查中，对2013年的310组日访花数据与2014年的371组日访花数据进行统计，结果发现中华蜜蜂占被调查植物访花昆虫总数的21.0%，其中2013年占20.5%，2014年占21.4%。两年的中华蜜蜂访花所占比例无显著差异（$t=-0.4485$，$df=679$，$p=0.654$）。在被调查的所有具有蜂类传粉综合征（melitophilous syndrome）的典型蜜源植物群落中，每朵花每天被蜜蜂访问的次数平均为10.25±5.85次（*n*=681）。这个频率受植物与蜂巢间距离的影响，并随天气变化而波动，晴天时邻近蜂巢的平均样花被访次数最高可达32.25次，下雨时无蜜蜂访花。

访花昆虫的访花行为有多种目标。有的采集提供糖分的花蜜用作主要能量来源（如蜜蜂、熊蜂、蜂虻、蝶类等），有的采集生长发育所需的花粉以取得其中的微量元素（如蜜蜂、熊蜂、食蚜蝇等），有的刺吸植物的次生代谢物来合成自身的激素或防御物质（如蚜类等），有的直接取食植物器官（如天牛类等），有的肉食性昆虫以植物的花为主要的捕食或诱捕场所（如胡蜂等），有的选择植物的花作为产卵场所（如花蝇、眼蝇等）。具体到中华蜜蜂来看，其访花行为主要为了取食花蜜，因此表现出相当强的选择性。在同样具备蜂类传粉综合征的凹叶景天（*Sedum emarginatum*）居群中，因为没有花蜜，蜜蜂的访花频率低至0.06±0.14次/d（*n*=20），仅有零星访问记录。与之相对，其他昆虫的访花频率为2.65±2.45次/d（*n*=20），访花昆虫主要为熊蜂（*Bombus* sp.）、食蚜蝇（*Eristalis* sp.）等，访花目的为收集花粉。

在由两种以上蜜源植物构成的群落中，蜜蜂的访花行为因蜜源的质量而产生偏好。以7月的主要蜜源植物群落喜阴悬钩子–紫萼山梅花灌丛为例，花蜜浓度前者为55.3%，后者为24.3%（数据由顾垄博士提供），群落中还有产生花蜜但因花部结构特殊而不易为蜜蜂所获得的物种如总序橐吾（*Ligularia fischeri*）等，喜阴悬钩子–紫萼山梅花灌丛中三种植物被蜜蜂访问频率对比如图3.9所示。

研究区域中有很多产生花蜜，但花部结构不适宜蜜蜂采蜜的植物，如广布野豌豆。它们的主要传粉者是熊蜂，蜜蜂在这些花上的行为主要是利用侧面花瓣基部的创口（木蜂或天牛咬破），将口器从侧面直接伸入花朵基部取食，也就是盗蜜。另外，蜜蜂有时会在不产生花蜜但大量产生花粉的植物中频繁活动收集花粉，包括油松、华山松甚至玉米。

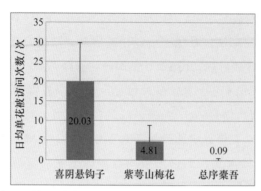

图3.9　喜阴悬钩子-紫萼山梅花灌丛中三种植物被蜜蜂访问频率对比
（n=20）

4．蜜源植物坐果率及其与中华蜜蜂访花频率的关系

在2013年和2014年的全部9个样方的典型蜜源植物群落中，4种蜜源植物的坐果率如表3.5所示。两年中4种蜜源植物坐果率均未显著偏离两年的平均值（$t<t_{0.95}$）。盐肤木、鸡骨柴为药用植物，醉鱼草为园艺植物，广布野豌豆为饲料作物。通过对商业种植者的电话访谈，发现样方调查得到的这4种植物的坐果率均低于人工商业种植的水平。

表3.5　4种蜜源植物的坐果率

年份	植物物种名	样花数/朵	坐果数/个	坐果率/（％）
2013年	盐肤木	1608	275	17.10
	鸡骨柴	1636	143	8.74
	醉鱼草	1667	201	12.06
	广布野豌豆	1598	112	7.01
2014年	盐肤木	1654	281	16.99
	鸡骨柴	1630	154	9.45
	醉鱼草	1561	179	11.47
	广布野豌豆	1615	127	7.86

2013年和2014年不同样方中蜜源植物的坐果率如图3.10所示，对坐果率与不同样方蜂巢距离及其他地理信息进行方差分析（表3.6），统计表明，盐肤木和鸡骨柴的坐果率受中华蜜蜂蜂巢距离的影响显著，这说明中华蜜蜂访花对这两种蜜源植物的生殖效率有帮助，而对醉鱼草和广布野豌豆的繁殖效率无显著影响。4种蜜源植物的坐果

率受调查样方的海拔、坡向、坡度、与溪流的距离的影响均不显著，可视为样方在地理条件的控制上较为平行，不同样方间的地理条件差异对调查结果的影响不显著。

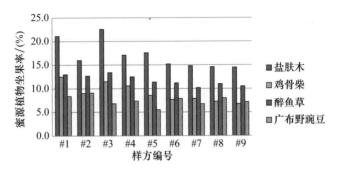

图3.10　不同样方中蜜源植物的坐果率

表3.6　不同样方中蜜源植物的坐果率的线性回归参数显著性检验 *t* 值表

来源	盐肤木	鸡骨柴	醉鱼草	广布野豌豆
蜂巢距离	−3.911**	−3.219*	−0.516	−0.636
海拔	1.412	0.836	−0.273	−0.198
坡向	0.200	−1.745	0.347	−0.030
坡度	−1.283	2.113	0.353	0.044
与溪流的距离	−2.320	1.485	−0.055	−0.560

注：*为相关性显著，$p < 0.05$；**为相关性极显著，$p < 0.01$。

　　2013年和2014年不同样枝高度和方位的蜜源植物坐果率方差分析结果（表3.7），表明样枝高度和方位对蜜源植物坐果率的影响均不显著。

表3.7　不同样枝高度和方位的蜜源植物坐果率方差分析

来源	盐肤木			鸡骨柴			醉鱼草			广布野豌豆		
	df	MS	F	df	MS	F	df	MS	F	df	MS	F
高度	1	0.0045	0.0617	1	0.0148	0.1511	1	0.0924	0.3036	1	0.0112	0.1258
方位	3	0.1321	0.0558	3	0.3128	1.4166	3	0.1908	1.4218	3	0.0281	0.2043

5. 各主要访花昆虫类群访花频率与中华蜜蜂蜂巢距离的关系

2013年和2014年全部9个样方中，观测到的5类访花昆虫（蜜蜂、熊蜂、食蚜蝇和蜂虻、粉蝶和蛱蝶、天牛）对典型蜜源植物群落的日均总访花频数（表3.8）。5类访花昆虫在不同样方内日均总访花频率分布如图3.11所示。由于#1、#3样方紧邻中华蜜蜂蜂巢，#2、#4、#5、#6、#7样方距蜂巢1km，#8、#9样方距蜂巢2km，可以看出中华蜜蜂的访花频率随与蜂巢的距离的增加而递减，而熊蜂的访花频率随与蜂巢的距离的增加而递增。食蚜蝇和蜂虻的访花频率在#1和#3样方中相对较少，在其他各样方间区别不大；而鳞翅目和鞘翅目访花昆虫的访花频率在不同样方中变化不大。两年间，各类访花昆虫的日均总访花频数无显著差异。

表3.8　5类访花昆虫对典型蜜源植物群落的日均总访花频数

时间	样方	观测数	蜜蜂	熊蜂	食蚜蝇和蜂虻	粉蝶和蛱蝶	天牛
2013年	#1	72	640.7 ± 53.6	483.7 ± 20.7	213.0 ± 11.7	338.0 ± 22.7	96.3 ± 7.8
	#2	72	520.3 ± 48.3	822.0 ± 39.3	233.0 ± 22.7	355.0 ± 20.8	105.0 ± 7.3
	#3	72	661.3 ± 51.9	431.3 ± 26.8	211.0 ± 17.2	332.7 ± 12.1	100.0 ± 5.2
	#4	72	398.7 ± 30.9	887.3 ± 53.5	281.0 ± 17.3	350.0 ± 11.7	90.3 ± 3.7
	#5	72	383.0 ± 21.6	894.0 ± 48.8	294.3 ± 14.7	351.0 ± 28.1	97.3 ± 8
	#6	72	351.0 ± 11.6	766.3 ± 36.4	338.3 ± 25.9	331.3 ± 20	98 ± 5.4
	#7	72	345.7 ± 18.4	820.7 ± 53.2	335.3 ± 28.4	337.3 ± 17.1	99.3 ± 8.8
	#8	72	133.0 ± 9	834.3 ± 63.8	414.7 ± 32.1	341.3 ± 21.5	105.0 ± 10.2
	#9	72	106.3 ± 3.6	872.7 ± 71.7	454.7 ± 35.7	332.0 ± 25	100.7 ± 9.7
2014年	#1	72	583.7 ± 27.3	440.7 ± 30.5	207 ± 8.4	333.7 ± 16.8	95.7 ± 4.3
	#2	72	487.7 ± 17.4	750.3 ± 57.2	223 ± 21.6	328.7 ± 26.7	99 ± 7.9
	#3	72	658.7 ± 46.6	396.7 ± 24.9	208.7 ± 10.7	315.7 ± 11	91.7 ± 5.4
	#4	72	393 ± 34.3	804.3 ± 36.2	259.3 ± 11.9	322 ± 30.1	90 ± 7.2
	#5	72	373.3 ± 33.9	822 ± 37.3	269.3 ± 24.1	345.3 ± 19.7	94.7 ± 8.8
	#6	72	344.7 ± 13.4	757.3 ± 37	333.3 ± 23.2	328.7 ± 24.8	94 ± 5.1
	#7	72	326.3 ± 21.5	775.7 ± 59.6	324.7 ± 10.8	310.3 ± 11.7	92.3 ± 5.3
	#8	72	130.7 ± 11.7	797.3 ± 59.1	401.3 ± 33.3	330.7 ± 15.9	99 ± 4.7
	#9	72	97.7 ± 8.3	795.3 ± 43.2	433 ± 27.8	304 ± 27.1	91.3 ± 7.8

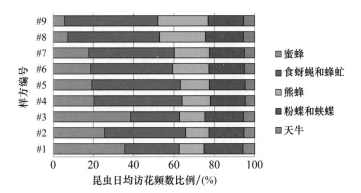

图3.11　5类访花昆虫在不同样方内日均总访花频率分布

群落相似度分析（ANOSIM）显示，不同蜂巢距离的样方间，访花昆虫的频数比例有显著差异。同时，相同蜂巢距离的不同样方间，访花昆虫的频数比例均无显著差异（表3.9）。这说明在本研究的样方设置中，蜂巢距离是显著影响不同样方间访花昆虫日均总访花频数的唯一因素。

表3.9　不同样方间访花频率比例结构的两两相似性分析

#2	**						
#3	ns	**					
#4	**	ns	**				
#5	**	ns	**	ns			
#6	**	ns	**	ns	ns		
#7	**	ns	**	ns	ns	ns	
#8	**	*	**	*	*	*	*
#9	**	*	**	*	*	*	*	ns
	#1	#2	#3	#4	#5	#6	#7	#8
Global R:	0.76	$p=0.001$	**					

注：ns为无显著差异，$p>0.05$；*为差异显著，$p<0.05$；**为差异极显著，$p<0.01$。
#1、#3样方为紧邻蜂巢的样方，#2、#4、#5、#6、#7样方距离最近蜂巢1 km，#8、#9样方距离最近蜂巢2 km。

线性回归分析显示（表3.10），中华蜜蜂访花频率对食蚜蝇和蜂虻、粉蝶和蛱蝶、天牛三大类访花昆虫的访花频率无显著影响，但对熊蜂的访花频率有显著影响。这说明中华蜜蜂与双翅目、鳞翅目和鞘翅目的昆虫没有明显的竞争关系，但和熊蜂可能在取食上存在竞争。但从表3.8来看，熊蜂在离蜂巢最远的8号和9号样方中的访花频率是蜜蜂的7～8倍，且2014年与2013年无显著变化，可以认为目前的中华蜜蜂养殖数量还没有达到威胁熊蜂种群的程度。

表3.10　不同样方内蜜蜂和其他访花昆虫访花频率的线性回归参数显著性检验 t 值表

来源	食蚜蝇和蜂虻	熊蜂	粉蝶和蛱蝶	天牛
蜜蜂	2.718	−9.971**	0.759	−0.136

注：*为相关性显著，$p<0.05$；**为相关性极显著，$p<0.01$。

6. 各类访花昆虫的访花选择

由表3.11和图3.12我们可以了解2013年和2014年中5类访花昆虫对典型蜜源植物群落中4种蜜源植物的日均访问频数，以及5类访花昆虫对4种蜜源植物偏好的分布及与蜜蜂偏好的差异性。经卡方检验发现，熊蜂、食蚜蝇和蜂虻与蜜蜂对这4种蜜源植物的偏好相似，而蝶类和天牛的偏好与蜜蜂显著不同。造成这些情况的原因可能包括这些昆虫访花目的的不同，以及其取食的生理结构与蜜源植物开花结构的适应关系。天牛的访花除了摄取花蜜之外，还取食花萼部的汁液、分泌物，与蜜蜂的访花目的不同；蝶类使用其虹吸式口器摄取花蜜，比蜜蜂更能适应较长较细的管状花结构，且易被一些刺激性气味吸引（如醉鱼草的气味），因此有如图3.12所示的偏好分布；熊蜂、食蚜蝇和蜂虻与蜜蜂的访花目的类似，采集花蜜和花粉，其口器对花的适应性也接近，因此具有相似的访花偏好。其中熊蜂具有比蜜蜂更强大的颚，选择访花行为时更倾向于咬开管状花的基部盗食花蜜，因此，其虽然访花偏好与蜜蜂在统计上无显著差异，但也对广布野豌豆有着明显相对较高的访花频数。

表3.11 5类访花昆虫对4种蜜源植物的日均访问频数

时间		盐肤木		鸡骨柴		醉鱼草		广布野豌豆	
		Mean±MS	n	Mean±MS	n	Mean±MS	n	Mean±MS	n
2013年	蜜蜂	16.67±7.54	54	13.14±5.59	43	10.53±4.42	55	2.01±0.99	49
	食蚜蝇和蜂虻	28.35±14.95	54	21.21±11.01	43	20.06±8.88	55	1.28±0.73	49
	熊蜂	12.97±6.59	54	11.49±4.59	43	10.84±4.35	55	5.96±2.14	49
	粉蝶和蛱蝶	5.20±1.58	54	5.99±2.13	43	16.69±8.17	55	13.02±6.03	49
	天牛	3.03±0.44	54	2.58±0.36	43	2.65±0.72	55	2.42±0.66	49
2014年	蜜蜂	16.88±8.37	48	13.18±4.61	47	10.56±3.68	46	1.89±0.49	51
	食蚜蝇和蜂虻	28.18±13.18	48	21.06±10.28	47	20.20±8.63	46	1.30±0.46	51
	熊蜂	13.14±3.64	48	11.28±3.69	47	10.64±3.31	46	5.89±1.29	51
	粉蝶和蛱蝶	5.00±1.68	48	6.11±2.16	47	16.81±7.63	46	13.36±5.81	51
	天牛	3.07±0.64	48	2.76±0.57	47	2.34±1.05	46	2.44±0.78	51

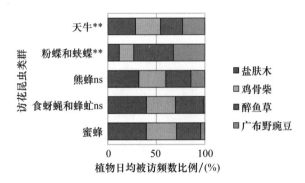

图3.12 5类访花昆虫对4种蜜源植物偏好的分布及与蜜蜂偏好的差异
ns，无显著差异；*，差异显著；**，差异极显著

7. 各类访花昆虫的日间访花行为选择

两年间调查得到的5类访花昆虫的日间访花频数曲线及调查期间关坝沟的日间气温变化曲线（图3.13，图3.14）。调查期间，关坝沟内昼夜温差较大，夜间最低气温在10°C左右，晴天白天最高气温可达30°C。5类访花昆虫的日间访花频数随气温变化的规律各不相同。蜜蜂和熊蜂的日间访花曲线体现了其最适宜的访花温度是20°C左右，过高或过低的温度都会降低其活动性。食蚜蝇、蜂虻、蝶类、天牛的访花频数则随温度的增加而增加。

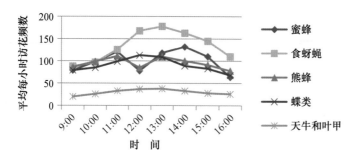

图3.13   5类访花昆虫的日间访花频数曲线

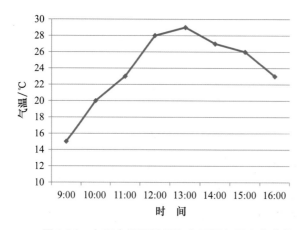

图3.14   在调查期间关坝沟的日间气温变化曲线

将日间访花频数进行核密度估计（KDE）分析，得到5类昆虫的日间取食活动力KDE曲线（temporal foraging activity pattern）（图3.15）。

对蜜蜂–熊蜂、蜜蜂–食蚜蝇和蜂虻、蜜蜂–粉蝶和蛱蝶、蜜蜂–天牛4对访花昆虫类群的KDE曲线进行重叠系数（数值在0与1之间，0代表完全不重叠，1代表完全重叠）计算以及Bootstrap置信区间估计（Ridout et al., 2009）（图3.16），结果可以看出蜜蜂和熊蜂的日间取食活动力重叠达到了0.9，结合前面的研究结果（访花偏好接近），提示熊蜂与蜜蜂存在潜在的竞争关系。

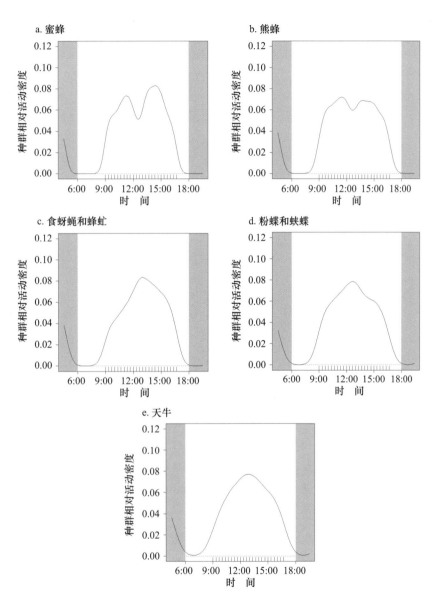

图3.15　5类访花昆虫日间取食活动力KDE曲线
种群相对活动密度无量纲

a. 蜜蜂与熊蜂

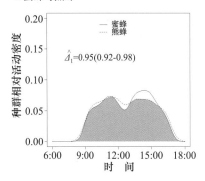

b. 蜜蜂与食蚜蝇和蜂虻

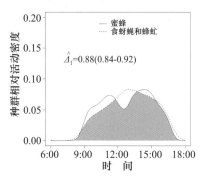

c. 蜜蜂与粉蝶和蛱蝶

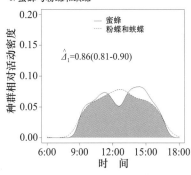

d. 蜜蜂与天牛

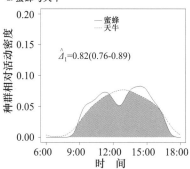

图3.16　蜜蜂与其他4类访花昆虫的日间活动力重叠曲线

种群相对活动密度无量纲，$\hat{\Delta}_1$为重叠系数

8. 大熊猫及其栖息地的分布与中华蜜蜂产业的潜在关系

　　四川省大熊猫栖息地各县的中华蜜蜂产业规模如图3.17所示。其中几个大熊猫分布较多的县，如平武、汶川、宝兴等，都是中华蜜蜂养殖的大县。家养中华蜜蜂的分布与大熊猫的分布可能存在关联。

　　经过对大熊猫分布数量、大熊猫栖息地面积与中华蜜蜂产业规模（蜂箱数）的相关性检验（表3.12），大熊猫分布数量与中华蜜蜂蜂箱数的相关性在5%的显著性水平上显著，表明大熊猫分布数量越多的县，其中华蜜蜂产业相对较发达；而大熊猫栖息地面积与中华蜜蜂蜂箱数的相关性仅在10%的显著性水平上显著，相对较弱。

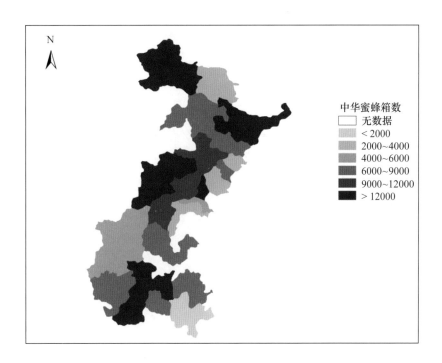

图3.17 四川省大熊猫栖息地各县的中华蜜蜂产业规模

表3.12 四川省各大熊猫栖息地的大熊猫数量、栖息地面积与中华蜜蜂蜂箱数统计

地名	大熊猫数量	栖息地面积/km²	中华蜜蜂蜂箱数/箱
九寨沟	74	869	3880
松潘	30	588	7500
平武	183	1730	18 600
青川	61	367	13 400
北川	69	582	8100
茂县	36	233	9200
都江堰	10	188	13 900
彭州	7	117	2700
什邡	2	75	2435
绵竹	2	178	6712
安县	5	76	3400
天全	27	667	6800
宝兴	75	1133	10 900
芦山	24	488	2300
大邑	7	144	2474
崇州	5	162	4213

地名	大熊猫数量	栖息地面积/km²	中华蜜蜂蜂箱数/箱
泸定	2	28	4600
汶川	91	925	9300
马边	38	497	6700
雷波	35	468	1414
美姑	42	333	1690
越西	7	190	6800
甘洛	6	156	12 900
峨边	27	845	8700
冕宁	8	154	16 200
石棉	8	176	13 200
洪雅	8	95	8400
荥经	12	190	7700
模型	蜂箱数～大熊猫数	蜂箱数～栖息地面积	
t 检验	2.280*	1.907^	

注：^为相关性较显著，$p<0.1$；*为相关性显著，$p<0.05$；**为相关性极显著，$p<0.01$。

六、小结

1. 中华蜜蜂产业是对大熊猫栖息地低风险的生态友好产业

对中华蜜蜂与大熊猫栖息地生态系统关系的研究揭示：中华蜜蜂的适宜栖息地与大熊猫栖息地在地理上高度重合，表明两个濒危物种在栖息地分布环境上具有相似性；中华蜜蜂对大熊猫栖息地中的一些蜜源植物的坐果率有促进作用，而有促进作用的这些蜜源植物物种（盐肤木、鸡骨柴）是荒地-次生林演替过程的先锋植物物种，因此中华蜜蜂有可能对大熊猫栖息地的森林恢复起到正向作用；中华蜜蜂与大熊猫栖息地中的大多数其他访花昆虫物种不存在竞争关系，仅与熊蜂类可能存在竞争关系，而目前研究区域中的中华蜜蜂种群数量及分布尚不足以对熊蜂类的生存构成威胁，因此中华蜜蜂产业对大熊猫栖息地的生态风险是较低的。

2. 中华蜜蜂对大熊猫栖息地恢复可能在生态上有促进作用

20世纪80年代到90年代初期，平武县火溪河流域的森林曾遭到大规模采伐（平武县县志编纂委员会，1997），关坝沟作为火溪河的一条支流也不例外。目前关坝沟内的森林起源为天然次生林，植被为采伐迹地自然更新类型，海拔1800 m以下乔木层以野核桃、华椴为主，1800 m以上以桦木、冷杉（保留木）为主，为采伐以后自然更新的结果。蜜源植物样线调查过程中观察到的关坝沟内乔木层的郁闭度为0.4～0.5，复层林结构还未形成。这样的结构尚未达到箭竹能够良好更新的程度，灌木盖度、林冠郁闭度等指标还远没有恢复到最适宜野生大熊猫栖息的程度。又加上2010年"熊猫-蜂蜜"保护策略开始实施时，人们才逐渐将生产生活区域从沟内移出，沟内森林在低人类活动干扰条件下的恢复时间还不长。因此，目前关坝沟的森林尚未形成高质量的大熊猫栖息地。但在平武县海拔2600 m以上分布着暗针叶林，其中建群种为岷江冷杉、高山柏、紫果云杉等，乔木层高度达11 m，郁闭度0.5，林下密布箭竹，是大熊猫适宜的栖息地，说明关坝沟的森林有恢复为优质大熊猫栖息地的潜力。这类森林里有大量的华椴，在针叶林被采伐过的地区会形成华椴-箭竹群落。椴树是优良的蜜源植物，单花花蜜日产量最高可达30 μL，花蜜浓度44.65%。椴树也是5—6月关坝蜂蜜的主要组成部分。与箭竹伴生的灌木中，也有一种蜜源植物秀丽莓，它覆盖了大熊猫栖息地中地表面积的10%～15%。这个种的花蜜浓度为53.80%，是5月关坝蜂蜜中的主要蜜源之一。秀丽莓的果实在7月成熟，酸甜可口，是熊、果子狸等野生动物的食物。这一区域中其他果实，如东方草莓和各种悬钩子等，也都是依赖蜜蜂传粉的。

在本研究中，两种蜜源植物——盐肤木和鸡骨柴的坐果率受到中华蜜蜂访花的影响显著，这说明中华蜜蜂对这两种植物生殖效率的提高是有益的。同时，中华蜜蜂作为主要的本地传粉物种（即使目前野生种群已大幅消退，至少曾经长期是主要的本地传粉物种），依赖中华蜜蜂访花进行传粉的植物物种绝不仅这两种。在本研究中，包括盐肤木、喜阴悬钩子、秀丽莓在内的多种主要蜜源植物，是所在灌木层植物群落的优势种乃至建群种，它们往往在采伐迹地次生林演替的过程中扮演着先锋物种的作用，如盐肤木和秀丽莓具有适应性强、生长快、耐干旱瘠薄、根蘖力强等属性（王健 等，1986；侯玉平 等，

2012）。中华蜜蜂养殖促进这些蜜源植物物种的传粉效率，有可能对提高大熊猫栖息地森林的恢复速率起到好的作用。这可能是中华蜜蜂在大熊猫栖息地中潜移默化的一种有益的生态影响。关坝的原生植被遭到过严重砍伐，灌丛和次生林是植被向适宜大熊猫生存的顶级群落演替过程中的必由之路。长远看来，减少对次生植被的干扰、促进次生植被的更新，对于大熊猫栖息地的保护和扩大也是有好处的。

3. 中华蜜蜂产业和大熊猫及其栖息地分布的联系

我国的西南山地是目前中华蜜蜂野生种群（不包括家养和自然野化种群）的唯一分布区域（杨冠煌，2009；罗岳雄，2013）。这一区域作为野生大熊猫栖息地，具有人类干扰较少、生物多样性较高等特点，而这些特点有可能是这一区域适宜中华蜜蜂生存的原因。西方蜜蜂的引进是中华蜜蜂消退的主要原因（季荣 等，2003；谢鹤 等，2004；杨冠煌，2005；侯春生 等，2011），中华蜜蜂在平原地带面临主力蜂种意大利蜜蜂的竞争压力，在西南山地较低的气温和较高的蜜源植物多样性的环境中才能发挥它出巢温度低、能够更高效利用多样化零散蜜源的优势。虽然大熊猫和中华蜜蜂最适宜的生境植被类型有差别（大熊猫偏好能为主食竹提供良好遮蔽的原始林，而中华蜜蜂偏好有花植物多样性高、灌木层较丰富的次生林），但它们都依赖人类干扰较小的环境，并且中华蜜蜂养殖业替代放牧等对森林干扰较大的生产方式，以及中华蜜蜂的传粉促进森林的演替，促进了大熊猫栖息地及走廊带森林的恢复。

本研究发现，大熊猫栖息地各县的中华蜜蜂产业规模和该县的大熊猫分布数量显著相关，正是佐证了上述关联。由于有更多大熊猫分布的区域就有更强大的大熊猫栖息地保护力度，中华蜜蜂产业因此得到了更多适宜的生境，或是中华蜜蜂养殖这种较为生态的产业因大熊猫保护而受到鼓励。中华蜜蜂产业与所在县的大熊猫栖息地面积无显著相关，可能是由于各县的大熊猫栖息地质量参差不齐，或仅仅是蜂产业还未在大熊猫栖息地的社区中普及，尚具有较大的发展前景。

当然，对于简单的数据也无须过度解读。大熊猫栖息地的社区保护需要更多更具体的研究，如蜜源植物和访花昆虫的协同适应研究、蜜源植物和大熊猫主食竹的群落结构研究、大熊猫社区栖息地森林的恢复研究等，以完善保护策略的理论体系，为其在整个大熊猫栖息地乃至其他濒危物种栖息地中完善、推广提供科学依据。

第三节　关坝人如何用小蜜蜂保护大熊猫？
——关坝村社区保护的社会行为分析

　　"熊猫–蜂蜜"保护策略的主旨是通过资助当地居民的中华蜜蜂养殖产业并鼓励居民参与大熊猫栖息地森林巡护与监测等保护行动，以替代传统的对森林破坏较大的放牧等生产方式，并进一步通过一系列措施来影响并改变全社区居民的生产生活行为方式，最终实现大熊猫栖息地社区的生态公平。通过自2010年起4年多的产业调整磨合与保护实践，关坝村村民的生产生活行为已经完全从关坝沟内移出到距沟口1000 m的范围内，以大熊猫栖息地为卖点的养蜂业成为关坝村村民主要的本地产业，为村民带来了可观的收益。在村政府和养蜂专业合作社的主导下，关坝村成立了森林巡护队，通过日常巡护和红外相机监控来控制人类活动对沟内生态环境的影响。经过几年的努力，野生大熊猫又重新在海拔1600 m以下（红外相机位点N32.5254°，E104.5905°，海拔1574.7 m）被拍摄到。在这样的背景下，关坝村村民的行为因中华蜜蜂养殖而改变了多少，为什么改变，也就是"熊猫–蜂蜜"保护策略与上述系列保护成效的关系，尤其是村民生产生活方式的转变和保护行为的动机之间的作用机制，将是重要的研究课题。

　　本节研究在2010年和2013年两次关坝村社会经济调查的基础上，通过分析两年关坝村产业结构、村民收入的变化，村民在土地及自然资源利用行为上的变化，以及村民保护意识的变化，来对关坝村村民的保护行为变化进行描述性统计。然后基于计划行为理论构建村民响应"熊猫–蜂蜜"保护策略的行为模型，继而于2014年对关坝村村民进行问卷调查，根据理论模型对调研数据进行实证分析，通过多元线性回归分析来对模型假设进行检验，进而探讨"熊猫–蜂蜜"保护策略影响村民保护行为意愿的机制。

描述性统计显示，在"熊猫－蜂蜜"保护策略实施的2010年到2013年间，养蜂收入在关坝村村民总收入中的比例显著增加，大部分养蜂者的收入比改变生产方式前有所增长；3年间，村里的牛羊圈养数量锐减，牧户数量亦大幅减少，尤其是养牛现象已绝迹，但牧户平均每户牲畜拥有量上升。模型分析结果显示，"熊猫－蜂蜜"保护策略对村民参与保护行为的行为态度、主观规范、感知控制均有显著正向作用，而这些正向作用与村民参与保护行为的意愿强度有显著的相关性。对于养蜂户（养蜂专业合作社成员），主观规范对保护行为的影响最为突出；而对于非养蜂户（非养蜂专业合作社成员），行为态度是决定其是否参与保护行为的主要因素。

这一结果可以帮助我们识别社区保护策略中影响居民参与意愿的主要因素，进而决定将工作的重点放在产业推动与资助、宣传教育上还是放在保护技术的培训上。保护策略因此得以优化，社区居民保护参与意愿达到最大化，从而达到最大的保护成效。

一、生态系统服务付费与社区保护

1. 生态系统服务付费与生态系统服务价值的市场化

生态系统服务付费（payment for ecosystem services，PES）是一种将公共资源的、非市场定义的价值转化为当地参与者提供生态系统服务的财政激励机制的方法（Wunder，2005；Hayes，2012），它与传统的环境经济政策及支付方式不同。传统的方法强调环境负外部性内化（如污染补偿）（赵雪雁 等，2009），虽然有助于减少对生态环境的威胁，但不能激发人群参与保护行为的动机。而生态系统服务付费注重环境正外部性的内化，让保护行为和生态系统服务的提供者受益，这种保护措施更加具有正面激励作用，容易得到参与者和消费者的支持和配合（Pagiola et al.，2005；Wunder，2005，2007，2013；Gómez–Baggethun et al.，2010；Locatelli et al.，2014；Zanella et al.，2014）。

目前受到广泛认可的生态系统服务付费的定义来自Wunder（2005）。他指出生态系统服务付费具有以下四方面的特点：① 一种自愿的交易；② 具有明确定义的生态服务或可能保障这种服务的土地利用模式；③ 至少有一个生态服务的购买者和一个提供者；④ 当且仅当提供者保障服务的供给（有条件的）（Wunder，2005）。

关于生态系统服务价值，其概念与内涵近年来越来越受到学界关注，尽管目前对生态系统服务价值的估算仍不能涵盖生态系统的全部服务，特别是生物多样性的生态系统服务价值及其衍生效应的精确计算目前仍无法得到有实际意义的实现（Costanza et al.，1997；Foley et al.，2005；Bateman et al.，2010）；但是，认识生态系统服务的巨大价值，特别是将生态系统服务的经济价值融入市场经济的运行中，将会使人们更加意识到保护生态系统服务的重要性（陈源泉 等，2003）。关于生态系统服务的经济价值估算一直是目前研究中的难点（Wunder，2006），而造成估算困难的原因，一方面是由于目前对有些生态系统的服务功能认识仍不足；另一方面是由于许多生态系统服务无法进行市场化，没有衍生出可进入市场进而为消费者所认识的商品。目前对全球生态系统服务的经济价值估算结果表明，生态系统服务的经济价值是巨大的，维系生态系统服务的完整性是维系人类生存的根本（Costanza et al.，1997）。至今，生态经济学对生态系统服务价值的估算都是基于一个假想的市场环境（Foley et al.，2005；Bateman et al.，2010），如果能通过保护策略的制定，为生态系统服务建立真实的、有针对性的市场环境，既有利于区域经济的发展，又可以提升生态系统服务的提供者和消费者相应的保护意识（陈源泉 等，2003；徐晴，2007； 黄立洪，2013；朱文博 等，2014）。这是目前保护生物学研究中最前沿的问题之一，也是保护生态系统服务最有效的途径之一。

2. 生态系统服务付费的方式与栖息地保护的手段

广义上来讲，生态系统服务付费的方式实质上就是对人类和野生动物栖息地进行保护的手段。二者关系的历史沿革是基于对生物多样性和生态系统资源的所有权和利用权概念的转变（Berkes，2004，

2007）。自19世纪后半叶美国黄石国家公园成立起，保护地就以政府所有、排除人类利用权为主，以政府集权主导、社会精英主持、科学技术导向的管理方式，以及政府统一制定财政政策的支付方式为主流（Strum et al.，1994），但是这一主流在19世纪土地与自然资源私有化不断发展以及社会民主不断进步的大背景下，被认为是不合时宜的，尤其是当其建制与当地人民的生计、对自然资源的利用发生严重冲突时（Western et al.，1995；Mehta et al.，1998）。在20世纪60年代后期，国际社会就保护工作中的一系列问题进行了试验与反省，而在80年代后期与90年代，保护地经营管理思维几经变化，例如，倡导保护与地方发展结合的保护与发展整合计划（integrated conservation and development projects，ICDPs）（Kiss，1990；Wells et al.，1992），主张区域整体规划思考的生物多样性区划（bioregion）（Miller，1996；Phillips，2003），将人类传统活动区域与土地利用方式镶嵌进景观而予以保护的景观保护区（protected landscapes）（Lucas，1992；Phillips，2003；Dudley，2008），联合国教科文组织（UNESCO）强调整合、分区与邻近区域梯度连接的生物圈保护区（biosphere reserve）（UNESCO，1996），以及居民所在地为主要管理单元的社区保护（community-based conservation）（Western et al.，1995；Berkes，2004，2007）等。此后，保护地管理和生态系统服务的支付理念逐渐由单纯的计划管理向市场化可持续利用转变（Nelson et al.，2010）。其中既包括生物资源的有效保护（Anderson，2001；Mehta et al.，2001；Mugisha et al.，2004；Balint，2006；Dutra et al.，2014），也包括保护策略的长期稳定执行（Curtin，2002；DeCaro et al.，2008），因此强调社区在保护地管理中的参与度，有助于形成狭义的"生态系统服务付费"这一可持续的新型管理经营模式。

　　近年来，国际上不时涌现出生态系统服务付费的成功案例。这其中有哥斯达黎加FONAFIFO政府基金支付的福利型模式（FONAFIFO，2012），澳大利亚新南威尔士州第三方信托基金支付的政府–NGO–服务提供者三方联动交易机制（Landell–Mills et al., 2002），厄瓜多尔流域水保持基金的政府税费调控杠杆模式（Landell–Mills et al., 2002），还有纽约流域生态环境服务付费项目的服务提供者联合会与政府协商交易的机制（Gouyon，2003）。在这些生态系统服务付费机制中，居民用水、用电、林业产品、碳排放等实际商品已成为生态系统服务价值的载体进入市场。对于这些产品带来的服务提供者行为意愿的转变以及服务消费者保护意识的转变，比起这些先进机制本身对保护的可持续支付，影响更加潜移默化。

　　我国目前的国情与产生生态系统服务付费时的国际背景有相似之处。我国生物多样性保护的严峻性，与我国市场化经济改革日益深化的进程，都与国际背景不谋而合（靳乐山 等，2007；杨光梅 等，2007）。但同时我国也有一些特殊的国情，使得我国采取的主要措施与国外不尽相同。国内目前尚没有生态系统服务付费机制及策略设计的综合性研究成果及设计范例，而国外也缺少对某一项生态系统服务付费策略的支付意愿、成效分析、生态影响评估的整合性研究，而这一类研究恰恰是将相关机制落到保护成效实处最需要的。

　　3. 社区参与的保护

　　社区参与的保护（community–based conservation，简称"社区保护"）是指原住居民和当地社区通过约定的方式对保护地生态系统进行自发而有效的保护，从而弥补原有保护地在地理范围、物种覆盖和资源利用权分配上的不足，使保护地的生物多样性、生态效益和文化价值得以实现（Berkes，2007）。

　　我国的保护地面积占国土面积的14.8%，居世界平均水平之上，但传统的依赖于建立自然保护区来保护和管理生物多样性的方式存在诸多缺陷。一些珍稀植物和无脊椎动物由于分布范围狭窄而得不到足够重视，而其分布地往往又由于经济、文化、宗教等原因无法兴建具备一定保护和管理能力的成规模的自然保护区（解焱，2004）。此外，保护地和社区时常由于产权不清晰而在自然资源的利用上产生冲突，比如自然保护区内的核心地带不允许任何形式的植物采集（刘伟等，2011；宋向娟，2012），然而当地居民世代依靠采集非林木类植物维持生计，禁止采集从某种意义上来说并非合理之举。如此矛盾如不能有效解决，将给保护实践造成极大阻碍，这也使得社区保护的开展势在必行。

开展社区保护的基础在于合理利用社区储备的传统知识以及最大限度地调动社区居民参与（杨方义，2005，2007）。其实，以社区为基础的自然资源经营管理模式很早已存在于人类社会中并已形成根深蒂固的传统，而正是广大的保护地原住居民具备一些由民间经验总结而成或约定俗成的传统知识和特色产业，或是少数民族由自然崇拜演变而来的传统信仰，形成了实际生活中的社区自然资源经营管理体制，而这些对于社区采取理性、有效的手段参与关键区域的保护和管理至关重要。鼓励社区参与保护，需要综合考虑保护实践能得以顺利开展且社区的经济利益不受侵害，同时需要充分尊重和维护原住居民和地方社区的传统生活方式（《联合国可持续发展议程》《生物多样性公约》），在其科学的传统知识的基础上增强宣传教育和积极引导，逐渐开展创新和实践，使社区保护可以真正促进区域生物多样性的保护，促进社区经济发展及自然资源的可持续利用，并成为现有保护模式的积极有效的补充。近年来，许多投入相关研究的自然资源学者除了重新发现这些广布在社区自然环境、社会文化、经济产业与政治互动里的人与自然资源的连接之外，更尝试以相关的理论学说（包括人类干扰与生态系统的动态、社区生计、社区知识与资源利用方式等）架构社区保护研究的学科框架，以与国家层面的政策和法规相结合来随机应变地解决保护中遇到的问题。Western等（1995）更是主张将主导权交给社区居民的"广义保护"，通过研究与保护实践来激发社区居民对保护的主动性与行动力。

因此，在研究生态系统服务付费与社区参与栖息地保护问题时，将生态学和社区的社会、经济、文化等视角相结合，才能全面预测物种及栖息地的保护成效（Curtin，2002）。社区保护一般是通过某种特定的人类生产生活行为方式或文化活动方式，来移除某类或某几类对栖息地的威胁因素，并且用保护成效带来的收益来持续鼓励社区进行保护行为，因此要达到保护和居民生计上的双赢才能最大程度地促进地区生态安全和生物多样性保护（Pagiola et al., 2005）。在达到保护成效的每一个环节，都需要相应的学科领域研究来提供依据。

二、关坝村社区保护项目前后的社会经济状况

（一）关坝村社会经济调查研究方法

1. 社会经济基线调查方法

2010年4月和2013年7月，共进行两次基线调查，每次历时5天，调查内容包括社会和经济两个部分，主要包括当地社会结构、产业结构、资源利用状况等，以及社区居民的保护意识和参与程度。调查问卷及访谈提纲详见附录。调查分为4个小分队，分别深入农户家庭调研。每次调查以户为单位，2010年完成访谈33户，其中汉族6户，藏族27户；养蜂户8户，非养蜂户25户；2013年完成访谈34户，其中汉族7户，藏族27户；养蜂户9户，非养蜂户25户。取样数量符合总体样本分布比例。

采用的调查方法有以下6种：

（1）典型调查。从被调查对象总体中选取了具有代表性的个人和家庭，进行全面调查。采用这种方法的主要目的是通过直接、深入地调查研究个别典型，全面了解同类人群的社会、经济、生态的一般属性和行为规律。

（2）抽样调查。采用简单随机抽样法和分层抽样法，前者随意走访村民户，后者根据情况分养蜂户和非养蜂户调查。重点从关坝村四个组中抽取样本，同时重点针对村民中的典型经济状况特征、职业特征、人口素质和数量特征等客观因素抽样，以确保调查信度和效度。

（3）重点访谈法。为了全面了解本村的社会、经济和生态发展状况，基线调查中走访了平武县林业局领导，并与村主任、村支书进行深度交流沟通。

（4）专家讨论法。在调查过程中，为了充分了解农民意愿及全村的发展远景，从调查问卷设计、中途整改问卷，参与的多名专家均进

行了反复讨论交流，并对调查中出现的新问题，进行分析并提出修正方案。

（5）问卷法。共设计问卷2套，即政府及农户不同主体的调查问卷，其中农户调查问卷以当场访谈，当场代为记录信息，事后立即整理的方式进行。

（6）回访验证法。每次调查结束后，为确保调查内容的信度和效度，须再次召集村民大会，对基线调查情况、问题和现状与村民做现场交流、答疑和核实。

2. 保护行为变化重点调查方法

2010年到2013年间，"熊猫－蜂蜜"保护策略的推进方式主要是养蜂专业合作社的建立与发展，而主要针对的威胁则是放牧。因此，针对上述两点，使用访谈法，进行了全体养蜂专业合作社成员养蜂收入的调查，以及全村村民的牛、羊数量的普查。

3. 描述性统计分析方法

"熊猫－蜂蜜"保护策略的目标是社区居民生产生活行为的改变及对保护的参与，因此本节研究将提取三年间社会经济调查中产业结构、居民收入、自然资源利用状况的数据，汇总输入IBM SPSS Statistics 20.0软件进行对比分析，观察三年间的变化。

（二）生计状况

调查发现2010年至2013年间，关坝村村民的生计结构发生了一些变化（表3.13）。

调查发现，外出务工一直是关坝村最主要的生计活动。不仅是青壮年男性长期在外务工，只要身体条件允许、不被家里活路或者其他事务"拖住"的人们，都会选择外出务工，而且几乎都是赴外地长期务工，务工地多在成都或东部沿海大城市。每年年底甚至有些村民直到年根时候才返乡过年，过完年后，农历一月份便又陆续外出，开始一年的务工生活。就连留守村中的妇女，也会在农历七月到九月期间赴新疆摘棉花。总之，打工一直是这个村子中最主要的经济活动。

种植核桃在三年间成为村中占家庭比例第二的经济活动。这是从经济活动的村民普及率而言的。如表3.13所示，在经济活动中，退耕还林收入惠及每家每户（100%的被调查家庭均有此项收入），但政策补贴，并不能纳入对家庭经济活动的考量。"种植核桃"作为仅次于外出务工的经济活动，在所调查家庭中占比上升了接近20%，其选择原因与对保护策略的响应有关。其他养殖、种植等传统农业经济活动，在今天关坝村的各项条件下，已经不足以成为产业，而只能称之为一项自我生产、自我消费的经济活动。其他经济活动，如种植花椒、其他林业收入和挖药、采菌等活动，所占比例较小。

表3.13　关坝村家庭经济活动类型统计表

经济活动种类	频数		有效比例/（%）	
	2010（*n*=33）	2013（*n*=34）	2010（*n*=33）	2013（*n*=34）
外出务工	27	28	81.8	82.4
村干部收入	6	5	18.2	14.7
挖药、采菌	5	6	15.2	17.6
种植粮食、蔬菜	20	20	60.6	58.8
种植核桃	19	26	57.6	76.5
种植花椒	3	5	9.1	14.7
其他林业收入	5	6	15.2	17.6
养殖家禽	18	18	54.5	52.9
养牛	7	0	21.2	0
养羊	17	5	51.5	14.7
养猪	25	26	75.8	76.4
养蜂	8	9	24.2	26.5
退耕还林收入	33	34	100.0	100.0

关坝村各类生计收入总量统计表见表3.14。与表3.13反映的情况相似，劳务收入占村民总收入的一半以上，且随着时间的推进还有增加的趋势，原因可能是交通条件和村民受教育水平逐渐提高，有更多的村民选择进城务工以获得更多的收入。养蜂业收入和种植业收入显著上升，而除养蜂业以外的养殖业收入明显下降，这与"熊猫-蜂蜜"保护策略鼓励养蜂以替代放牧的策略是有直接联系的。另外，2010年和2013年，有挖药、采菌行为的村民户数没有明显变化，但调查得到的采伐收入却大幅减少，这有可能是因为其采伐行为的频率、强度有所降低。

表3.14   关坝村各类生计收入总量统计表

经济活动种类	收入总量/元		有效比例/（%）	
	2010（n=33）	2013（n=34）	2010（n=33）	2013（n=34）
劳务收入	128 040	155 800	56.2	65.7
采伐收入	9250	3010	4.1	1.3
种植业收入	7850	15 600	3.4	6.6
养殖业收入（除养蜂收入）	69 570	38 580	30.5	16.3
养蜂收入	10 870	21 690	4.8	9.1
其他收入	2400	2400	1.1	1.0
总计	227 980	237 080	100.0	100.0

对于专业合作社养蜂户的调查发现，多数养蜂户认为自己2013年的收入较2010年明显提高或未明显变化（表3.15）。需要特别说明的是，养蜂是一种受天气影响非常大的经济活动，需要分明的季节气候，因为中华蜜蜂的最低出巢温度在12℃，且其活动性对气温和光照的响应很敏感。2012年和2013年夏天，平武县气候变化幅度较大，雨水频繁，气温波动较大，客观上对养蜂业的收益造成了一些不确定性和户间差异。

表3.15   养蜂专业合作社成员2010—2013年的收入变化

	频数	有效比例/（%）
收入增加	5	41.7
收入未变	5	41.7
收入减少	2	16.7
总计	12	100.0

对村民牛羊保有数量的普查发现，相比2010年，2013年牛羊数量已大幅减少，其中养牛的现象几乎已经在村中绝迹。牧户的数量也由2010年的50户减少为15户（表3.16）。但这现存的15户牧户均为养羊大户，2013年每牧户保有牲畜数量较2010年有所提高。调查还发现，相比于2010年放羊行为多数发生在关坝沟内，2013年基本在沟口自家院落周边不超过2000 m的地区放羊。就目前情况而言，山羊养殖已很难再对大熊猫栖息地构成威胁。

表3.16　2010年和2013年关坝村牛羊养殖情况

养殖情况	2010年	2013年
牛/头	59	0
山羊/只	308	202
牧牛户/户	32	0
牧羊户/户	50	15
平均每户牛羊数/头（只）	2.93	1.62
平均每牧户牛羊数/头（只）	7.34	13.47

注：关坝村常住村民为125户，牧牛户同时也牧羊。

　　本研究通过对村民的访谈发现，全部被访养蜂户在访谈过程中，均将养蜂技术的引进作为导致其放弃牛、羊等牲畜养殖业的最重要的原因。他们指出，保护机构的宣教和技术支持，使他们认识到牛羊养殖对大熊猫栖息地森林保护和水源地保护的危害。通过养蜂以及对其赖以致富的蜜源植物的保护，村民可以从中得到更多的收益。非养蜂户则有80%表示愿意加入养蜂专业合作社，只是由于目前村里的养蜂产业接近饱和，无法再容纳新会员。他们表示，希望保护组织大力发展其他与养蜂类似的生态产业，以惠及全村的村民。

（三）森林资源利用状况

　　村民对关坝沟森林资源的利用，包含对林下产品的采集、薪柴用量以及入林打猎等。自打猎禁令颁布以来，地处九环线的关坝村村民对问及是否打猎往往一口否决。但这并不能排除少量打猎行为的存在。而就调查回答信息来说，目前对林地的干扰更多表现为对林下资源的利用（采菌、挖药）。如表3.13所示，2010年到2013年，居民挖药、采菌的收入比例基本没有变化，分别占据所调查比例的15.2%和17.6%。尽管比例不高，但至少证明了林下采集尚是普遍存在的经济活动。

　　村干部在访谈中介绍，近些年来，由于全村外出务工普遍化，主要劳动力不在村中，留下的老弱妇孺们对于林下采集乃至打猎有心无力。村中的林间采集活动变得更像是回乡游耍时的碰运气，往往在务工回乡时，或有事回乡的休息档口，上山碰碰运气，看能否挖到些可以卖钱的药材和菌子，甚至套到猎物。尽管近些年，各种资源数量逐渐减少，但关坝沟内的林下资源依然较为丰富。根据访谈所得的关坝村社区生产生活及自然资源利用情况季节历（表3.17），从农历一月至十二月，每月都有可挖的或可采集的林下产品。

表3.17 关坝村社区生产生活及自然资源利用情况季节历

月份（农历）	田地生产活动（含家畜、家禽）	自育林地活动（含养蜂）	林间动物活动（种类）	挖药、采菌（种类）	挖药、采菌人员（外来、本地）	打猎人员（外来、本地）	外出务工
一月	春洋芋播种	蜜蜂过冬		辛夷花（江柏花）、猪苓		外来打猎频率较高	外出务工（几乎全部中青年男子和部分中青年妇女）
二月	各种夏季蔬菜种植	蜜蜂春繁、清洁蜂巢、准备工具	熊冬眠结束	黄柏皮、杜仲、木通、猪苓			
三月	管理蔬菜、买猪	管理蜂蜜第一次除草、核桃	熊骚扰	羊肚菌、黄柏皮、重楼、杜仲、木通、锁药、猪苓			
四月	管理蔬菜	管护、四月底摇蜜	熊骚扰	羊肚菌、重楼、金银花、锁药、五倍子、猪苓			
五月	买猪、收蔬菜	管护+摇蜜	熊骚扰	五倍子、天麻、猪苓			
六月	挖土豆	管护+摇蜜	熊骚扰	猪苓			
七月	各种冬季蔬菜种植	管护+摇蜜、核桃第二次除草	熊骚扰	香菇、党参、猪苓、大黄	外来挖药频率较高		妇女新疆摘棉花
八月	管理蔬菜、玉米	管护+摇蜜、核桃第三次除草	熊骚扰	香菇、蓝心、大黄、玉参麻、天麻、南山网子、猪苓	外来挖药频率较高	老河沟、老城坪、藓子坪等几个镇口的沟是打猎高发区	
九月	管理蔬菜	蜜蜂越冬管理、检查过冬饲料	羚牛较多	木通、参麻、猪苓、南山网		外来打猎频率较高	9月中旬妇女摘棉花返回
十月	卖羊、杀猪	备柴	羚牛较多	南山网、猪苓		外来打猎频率较高	
十一月	杀猪	备柴	羚牛较多	南山网、猪苓		外来打猎频率较高	
十二月	杀猪	备柴	羚牛较多	辛夷花（江柏花）		外来打猎频率较高	

　　调查中发现，虽然本村村民对自然资源的利用频率和强度有限，但比之威胁更大的是外来人员的林下采集和盗猎行为。通过村民访谈得知，每年农历七月、八月，是外来者进村采集林下产品的主要时间，尽管这个季节天气刚刚转凉，但依然不适合打猎，因为猎物尸体无法保存。不巧的是，这个季节可采集的林下产品的分布区域，恰好是箭竹林分布的海拔1700～2500 m的区域，这样的人类活动会对大熊猫栖息地产生直接干扰。

　　关坝沟及周边动物资源较为丰富的地方，一般为几条沟的沟尾处，而老河沟、薅子坪、老城镇等几个入村的沟口处是主要的打猎高发区。每年农历九月直至次年农历一月的这段时期，天气较凉，动物尸体保存时间相对较长，是外来盗猎（主要方法是下猎套，在调查年份据村民描述少有听到枪声）较为集中时期。访谈还发现，村民普遍对野生动物的售价较为清楚，且知道平武县城哪里可以买到野猪等野味，甚至知道买卖的渠道。近两年，野猪价格比家猪贵，如果运气好，套到一头野猪，可以卖到比一般家猪更多的钱，且不需要投入成本，是极具吸引力的。如果运气更好些，打到黄麂子甚至牛羚等动物时，获得的意外受益将更高。2012年在第四次大熊猫调查过程中就曾在关坝沟内发现猎套。

　　2010—2013年间，林下采集和盗猎现象的发生频率没有降低的迹象。因此，针对这样的威胁，日常森林巡护监测工作的开展十分有必要。

（四）保护意识的发展

　　2010年和2013年的调查中，主要从以下几个指标来评价村民的保护意识（表3.18）：保护项目知晓率；对森林和溪流边乱丢垃圾的认知；对森林和溪流边放牧的认知；对采伐、打猎的认知；对参与保护行为的态度。

表3.18　关坝村村民的保护意识调查结果统计

保护意识问题		频数		有效比例/（%）	
		2010（n=33）	2013（n=34）	2010（n=33）	2013（n=34）
是否知道村里有环境保护项目**	知道	5	24	15.2	70.6
	不知道	28	10	84.8	29.4
X^2=20.96					
对森林和溪流边乱丢垃圾的认知	心里认为不对，批评教育	16	18	48.5	52.9
	心里认为不对，但无所谓	12	10	36.4	29.4
	不了解	5	6	15.2	17.6
X^2=1.38					
对森林和溪流边放牧的认知*	心里认为不对，批评教育	7	14	21.2	41.2
	心里认为不对，但无所谓	16	11	48.5	32.4
	不了解	10	9	30.3	26.5
X^2=3.30					
对采伐、打猎的认知	林地是本村的，坚决杜绝外来滥采滥伐分子	22	26	66.7	76.5
	本村内部，只要不剃光头，采伐都是合理的	11	8	33.3	23.5
	野生动物是本村的，坚决打击外来盗猎分子	21	23	63.6	67.6
	本村内部，不太珍稀的野生动物，打一打也可以	12	11	36.4	32.4
X^2=1.42					
对参与保护行为的态度*	非常赞同	13	19	39.4	55.9
	比较赞同	13	9	39.4	26.5
	说不清	7	4	21.2	11.8
	不太赞同	0	2	0	5.9
	非常不赞同	0	0	0	0
X^2=4.66					

注：*，三年间差异显著，$p<0.05$；**，三年间差异极显著，$p<0.01$。

从调查结果可以看出，"熊猫－蜂蜜"保护策略实施前后，村民的各项保护意识都有不同程度的提升，其中"是否知道村里有环境保护项目"的认知变化最显著，其次是村民"对森林和溪流边放牧的认知"有了比较明显的变化。"对采伐、打猎的认知"方面，村民的意识提升不明显。对"参与保护行为的态度"方面，值得注意的是2013

年的调查出现了"不太赞同"的村民，可能是对于村里发展养蜂以及养蜂专业合作社的收益没有惠及他/她的家庭所致，这体现了村民对保护策略为自己带来实际收益程度的敏感，说明其参与保护行为的意愿受所得利益分配的影响。对于村民的保护行为意识及意愿的影响因素，后面将做详细研究和描述。

（五）中华蜜蜂养殖与关坝沟大熊猫栖息地威胁的关系

目前，平武县大熊猫栖息地面临的主要威胁来自人类生产生活以及对自然资源的利用造成的栖息地退化和破碎化（Liu et al.，1999；Liu et al.，2001；Loucks et al.，2001；Loucks et al.，2003；Shen et al.，2008；Ran et al.，2009；Hull et al.，2014）。在1996年《中华人民共和国枪支管理法》与1998年四川省有关天然林禁伐禁运的法规实施之后，虽然森林砍伐、盗猎等行为对大熊猫栖息地的干扰显著降低，但仍然存在（Li et al.，2003）；在栖息地中的工程建设（如公路）以及村民的放牧、农业耕作、林下采集等生计成为对栖息地干扰较大的因素，其中放牧对森林的影响在众多因素中排名第三，仅次于毁林开荒和公路建设（冉江洪 等，2003a；于涌鲲，2003；Hull et al.，2014；王晓 等，2018）。这些因素的干扰原理都是作为森林和土地资源的利用方式，有改变森林原本物种和群落结构的威胁。

一个有效的森林保护策略，除了必须完全移出人类活动干扰情况下采取的生态移民以外，不能以禁止老百姓对森林资源的利用权为手段。而使用现金补偿的方式，虽对老百姓的资源利用行为限制进行了补偿，但无法转移其劳动力的分配，在监管能力不足时，仍不能阻止其继续从事干扰较大的生计。因此在本研究中，中华蜜蜂养殖业作为一种对森林干扰相对小的替代资源利用方式应运而生。通过本章的调查，"熊猫-蜂蜜"保护策略实施的三年间关坝村的放牧行为显著减少，现有的放牧区域也移出了沟内较核心的区域，减少人类活动干扰的成效明显。大熊猫栖息地中的养蜂行为不仅能占用原来的牧户用于放牧的劳动力，产生相对可观至少不低于原有生产方式的收入，而且其产量和产品质量还和大熊猫栖息地的森林质量息息相关。养蜂户参与对森林的保护行为，不仅是由于保护策略相关的协议或是自身的保护意识，更是与其养蜂产业的收益紧密相连。可以说，养蜂业在大熊猫栖息地保护中扮演的角色，是养蜂业本身与大熊猫保护对环境质量的基本一致的需求造就的。

但调查也发现，中华蜜蜂养殖潜力不足以使其成为全村的集体产业（事实上在任何一个区域都不可能成为整个社区的主业）。养蜂户在关坝村全部125户人中占比不到1/6，其他村民虽有加入的意愿，但蜜源植物的总量尚不足以使养蜂业的规模扩大到全村人能够参与的地步。而且如果没有其他相应的替代产业，还要求使保护行为成为全社区的行为（这样才能有效）的话，参与养蜂的家庭与不参与养蜂的家庭之间就容易发生利益相关的猜忌或不平衡。如果保护策略成功的目标是尽可能移除社区保护地内人类活动对森林栖息地的干扰，那么需要低干扰、零干扰产业（如核桃种植、党参种植等）的规模达到可以使全社区的居民，至少是全社区的留守居民集体参与的程度。因此中华蜜蜂养殖对大熊猫栖息地保护的作用，比其直接改变社区居民行为更重要的，在于其提供了一个成功的案例和因此引申的"生态产业"标准（即产业的发展与产品质量、栖息地质量相关度高），以及在社区内的先锋示范作用。

三、关坝村村民参与社区保护行为的影响因素分析

（一）社区保护行为意愿的影响因素实证分析研究方法

1. 计划行为理论模型的构建

计划行为理论（theory of planned behavior，TPB）是在Ajzen等（1977）提出的理性行为理论（theory of reasoned action，TRA）的基础上完善而来的。理性行为理论认为个人的自愿行为由他本人的行为态度（行为态度，attitude towards behavior）和别人对其行为的态度（主观规范，subjective norms）两方面的因素共同影响，而是否会采取行为的决定则是由行为意愿直接影响的（Sheppard et al.，1988）。其基本假设是：

当行为人在实施某种行为之前，是理性地根据所收集到的各种信息来判断该行为是否有效、是否值得去做。其中，行为人的性别、年龄、性格等个人属性以及家庭成分、职业等社会属性这些变量，对行为意愿不产生直接的影响，而是间接通过行为态度和主观规范对行为意愿产生影响，且二个潜变量之间可能存在权重上的差异（Fishbein，1980）。因此理性行为理论模型表达式如下：

$$BI = AB \cdot W_1 + SN \cdot W_2$$

其中，BI，行为意愿；AB，行为态度；SN，主观规范；W，各项变量的实证权重。

上述理论虽然曾在社会心理学领域得到广泛应用，但就解释行为者在环境、目标、时限等与主观意愿相悖时的压力下行为决策方面具有局限性（Ajzen et al.，1986）。计划行为理论正是为有效弥补理性行为理论在受外部因素影响，尤其是预测行为人在朋辈压力、宣传教育、政策压力等环境下的非完全自愿行为方面延伸而出的。它在原有理论的基础上增加了感知行为控制（perceived behavioral control）这一变量，即行为人的行为意愿和行为决策本身会直接受到因执行行为而感知到的动力或阻力的影响，这种动力或阻力通常是由个人对自己配备的资源和机会的感知程度来决定的（Ajzen，1991）。因此计划行为理论模型表达式如下：

$$BI = W_1 \cdot AB[b+e] + W_2 \cdot SN[n+m] + W_3 \cdot PBC[c+p]$$

其中，BI，行为意愿；AB，行为态度；b，信念强度；e，对结果的预期；SN，主观规范；n，坚持主观规范的强度；m，迎合他人价值评判的动机；PBC，感知行为控制；c，个人行为控制力的强度；p，感知控制因素的强度；W，各项变量的实证权重。

2011年，Fishbein等再次对理论框架进行了修正，基于计划行为理论，他们对行为意愿、主观规范、感知行为控制三个内在心理要素进行了用于变量设置和问卷设计的解释和归纳，并且提出实际行为控制因素（actual behavioral control）（包括个人能力、机会与资源等）对行为意愿的影响。这一理论已广泛应用于解释、预测农户的生产生活行为及其变化（Lynne et al.，1995；Kaiser et al.，

1999；Trumbo et al.，2001；Kaiser et al.，2007；Fielding et al.，2008；Hunecke et al.，2010；Smith et al.，2012；Poppenborg et al.，2013；Skibins et al.，2013；Mastrangelo et al.，2014），尤其是这些行为在响应某一政策或环境变化时的机制（Beedell et al.，1999；Beedell et al.，2000；Dolisca et al.，2009；Turaga et al.，2010；Wauters et al.，2010；Tesfaye et al.，2012；Steg et al.，2014）。

　　因此，在本研究中，社区居民是大熊猫栖息地保护行为的主体，了解关坝村村民的内在心理因素在受到外来因素（"熊猫–蜂蜜"保护策略）的影响时是如何影响其行为意愿的，对进一步的策略实施及四年来的保护成效的解释分析是非常关键的，研究结果将对保护策略的推广和普适的社区保护地保护策略的确定提供科学依据。为达到这个目标，本节以计划行为理论为基础，综合借鉴国内外相关研究成果，并通过2010年和2013年的社会经济基线调查，充分结合关坝村村民的实际情况，构建"熊猫–蜂蜜"保护策略下农户的保护行为意愿概念模型（图3.18）。

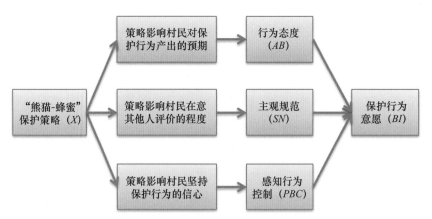

模型方程：$B \sim BI = \gamma_1 AB + \gamma_2 SN + \gamma_3 PBC$；$\Delta B \sim \Delta BI = \gamma_1 \Delta AB + \gamma_2 \Delta SN + \gamma_3 \Delta PBC = \gamma_1 \sigma_1 X + \gamma_2 \sigma_2 X + \gamma_3 \sigma_3 X$

图3.18　关坝村社区居民保护行为意愿概念模型

其主要依据是，Fishbein等（2011）认为外部因素如新技术能力、新舆论环境等会通过产出预期（outcome evaluation）、迎合社群的动机（motivation to comply）、自我行为控制力（power of control）三条路径分别影响行为态度、主观规范和感知行为控制，进而影响行为意愿，其本身还可能直接影响行为决策本身，因此将三个心理因素用行为信念响应（behavioral belief response）联系在一起；而Smith等（2012）等研究通过实证分析指出，大多数实际情况下，对于一个同质性较高的群体（样本方差较小且符合正态分布），在面对新的政策或环境变化，理性行为理论仍是最简单有效的解释模型，即行为态度和主观规范直接受到外部因素的影响，进而影响行为意愿。因此在该模型中，行为意愿BI值为AB、SN、PBC三个心理因素变量的函数，而造成BI变化的三个心理因素变量的差值则分别是引入外部变量因素X的函数。

2. 变量设置、问卷设计与研究假设

在本节的概念模型中，"熊猫–蜂蜜"保护策略通过影响社区居民的行为态度、主观规范、感知行为控制来间接影响其保护行为意愿。因此，本节实证研究将分别研究社区居民对保护策略的接受参与程度对其心理因素的影响，以及居民心理因素对其保护行为意愿的影响。经过2010年和2013年两次对关坝村社会经济基线调查的积累，对关坝村社区居民的心理因素和行为意愿及其测度指标有了初步了解。据此，在2014年8月份，设计问卷（见附录）并在关坝村常住125户居民家中发放，问卷采取7点里克特量表设计（Beedell et al.，2000），提出一个论断，并要求调查参与者选出自己对该论断的肯定或否定程度、积极或消极程度。变量设置如下：

（1）保护策略的强度变量（X）。对于"熊猫–蜂蜜"保护策略来说，测度其强度的指标除了对养蜂专业合作社的资助和技术支持之外，还包括在村民中的宣教活动，及其主导建立的村基金对森林巡护队的资助和技术支持，还有对村民其他保护行为的补偿。设计问题如下：① 保护机构对养蜂专业合作社提供的技术支持是非常有帮助的（x_1）；② "熊猫蜂蜜"品牌蜂产品的原料收购价格是足够高的（x_2）；③ 我对大熊猫栖息地保护的宣传教育印象深刻（x_3）；④ 保护机构提供的巡护技术培训是足够到位的（x_4）；

⑤ 村基金的补偿制度以及养蜂专业合作社的分红是合理的（x_5）。同时，在测度心理因素时，分别统计养蜂户（保护策略参与度高）和非养蜂户（保护策略参与度低），也可以换一个角度研究保护策略对居民心理因素的影响。

（2）行为态度变量（AB）。社区居民的行为态度是他们在参与保护行为的过程中对自身参与预期的积极或消极的主观感受，代表其对自我决策的看法，如果行为人认为其行为能为自身带来足够的收益，则其态度就较为积极（Ajzen，1991）。鉴于在关坝村大熊猫栖息地的保护行为兼有潜在的经济利益（可货币化）以及更大的生态效益（不易货币化），本节研究拟从经济效益和生态效益两方面进行直接测量变量的设置，其中在经济收益预期方面同时考虑积极和消极的影响。设计问题如下：① 养蜂比养牛、养羊的收益高（y_1）；② 有很多大熊猫的森林能为我带来更多的创收机会（y_2）；③ 放弃挖天麻、党参和采菌对我来说损失很大（y_3）；④ 别人进山打猎、电鱼不会影响我的正常生活和收入（y_4）；⑤ 养蜂比养牛、养羊更有利于我所居住的森林环境（y_5）；⑥ 沟里有更多大熊猫能让我更加喜欢我的家乡（y_6）。其中，③和④为消极影响变量。

（3）主观规范变量（SN）。社区居民的主观规范是指他们在决定是否参与保护行为时受到周围任务或团体组织的影响或自身道德规范的压力。关于我国农村经济行为选择和社会资本使用的相关决策研究（程志华，2012；李阳，2012；蔡志坚 等，2012；周利平 等，2014）表明，影响农户行为决策的人为意见主要包括家人意见、社区意见、政府意见。因此设计问题如下：① 家人支持我参加养蜂专业合作社、森林巡护队或放弃放牧、采伐（y_7）；② 邻居和友人参加了合作社、巡护队，我受到了他/她很深的影响（y_8）；③ 村委书记和村主任号召我们参与保护大熊猫的行动，我会响应（y_9）。

（4）感知行为控制变量（PBC）。社区居民的感知行为控制是他们感觉参与保护行动如养蜂替代养羊、种核桃替代采伐、森林巡护等感到的困难阻力或机遇动力，是个体对阻碍或促进其完成该任务的主观认知。作为一项新知识，无论是替代产业还是巡护监测活动，居民面临的阻力首先是掌握新技术的难度和改变行为方式所承担风险的能力制约，机遇也是来自保护策略的主导方提供的资助和技术支持。

由于面临的机遇与风险并存，参考已有研究的方法（Ajzen，1991；Smith et al.，2012）同时设置积极控制变量和消极控制变量。因此设计问题如下：① 我没有足够的能力和时间精力学习新的技术，对我来说太难了（y_{10}）；② 我不能承受改变生产方式可能带来的收入降低风险（y_{11}）；③ 保护机构提供的技术支持能帮助我很快地适应新的技术（y_{12}）；④ 村里建立保护村基金，对我参加保护工作是一个非常好的机会（y_{13}）。其中a和b为消极控制变量。

（5）行为意愿变量（BI）。考虑到策略实施中的实际情况，设计行为意愿变量测度问题如下：① 我愿意加入养蜂专业合作社，并遵守加入合作社的条件，如放弃放牧、采伐、定期参加森林巡护等（z_1）；② 我愿意在有一定补偿的前提下放弃放牧、采伐，转为养蜂、种核桃（z_2）；③ 如果没有补偿，我也自发决定放弃放牧、采伐，转为养蜂、种核桃（z_3）；④ 我会劝说我的乡邻参与保护行动和转变生产观念（z_4）；⑤ 提倡参与森林巡护，监督教育外来挖药、盗猎分子，符合我一贯的心愿（z_5）。

本节研究的假设如下：

H_1：保护策略的强度和感知被影响程度对关坝村村民参与保护行为的态度具有显著影响；

H_2：保护策略的强度和感知被影响程度对关坝村村民参与保护行为的主观规范具有显著影响；

H_3：保护策略的强度和感知被影响程度对关坝村村民参与保护行为的感知行为控制能力具有显著影响；

H_4：行为态度对关坝村村民参与保护行为的意愿具有显著影响；

H_5：主观规范对关坝村村民参与保护行为的意愿具有显著影响；

H_6：感知行为控制对关坝村村民参与保护行为的意愿具有显著影响。

3. 数据分析方法

将设置变量问卷信息汇总，利用IBM SPSS Statistics 20.0软件进行因素数值的统计，包括信度和效度检验、线性模型和回归分析。

（二）样本的基本特征

本研究自2014年8月起，向关坝村全村每户人家的户主发放调查问卷，共发放125份，去掉信息不全的无效问卷后得到有效问卷107份，有效问卷率为85.6%。

如表3.19所示，本次调查的被访户主年龄主要集中在40～60岁年龄段，基于近年来城市就业机会增加和城市化进程加快的形势，农村年轻劳动力优先选择报酬更为丰厚的外出务工作为主要生计来源，该情况符合该地区农村人口的正常情况。被调查户主的文化程度普遍较低，在66.4%的小学及以下教育水平的被调查者中还有近一半为文盲。被调查家庭的收入在10 000元以下的居多。被调查样本中汉族与藏族的比例接近1：4。

表3.19　样本的基本背景特征

类别	变量	频数	有效比例/（%）
年龄	≤30	2	1.9
	31~40	13	12.1
	41~50	39	36.4
	51~60	35	32.7
	≥61	18	16.8
教育水平	小学及以下	71	66.4
	初中	30	28.0
	高中及以上	6	5.6
民族	汉族	21	19.6
	藏族	86	80.4
家庭收入	<10000	57	53.3
	10000~20000	33	30.8
	20000~30000	18	16.8
	>30000	9	8.4
是否养蜂	养蜂	20	18.7
	非养蜂	87	81.3

（三）研究变量的描述性统计

为了测度保护策略的强度（X）、行为态度变化（AB）、主观规范变化（SN）、感知行为控制变化（PBC）以及行为改变意愿（BI），本研究设置了一系列题目，如表3.20所示。

表3.20　变量定义及描述性统计

潜变量	设计可观测变量	均值	标准差
保护策略的强度（X）	保护机构对养蜂合作社提供的技术支持是非常有帮助的（x_1）	4.785	1.135
	"熊猫蜂蜜"品牌蜂产品的原料收购价格是足够高的（x_2）	4.617	1.232
	我对大熊猫栖息地保护的宣传教育印象深刻（x_3）	5.178	1.478
	保护机构提供的巡护技术培训是足够到位的（x_4）	4.720	1.292
	村基金的补偿制度以及养蜂专业合作社的分红是合理的（x_5）	4.439	0.933
行为态度变化（AB）	养蜂比养牛、养羊的收益高（y_1）	5.897	1.079
	有很多大熊猫的森林能为我带来更多的创收机会（y_2）	4.850	1.212
	放弃挖天麻、党参和采菌对我来说损失很大（y_3）	3.888	1.487
	别人进山打猎、电鱼不会影响我的正常生活和收入（y_4）	2.159	1.082
	养蜂比养牛、养羊更有利于我所居住的森林环境（y_5）	6.589	1.565
	沟里有更多大熊猫让我更加喜欢我的家乡（y_6）	5.682	0.797
主观规范变化（SN）	家人支持我参加养蜂合作社、森林巡护队或放牧放牧、采伐（y_7）	4.720	1.121
	邻居和友人参加了合作社、巡护队，我受到了他/她很深的影响（y_8）	4.112	1.190
	村委书记和村主任号召我们参与保护大熊猫的行动，我会响应（y_9）	4.262	1.220
感知行为控制变化（PBC）	我没有足够的能力和时间精力学习新的技术，对我来说太难了（y_{10}）	4.514	1.102
	我不能承受改变生产方式可能带来的收入降低的风险（y_{11}）	4.009	1.250
	保护机构提供的技术支持能帮助我很快地适应新的技术（y_{12}）	5.037	1.215
	村里建立保护村基金，对我参加保护工作是一个非常好的机会（y_{13}）	4.393	1.215
行为改变意愿（BI）	我愿意加入养蜂专业合作社，并遵守加入合作社的条件（z_1）	4.916	1.655
	我愿意在有一定补偿的前提下放弃放牧、采伐，转为养蜂、种核桃（z_2）	4.607	1.059
	如果没有补偿，我也自发决定放弃放牧、采伐，转为养蜂、种核桃（z_3）	3.551	1.017
	我会劝说我的乡邻参与保护行动和转变生产观念（z_4）	3.785	1.270
	提倡参与森林巡护，监督外来挖药、盗猎分子，符合我一贯的心愿（z_5）	5.159	1.470

　　将被调查的养蜂户和非养蜂户对调查问题的响应分别统计（表3.21），可以发现他们在被保护策略的强度、行为态度变化、主观规范变化、感知行为控制变化以及行为改变意愿方面均有显著差异。由于两样本大小及方差齐性不一致，故采用Kruskal–Wallis单因素方差检验来判断对于二者的调查变量均值是否有显著差异（Wauters et al.，2010）。

表3.21　养蜂户与非养蜂户的调查变量响应值对比

潜变量	显变量	变量观测值		差异显著性 (K–W ANOVA)
		养蜂户 (n=20)	非养蜂户 (n=87)	
保护策略的强度 (X)	x_1	6.050 ± 1.199	4.345 ± 0.829	**
	x_2	5.950 ± 1.268	4.287 ± 0.765	**
	x_3	6.500 ± 1.257	4.816 ± 1.058	***
	x_4	6.150 ± 1.250	4.448 ± 0.894	**
	x_5	5.850 ± 1.198	4.000 ± 0.712	***
	总体			**
行为态度变化 (AB)	y_1	5.850 ± 1.209	5.943 ± 1.232	ns
	y_2	5.500 ± 1.093	4.667 ± 1.010	*
	y_3	−3.800 ± 0.708	−3.989 ± 0.747	ns
	y_4	−1.500 ± 0.236	−2.322 ± 0.459	*
	y_5	6.650 ± 1.250	6.552 ± 1.270	ns
	y_6	5.750 ± 1.159	5.667 ± 1.215	ns
	总体			*
主观规范变化 (SN)	y_7	6.200 ± 1.238	4.276 ± 0.947	**
	y_8	4.200 ± 0.930	4.069 ± 0.799	ns
	y_9	4.250 ± 0.888	4.195 ± 0.745	ns
	总体			*
感知行为控制变化 (PBC)	y_{10}	−3.050 ± 0.614	−5.000 ± 0.974	***
	y_{11}	−3.300 ± 0.566	−4.172 ± 0.805	*
	y_{12}	6.300 ± 1.334	4.770 ± 0.966	***
	y_{13}	4.400 ± 0.886	4.310 ± 0.792	ns
	总体			**
行为改变意愿 (BI)	z_1	4.800 ± 0.925	4.920 ± 0.958	ns
	z_2	4.500 ± 0.864	4.667 ± 1.008	ns
	z_3	4.000 ± 0.950	3.276 ± 0.583	***
	z_4	5.150 ± 1.125	3.333 ± 0.620	**
	z_5	5.150 ± 1.122	5.092 ± 1.083	ns
	总体			**

注：ns，养蜂户和非养蜂户变量均值Kruskal–Wallis ANOVA test差异不显著；*，$p<0.05$；**，$p<0.01$，***，$p<0.001$。

关坝村的养蜂户绝大多数为养蜂专业合作社的成员，受到"熊猫–蜂蜜"保护策略的影响程度势必高于非合作社成员。在心理因素变量方面，养蜂户和非养蜂户在对于养蜂和其他养殖业收益、林下采伐收益方面差异不显著，这与社会经济基线调查中体现出的村民对生计状况和各种生计选择了如指掌相一致。二者对大熊猫的认识、对村基金的认识以及对村干部宣传的响应程度也没有显著差异，可能说明村干部在保护项目的宣传上没有在合作社成员和非合作社成员之间有所倾斜，但养蜂户和非养蜂户对村基金的补偿制度和蜂产品收购价格等关系到实际资金流的敏感信息上看法有显著差异，说明村民对"熊猫-蜂蜜"保护策略的认识还是不够充分的。此外，二者在对待技术培训的态度以及自身对技术培训的驾驭能力上有较大差异，这可能是决定其是否加入养蜂专业合作社的主要原因，也提示村民对保护行为的认知与自身受教育水平息息相关。对于家人是否影响自己的保护行为参与意愿，养蜂户的评价显著高于非养蜂户，这提示村民对保护行为的参与意愿与自己的家庭结构有很大关系。在对保护意愿的调查方面，养蜂户比非养蜂户在无额外补偿条件下参与的积极性以及劝说乡邻参加保护行动的意愿方面要高，这可能是由于养蜂户已经获得了蜂蜜收购价格的优惠，因此愿意付出更多。

（四）模型有效性检验

对于通过问卷、访谈调查获得的心理因素数据，需要进行信度、效度分析来测度获取数据的质量。本研究使用克隆巴赫系数（Cronbach's）检验因子内部一致性来进行信度分析，使用组合信度（CR）和平均变异萃取量（AVE）检验因子的统计有效性来进行效度分析(表3.22)。Cronbach's>CR>0.7，AVE>0.5，说明可观测变量设置具有高信度，以及测量模型具有高聚合效度（Cronbach，1951；Cronbach et al.，2004）。

（五）模型回归分析结果

首先对村民感知被保护策略影响的强度与行为态度、主观规范、感知行为控制的评分进行一元线性回归（$X\sim\Delta AB$；$X\sim\Delta SN$；$X\sim\Delta PBC$）。对回归方程进行t检验，t值分别为6.810、3.718、3.011，均达到极显著水平（$p<0.01$）。Pearson相关系数分别为0.754、0.626、0.487，因此，假设H_1、H_2、H_3成立。

然后就行为态度、主观规范、感知行为控制对保护行为意愿的影响进行多元线性回归（$\Delta BI=\gamma_1\Delta AB+\gamma_2\Delta SN+\gamma_3\Delta PBC$）（表

3.23），假设H_4、H_5、H_6成立。但感知行为控制的影响未达极显著水平。影响因素的权重方面，行为态度（即对行为结果的预期）占最重要的地位，其次是主观规范。这说明对于村民的保护行为意愿来说，是否获取利益是首要考虑的因素，其次则是其他人的看法和自身条件的限制。

表3.22　对研究模型的验证性因子分析结果

潜变量	显变量	变量载荷	Cronbach's	CR	AVE
保护策略的强度（X）	x_1	0.705	0.895	0.852	0.598
	x_2	0.887			
	x_3	0.695			
	x_4	0.786			
	x_5	0.811			
行为态度变化（AB）	y_1	0.646	0.897	0.878	0.560
	y_2	0.854			
	y_3	0.613			
	y_4	0.791			
	y_5	0.638			
	y_6	0.796			
主观规范变化（SN）	y_7	0.885	0.886	0.915	0.642
	y_8	0.617			
	y_9	0.742			
感知行为控制变化（PBC）	y_{10}	0.791	0.846	0.818	0.601
	y_{11}	0.749			
	y_{12}	0.716			
	y_{13}	0.707			
行为改变意愿（BI）	z_1	0.613	0.763	0.799	0.616
	z_2	0.708			
	z_3	0.759			
	z_4	0.892			
	z_5	0.661			

表3.23　保护行为意愿影响因素多元线性回归参数表

自变量	r	t
$\triangle AB$	0.584	5.412**
$\triangle SN$	0.342	4.442**
$\triangle PBC$	0.289	2.146*

注：*，线性关系显著；$p<0.05$；**，线性关系极显著，$p<0.01$。

对养蜂户和非养蜂户分别进行保护行为意愿影响的多元回归分析，结果发现（表3.24），影响养蜂户和非养蜂户参加保护行为的首要因素不同。养蜂户主要影响因素是主观规范，而非养蜂户则是行为态度。其原因可能是养蜂户已通过养蜂途径获取利益，他们更关心的是自己作为村里拥有养蜂技术的少部分人，其对保护的参与能否获得其他村民的认可，或是更看重自我道德规范的实现。另外，对于养蜂户来说，感知行为控制并不影响其保护行为意愿，究其原因则是养蜂户绝大多数已获得了参与保护行为所需要的技能培训，因此在他们内部的感知行为控制差异水平不足以影响他们的保护行为意愿。

表3.24　养蜂户和非养蜂户多元线性回归参数对比

自变量	养蜂户（n=20）		非养蜂户（n=87）	
	r	t	r	t
$\triangle AB$	0.547	2.825**	0.670	−5.561**
$\triangle SN$	0.662	3.949**	0.398	−3.031**
$\triangle PBC$	0.101	−1.018	0.388	3.002**

注：*，线性关系显著，$p<0.05$；**，线性关系极显著，$p<0.01$。

四、关坝村村民参与社区保护行为的可持续性（即主观意愿）研究

（一）社会发展和自然保护的主观意愿实证分析研究方法

1. Q方法

研究采用Q方法系统性地识别当地居民对自然保护及社区发展的观点。Q方法又称操作性的主观性研究方法，由William Stephenson提出，与传统分析法相比，Q方法强调主观性与个别性在科学研究中的价值，关注受访者第一人称的视角观点，是受访者自己提出陈述或意见、自己界定态度的一种研究方法。试验中通常给受访者（受访者样本，即P-set）出示一组关于某一话题的不同观点的陈述（即Q命题，Q-set），让其按照自己的判断以正态分布进行排序（即Q排序，Q-sort）。通过对Q排序进行统计分析，找到不同的排序之间的相关性，从而将不同的观点进行分类（图3.19）。

研究的主要过程包括：收集Q命题，开发Q样本，选择受访者（P

样本），进行Q分类及分析与解释。Q方法是一种基于排序来研究人的主观意愿的小样本研究方法，其优势在于：

（1）在中国生物多样性热点地区，不同社区与生态环境的共生催生出不同的社会生态系统，地理上隔离、散布的人口在社会、文化、经济发展上的差异使得人的主观意愿也呈现多样性与复杂性。Q方法与传统的实证研究大范围抽样法不同，在选择样本时强调多样性。

（2）Q方法一般不对研究主题提出假设，而是引入自我参照概念，对受访者的主观意愿进行因子分析后的分类不再基于研究者的预判，而是基于测试样本自身，因此是一种系统、量化研究主观性的方法。适用于探索研究，有助于发现新思想，提出新假设。

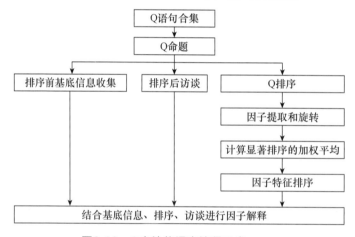

图3.19　Q方法的调查流程示意

2．Q命题设计

遵循多样性原则，通过访谈法（与当地居民、政府官员、公益组织成员、在地研究人员进行访谈）和文献法，2017年9月在四川省进行预调查。在2018年3月在四川省阿坝藏族羌族自治州熊耳村进行扩展调查。

在四川省共筛选出9类与社区发展和自然保护相关的子话题，涵盖职业选择、居住地选择、社会规范、社会发展、自然保护等，确定30条具有代表性的Q命题，并将这30条陈述分为经济发展、社会发展、自然保护三类（表3.25）。

表3.25 Q命题设计

关键主题	Q命题（30条陈述）	分类
发展规划与感知行为控制	1. 我觉得社区现在的经济发展就挺好，不用再做太多的变动。 2. 对于现有的公共资源，如果没有完善的规划，我希望迅速使用或者变现。 3. 有的产业，如果破坏程度轻，可以恢复，而且收入比打工、养蜂、养猪、茶叶高，我觉得可以继续从事。 4. 可以挖掘养蜂（藏香猪）、茶叶这些产业的保护附加值来增加更多收入。 5. 新兴的旅游产业将来不知收入如何，我不是很有信心，不如先观望。 6. 我认为旅游的发展可能是我们村未来的一个重要的发展方向和收入来源。 7. 决定从事哪个产业时，除了收入，我还要考虑别的因素（家人、朋友的看法，可能的风险，自己的技术能力）。 8. 只要是市场好、收益高的产业，我都想早早盈利，不会考虑太多技术困难、市场波动（价格不稳定）。	经济发展
社区发展	9. 我觉得将来村里的发展不能只看收入了。 10. 我认为村里将来必须发展多种经营，不能只仰赖单一的支柱产业。	
自然保护与发展	11. 我希望社区发展还是要以经济发展为主，自然保护为辅。 12. 将来社区发展规划一定要兼顾保护，不能以破坏自然资源为代价。	自然保护
自然保护与感知行为控制	13. 生态保护是政府要求我们做的事，如果没有政府的资金补贴，我们不会做保护。 14. 公益林补偿和退耕还林补贴能鼓励村里更好地做保护，将来应该给予我们更多政策和资金上的支持。	
对自然保护的态度	15. 生态保护对我们发展有益，是关乎我们村每个人的事，我们应该自发更主动地参与，人人有责。 16. 保护森林和水是巡护队的主要责任，和其他村民的关系不大。 17. 生态保护的成果更多的是为外人（国家、管理者）服务，而不是为自己人（村里百姓）服务。	
自然保护与发展	18. 如果将来我们村发展旅游，我认为一定要重视旅游可能带来的污染和资源破坏问题。 19. 决定从事哪个产业时，我还不会考虑太多对自然资源的潜在威胁。 20. 有的产业，哪怕市场再好，收入再高，只要对村里自然资源产生破坏，都不能去发展。	
传统文化	21. 我希望我们的传统文化在发展的过程中不要丢失。 22. 村里传统文化对社区发展帮助不大，是否保护传统文化不是非常重要。 23. 我认为遵守村规民约比做我内心真实想做的事情重要。 24. 我在村里的名声对我而言非常重要，只有得到大家的一致支持，我才会做我想做的事情，否则我受不了村里人的指指点点。	社会发展
社会范式	25. 如果由我来制定和执行村里的发展规划，无论其他人的看法如何，我会坚定地做我认为对的事情。 26. 我更愿意听从别人的指导和管理，而不是去指导和管理别人。	
社会权益	27. 社区规划和执行只要有成果，是否保证基层百姓的参与权和知情权并不重要。 28. 我觉得现在基层百姓不了解（不满意）村里管理层的决策机制，将来要好好改进，保证每个村民的参与权和知情权。	
发展规划	29. 我认为村里的发展必须为子孙后代考虑。	
社会范式	30. 村里的村规民约并没有被所有村民认同，不必要求每个人都遵守。	

3. 数据分析方法

被试者按照同意程度、符合程度或喜好程度等指导条件对Q样本进行排序的过程，即为Q排序，也称为Q分类。本研究采用了7级强制性分布结构：−3、−2、−1、0、+1、+2、+3，对应的频数分别为3、4、5、6、5、4、3：其中+3代表最一致，−3代表最不一致。在经典的Q问卷调查中，要求受访者先按照最认同、中立、最不认同将30个命题分为三类，然后按照问卷要求从最一致到最不一致进行排列。在排序前，收集受访者的基本信息，包括年龄、收入、收入来源、个人和家族的经历、教育经历等。受访者完成排序后，询问其排序选择依据，尤其关注前7项和后7项命题的选择依据。分类前后的访谈和信息收集对于定量结果的解释具有重要意义。

运用统计软件PQMethod Version 2.35对样本进行数据录入和分析。Q方法使用主成分分析法（principal component analysis）对数据进行因子分析。首先对样本Q排序进行相关矩阵和特征值计算，每一个类型人群的特征值等于每个Q排序对于该类型的载荷（loading）的平方加和 [例如，类型的特征值$EV = \sum_{i=1}^{n}$（每一个Q排序在类型一人群的载荷）^{2}]。筛选出特征值大于1的因子进行最大方差旋转，旋转不改变Q排序间的相关性，其目的是便于解释各因子的含义。旋转得到的属于不同因子的Q排序之间相关度低，而属于同一个因子的Q排序则高度相关。

对旋转后的Q排序计算其对不同因子的载荷，载荷大于0.47或者小于−0.47为$p<0.01$的统计意义显著 [$p<0.01$，显著水平$=2.58 \times$（$1/\sqrt{\text{Q语句的数量}}$）$=2.58 \times 1/\sqrt{30}$）$=0.471$]。以因子旋转后得出的因子载荷大于0.471 作为分类标准，将受访者划分为不同的类型，以便后续进一步分析讨论不同类型受访者的主观意愿和人群特征。每一个因子为一个类型，根据属于该因子的Q排序的加权，能够得到因子的特征排序。

（二）样本的基本特征

2017年9月在四川省绵阳市平武县关坝村、金丰村、小河村、新驿村和甘肃省陇南市文县碧口镇李子坝村采访了5个社区的20名居民，收回18份有效问卷。2018年3月在四川省绵阳市平武县新驿村、关坝村和阿坝藏族羌族自治州理县熊耳村采访了3个社区的15名居民，收回12份有效问卷。样本特征见表3.26。

表3.26　样本特征

特征	类别	比例/（%）
性别	男	80
	女	20
年龄	30~39	23
	40~49	43
	50~59	23
	>60	11
年收入	<20 000	43
	20 000~40 000	33
	40 000~60 000	21
	>60 000	3
人员分类	公务员	50
	村民代表	27
	村民	23

（三）四类人群的特征排序

四类人群的特征排序如表3.27所示。根据此Q排序、基底信息以及访谈，对因子进行整体解释，对所有命题的排序结果进行全面分析。

表3.27　四类人群的特征排序

30条陈述		环保先锋型	明哲保身型	市场嗅觉型	生计投机型
1.	我觉得社区现在的经济发展就挺好，不用再做太多的变动。	18（-1）	30（-3）	23（-2）	22（-1）
2.	对于现有的公共资源，如果没有完善的规划，我希望迅速使用或者变现。	22（-1）	27（-2）	24（-2）	27（-2）
3.	有的产业，如果破坏程度轻，可以恢复，而且收入比打工、养蜂、养猪、茶叶高，我觉得可以继续从事。	17（0）	7（+2）	19（-1）	6（+2）
4.	可以挖掘养蜂（藏香猪）、茶叶这些产业的保护附加值来增加更多收入。	11（+1）	2（+3）	10（+1）	4（+2）
5.	新兴的旅游产业将来不知收入如何，我不是很有信心，不如先观望。	20（-1）	8（+1）	16（0）	26（-2）
6.	我认为旅游的发展可能是我们村未来的一个重要的发展方向和收入来源。	7（+2）	22（-1）	13（0）	1（+3）
7.	决定从事哪个产业时，除了收入，我还要考虑别的因素（家人、朋友的看法，可能的风险，自己的技术能力）。	13（0）	6（+2）	14（0）	18（0）
8.	只要是市场好、收益高的产业，我都想早早盈利，不会考虑太多技术困难、市场波动（价格不稳定）。	26（-2）	26（-2）	27（-2）	30（-3）

	30条陈述	环保先锋型	明哲保身型	市场嗅觉型	生计投机型
9.	我觉得将来村里的发展不能只看收入了。	6（+2）	19（−1）	25（−2）	14（0）
10.	我认为村里将来必须发展多种经营，不能只仰赖单一的支柱产业。	4（+2）	3（+3）	11（+1）	15（0）
11.	我希望社区发展还是要以经济发展为主，自然保护为辅。	28（−3）	23（−1）	3（+3）	25（−2）
12.	将来社区发展规划一定要兼顾保护，不能以破坏自然资源为代价。	1（+3）	5（+2）	7（+2）	8（+1）
13.	生态保护是政府要求我们做的事，如果没有政府的资金补贴，我们不会做保护。	30（−3）	4（+2）	28（−3）	5（+2）
14.	公益林补偿和退耕还林补贴能鼓励村里更好地做保护，将来应该给予我们更多政策和资金上的支持。	9（+1）	1（+3）	4（+2）	2（+3）
15.	生态保护对我发展有益，是关乎我们村每个人的事，我们应该自发更主动地参与，人人有责。	3（+3）	9（+1）	6（+2）	13（0）
16.	保护森林和水是巡护队的主要责任，和其他村民的关系不大。	27（−2）	29（−3）	29（−3）	9（+1）
17.	生态保护的成果更多的是为外人（国家、管理者）服务，而不是为自己人（村里百姓）服务。	29（−3）	25（−2）	9（+1）	24（−2）
18.	如果将来我们村发展旅游，我认为一定要重视旅游可能带来的污染和资源破坏问题。	5（+2）	14（0）	12（+1）	23（−1）
19.	决定从事哪个产业时，我还不会考虑太多对自然资源的潜在威胁。	25（−2）	24（−2）	20（−1）	10（+1）
20.	有的产业，哪怕市场再好，收入再高，只要对村里自然资源产生破坏，都不能去发展。	2（+3）	10（+1）	8（+1）	16（0）
21.	我希望我们的传统文化在发展的过程中不要丢失。	10（+1）	13（0）	15（0）	17（0）
22.	村里传统文化对社区发展帮助不大，是否保护传统文化不是非常重要。	23（−1）	17（0）	18（0）	19（−1）
23.	我认为遵守村规民约比做我内心真实想做的事情重要。	15（0）	18（0）	5（+2）	20（−1）
24.	我在村里的名声对我而言非常重要，只有得到大家的一致支持，我才会做我想做的事情，否则我受不了村里人的指指点点。	19（−1）	20（−1）	1（+3）	21（−1）
25.	如果由我来制定和执行村里的发展规划，无论其他人的看法如何，我会坚定地做我认为对的事情。	21（−1）	21（−1）	26（−2）	28（−3）
26.	我更愿意听从别人的指导和管理，而不是去指导和管理别人。	14（0）	15（0）	22（−1）	11（+1）
27.	社区规划和执行只要有成果，是否保证基层百姓的参与权和知情权并不重要。	24（−2）	12（+1）	30（−3）	29（−3）
28.	我觉得现在基层百姓不了解（不满意）村里管理层的决策机制，将来要好好改进，保证每个村民的参与权和知情权。	12（+1）	11（+1）	21（−1）	3（+3）
29.	我认为村里的发展必须为子孙后代考虑。	8（+1）	16（0）	2（+3）	7（+2）
30.	村里的村规民约并没有被所有村民认同，不必要求每个人都遵守。	16（0）	28（−3）	17（0）	12（+1）

（四）特征分类结果与分析

类型一：环保先锋

该人群具有7.62的特征值和29%的样本解释量。其中8名受访者与之呈强相关（1名女性，7名男性）。类型一人群的平均年龄为42岁（为四类人群中最年轻的一组），家庭平均有3.25口人，家庭年收入平均为3.63万元，收入来源以工资、茶叶、林下产品为主。乡级、村级干部或者村民代表构成了类型一的人群，覆盖的地理范围有四川省绵阳市平武县关坝村、金丰村、小河村、新驿村，甘肃省陇南市文县碧口镇李子坝村。

类型一人群表现出突出的自然保护意识、强烈的保护主观意愿（语句12、13、20）、对自然保护的正面评价（语句15、17）以及对环境的危机意识（语句18）。资金对其保护行为有驱动，但驱动力相对最弱（语句14）。

这一组人群对社区发展的有突出的长期思考（语句9、11）。对目前的社区发展情况较其他三类人群更有信心（语句1）并且倾向于形成完善规划后贯彻执行。具体而言，他们关注增加收入来源和收入结构多样性的重要性（语句10），以使得经济增长更为可持续，类型一人群对于生态旅游也表现出正面的期望（语句5、6）。社会规范方面，类型一人群受身边人的影响不大（语句24、25），对传统文化的传承保护更为关心（语句22）。详见表3.28。

表3.28　类型一：环保先锋人群的排序特征

与个人偏好最一致	排序	与个人偏好最不一致	排序
12. 将来社区发展规划一定要兼顾保护，不能以破坏自然资源为代价。 20. 有的产业，哪怕市场再好，收入再高，只要对村里自然资源产生破坏，都不能去发展。 15. 生态保护对我们发展有益，是关乎我们村每个人的事，我们应该自发更主动地参与，人人有责。	+3	11. 我希望社区发展还是要以经济发展为主，自然保护为辅。 17. 生态保护的成果更多的是为外人（国家、管理者）服务，而不是为自己人（村里百姓）服务。 13. 生态保护是政府要求我们做的事，如果没有政府的资金补贴，我们不会做保护。	−3

相比其他类型人群，类型一人群更认同	排序	相比其他类型人群，类型一人群更无所谓	排序
9. 我觉得将来村里的发展不能只看收入了。	+2	14. 公益林补偿和退耕还林补贴能鼓励村里更好地做保护，将来应该给予我们更多政策和资金上的支持。	+1
18. 如果将来我们村发展旅游，我认为一定要重视旅游可能带来的污染和资源破坏问题。	+2	7. 决定从事哪个产业时，除了收入，我还要考虑别的因素（家人、朋友的看法，可能的风险，自己的技术能力）。	0
1. 我觉得社区现在的经济发展就挺好，不用再做太多的变动。	0		
25. 如果由我来制定和执行村里的发展规划，无论其他人的看法如何，我会坚定地做我认为对的事情。	-1	22. 村里传统文化对社区发展帮助不大，是否保护传统文化不是非常重要。	-1
2. 对于现有的公共资源，如果没有完善的规划，我希望迅速使用或者变现。	-2	24. 我在村里的名声对我而言非常重要，只有得到大家的一致支持，我才会做我想做的事情，否则我受不了村里人的指指点点。	-1
8. 只要是市场好、收益高的产业，我都想早早盈利，不会考虑太多技术困难、市场波动（价格不稳定）。	-2	19. 决定从事哪个产业时，我还不会考虑太多对自然资源的潜在威胁。	-2
类型一人群对于其他语句的排序	**排序**	**类型一人群对于其他语句的排序（续）**	**排序**
6. 我认为旅游的发展可能是我们村未来的一个重要的发展方向和收入来源。	+2	30. 村里的村规民约并没有被所有村民认同，不必要求每个人都遵守。	0
10. 我认为村里将来必须发展多种经营，不能只仰赖单一的支柱产业。	+2	3. 有的产业，如果破坏程度轻，可以恢复，而且收入比打工、养蜂、养猪、茶叶高，我觉得可以继续从事。	0
28. 我觉得现在基层百姓不了解（不满意）村里管理层的决策机制，将来要好好改进，保证每个村民的参与权和知情权。	1	5. 新兴的旅游产业将来不知收入如何，我不是很有信心，不如先观望。	-1
29. 我认为村里的发展必须要为子孙后代考虑。	1	16. 保护森林和水是巡护队的主要责任，和其他村民的关系不大。	-2
23. 我认为遵守村规民约比做我内心真实想做的事情重要。	0	27. 社区规划和执行只要有成果，是否保证基层百姓的参与权和知情权并不重要。	-2
26. 我更愿意听从别人的指导和管理，而不是去指导和管理别人。	0		

注：+3，+2，+1，0，-1，-2，-3代表被试者对于语句从最认同（+3）到无所谓（0）到最不认同（-3）的排序。表3.29～表3.31同。

类型二：明哲保身

该人群具有2.10的特征值和18%的样本解释量。其中5名受访者与之呈强相关（2名女性，3名男性）。类型二人群的平均年龄为47岁，家庭平均有4口人，家庭年收入平均为2.6万元（为四类人群中收入水平最低的一组）。人群覆盖村干部、村民代表、在地村民，地区覆盖四川省绵阳市平武县金丰村、小河村、新驿村，甘肃省陇南市文县碧口镇李子坝村。

类型二人群的典型特征是：

(1) 对增加收入发展经济的高追求（语句1、2、27）；

(2) 对风险的厌恶、较高的贴现率（比起未来更看重现在的回报）和对稳定的追求（语句5、6、7、29）；

(3) 对社会效益（包括个人权益保障以及社会规范）的无意识（语句27、30）；

(4) 收入对其保护行为的显著驱动力（语句4、13、14）。

　　以上四点具体来说，类型二人群不太满意现在所处社区的经济发展，希望能有更大的改变。其对增加收入的追求（语句9）体现在：比起保证参与知情权（语句28），更希望社区经济发展能够有成果（语句27）；希望多样化发展并且增加生态产业的附加值来提高收入（语句4）；比起未来更为看重现在的发展回报（语句29）。虽然渴望发展经济，但是该人群是典型的风险厌恶型，因此这里把类型二人群的特征概括为"明哲保身"。对生态旅游发展，他们持保留意见（语句5、6）。他们太在意社会规范，倾向于做自己想做的事情（语句24）。其对保护有一定意识和正面评价（语句11、15、16、17、19、20），驱动力主要来源于经济收入的增加（语句13、14）。详见表3.29。

表3.29　类型二：明哲保身人群的排序特征

与个人偏好最一致	排序	与个人偏好最不一致	排序
4. 可以挖掘养蜂（藏香猪）、茶叶这些产业的保护附加值来增加更多收入。 10. 我认为村里将来必须发展多种经营，不能只仰赖单一的支柱产业。 14. 公益林补偿和退耕还林补贴能鼓励村里更好地做保护，将来应该给予我们更多政策和资金上的支持。	+3	1. 我觉得社区现在的经济发展就挺好，不用再做太多的变动。 16. 保护森林和水是巡护队的主要责任，和其他村民的关系不大。 30. 村里的村规民约并没有被所有村民认同，不必要求每个人都遵守。	−3
相比其他类型人群，类型二人群更认同	**排序**	**相比其他类型人群，类型二人群更无所谓**	**排序**
3. 有的产业，如果破坏程度轻，可以恢复工，而且收入比打工、养蜂、养猪、茶叶高，我觉得可以继续从事。	+2	6. 我认为旅游的发展可能是我们村未来的一个重要的发展方向和收入来源。	−1
7. 决定从事哪个产业时，除了收入，我还要考虑别的因素（家人、朋友的看法，可能的风险，自己的技术能力）。	+2	24. 我在村里的名声对我而言非常重要，只有得到大家的一致支持，我才会做我想做的事情，否则我受不了村里人的指指点点。	−1
13. 生态保护是政府要求我们做的事，如果没有政府的资金补贴，我们不会做保护。	+2	2. 对于现有的公共资源，如果没有完善的规划，我希望迅速使用或者变现。	−2
5. 新兴的旅游产业将来不知收入如何，我不是很有信心，不如先观望。	+1	19. 决定从事哪个产业时，我还不会考虑太多对自然资源的潜在威胁。	−2
27. 社区规划和执行只要有成果，是否保证基层百姓的参与权和知情权并不重要。	+1		
22. 村里传统文化对社区发展帮助不大，是否保护传统文化不是非常重要。	0		
25. 如果由我来制定和执行村里的发展规划，无论其他人的看法如何，我会坚定地做我认为对的事情。	−1		
类型二人群对于其他语句的排序	**排序**	**类型二人群对于其他语句的排序（续）**	**排序**
12. 将来社区发展规划一定要兼顾保护，不能以破坏自然资源为代价。	+2	26. 我更愿意听从别人的指导和管理，而不是去指导和管理别人。	0
15. 生态保护对我们村发展有益，是关乎我们村每个人的事，我们应该自发更主动地参与，人人有责。	+1	9. 我觉得将来村里的发展不能只看收入了。	−1
20. 有的产业，哪怕市场再好，收入再高，只要对村里自然资源产生破坏，都不能去发展。	+1	11. 我希望社区发展还是要以经济发展为主，自然保护为辅。	−1
28. 我觉得现在基层百姓不了解（不满意）村里管理层的决策机制，将来要好好改进，保证每个村民的参与权和知情权。	+1	25. 如果由我来制定和执行村里的发展规划，无论其他人的看法如何，我会坚定地做我认为对的事情。	−1
18. 如果将来我们村发展旅游，我认为一定要重视旅游可能带来的污染和资源破坏问题。	0	17. 生态保护的成果更多的是为外人（国家、管理者）服务，而不是为自己人（村里百姓）服务。	−2
23. 我认为遵守村规民约比做我内心真实想做的事情重要。	0		

类型三：市场嗅觉

该人群具有1.50的特征值和14%的样本解释量。其中2名受访者与之呈强相关（1名女性，1名男性）。类型三人群的平均年龄为60岁，家庭平均有4口人，家庭年收入平均为4.5万元（为四类人群中平均年龄最大、收入方差最大的一组）。人群覆盖村干部、在地村民，地区覆盖四川省绵阳市平武县金丰村、小河村。

类型三人群同类型二人群一样对增加收入发展经济有着高追求（语句11），希望社区发展能够优先增加居民收入（语句9），并且希望有更多的改变进步（语句1）。与类型二人群不同的是，类型三人群对未来的长期发展更为看重（语句29，较低的贴现率），另外他们也没有展现出明显的风险偏好或者厌恶（语句7），对生态旅游等新兴产业的发展也处于观望状态（语句5、6），因此这里将类型三人群特征概括为"市场嗅觉"。另外类型三人群的典型特征有：

（1）高度在意社会效益，包括个人权益保障（语句27、28）以及社会规范（语句23、24）。类型三人群非常在意维护自身在社区事务中的参与权和知情权。另外处事中也很在意身边人的看法和对社会规范的遵守。

（2）对自然保护有一定意识和意愿（语句12、15、16、18、19），比较不同于其他类型的是他们倾向认为保护对外人更有好处（语句17）。虽然高度追求经济发展（语句11），但不太考虑从保护行为中获得经济回报的可能性（语句3、4）。与类型二不同的是，补贴资金能够鼓励类型三人群的保护行为（语句14），但不是其保护行为的主要驱动力（语句13）。详见表3.30。

表3.30　类型三：市场嗅觉人群的排序特征

与个人偏好最一致	排序	与个人偏好最不一致	排序
11. 我希望社区发展还是要以经济发展为主，自然保护为辅。 24. 我在村里的名声对我而言非常重要，只有得到大家的一致支持，我才会做我想做的事情，否则我受不了村里人的指指点点。 29. 我认为村里的发展必须要为子孙后代考虑。	+3	13. 生态保护是政府要求我们做的事，如果没有政府的资金补贴，我们不会做保护。 16. 保护森林和水是巡护队的主要责任，和其他村民的关系不大。 27. 社区规划和执行只要有成果，是否保证基层百姓的参与权和知情权并不重要。	-3

续表

相比其他类型人群，类型三人群更认同	排序	相比其他类型人群，类型三人群更无所谓	排序
		4．可以挖掘养蜂（藏香猪）、茶叶这些产业的保护附加值来增加更多收入。	+1
		7.决定从事哪个产业时，除了收入，我还要考虑别的因素（家人、朋友的看法，可能的风险，自己的技术能力）。	0
11．我希望社区发展还是要以经济发展为主，自然保护为辅。	+2	3.有的产业，如果破坏程度轻，可以恢复，而且收入比打工、养蜂、养猪、茶叶高，我觉得可以继续从事。	−1
23．我认为遵守村规民约比做我内心真实想做的事情重要。	+2	26.我更愿意听从别人的指导和管理，而不是去指导和管理别人。	−1
17．生态保护的成果更多的是为外人（国家、管理者）服务，而不是为自己人（村里百姓）服务。	+1	28.我觉得现在基层百姓不了解（不满意）村里管理层的决策机制，将来要好好改进，保证每个村民的参与权和知情权。	−1
22．村里传统文化对社区发展帮助不大，是否保护传统文化不是非常重要。	0	2.对于现有的公共资源，如果没有完善的规划，我希望迅速使用或者变现。	−2
		9.我觉得将来村里的发展不能只看收入了。	−2

类型三人群对于其他语句的排序	排序	类型三人群对于其他语句的排序（续）	排序
12．将来社区发展规划一定要兼顾保护，不能以破坏自然资源为代价。	+2	5．新兴的旅游产业将来不知收入如何，我不是很有信心，不如先观望。	0
14．公益林补偿和退耕还林补贴鼓励村里更好地做保护，将来应该给予我们更多政策和资金上的支持。	+2	6.我认为旅游的发展可能是我们村未来的一个重要的发展方向和收入来源。	0
15．生态保护对我们发展有益，是关乎我们村每个人的事，我们应该自发更主动地参与，人人有责。	+2	7.决定从事哪个产业时，除了收入，我还要考虑别的因素（家人、朋友的看法，可能的风险，自己的技术能力）。	0
10．我认为村里将来必须发展多种经营，不能只仰赖单一的支柱产业。	+1	30.村里的村规民约并没有被所有村民认同，不必要求每个人都遵守。	0
18．如果将来我们村发展旅游，我认为一定要重视旅游可能带来的污染和资源破坏问题。	+1	1．我觉得社区现在的经济发展就挺好，不用再做太多的变动。	−1
20．有的产业，哪怕市场再好，收入再高，只要对村里自然资源产生破坏，都不能去发展。	+1	19.决定从事哪个产业时，我还不会考虑太多对自然资源的潜在威胁。	−1
		25.如果由我来制定和执行村里的发展规划，无论其他人的看法如何，我会坚定地做我认为对的事情。	−1

类型四：生计投机

仅有1名受访者（1名女性）与类型四呈强相关，该受访者的家庭情况是年龄55岁，家庭3口人，家庭年收入为3万元。因为类型四人群具有1.35的特征值，即类型具有典型性，因此也在这里稍作讨论总结。

该人群对发展经济也有着高追求，区别于类型二、类型三的是，类型四人群表现出了明显的风险偏好，更倾向于迎接挑战（语句5、6、7），因此这里用"生计投机"概括了类型四的主要特征。面对生态旅游的发展，类型四给出了正面的评价和从事的意愿（语句5、6、7），类型四人群对未来的长期发展也更为看重（语句29）。他们非常在意个人权益的维护（语句27、28），而对身边人看到的这些社会规范因素并不在意，更关注自身的知行合一（语句23、24、30）。

类型四人群保护行为的主观意愿低（语句13、16、19），经济收入增加是其保护行为的主要驱动力（语句14）。和类型二及类型三都有所不同的是，类型四人群认为保护能给自身带来切实的经济收益，并且积极尝试（语句4、5、6）。这也就解释了为什么在保护意愿不高的情况下，类型四人群同样意识到了保护的必要性（语句11、12）以及对自身带来的积极结果（语句17）。详见表3.31。

表3.31　类型四：生计投机人群的排序特征

与个人偏好最一致	排序	与个人偏好最不一致	排序
6. 我认为旅游的发展可能是我们村未来的一个重要的发展方向和收入来源。 14. 公益林补偿和退耕还林补贴能鼓励村里更好地做保护，将来应该给予我们更多政策和资金上的支持。 28. 我觉得现在基层百姓不了解（不满意）村里管理层的决策机制，将来要好好改进，保证每个村民的参与权和知情权。	+3	8 只要是市场好、收益高的产业，我都想早早盈利，不会考虑太多技术困难、市场波动（价格不稳定）。 25. 如果由我来制定和执行村里的发展规划，无论其他人的看法如何，我会坚定地做我认为对的事情。 27. 社区规划和执行只要有成果，是否保证基层百姓的参与权和知情权并不重要。	−3

相比其他类型人群，类型四人群更认同	排序	相比其他类型人群，类型四人群更无所谓	排序
		12. 将来社区发展规划一定要兼顾保护，不能以破坏自然资源为代价。	+1
		7. 决定从事哪个产业时，除了收入，我还要考虑别的因素（家人、朋友的看法，可能的风险，自己的技术能力）。	0
3. 有的产业，如果破坏程度轻，可以恢复，而且收入比打工、养蜂、养猪、茶叶高，我觉得可以继续从事。	+2	15. 生态保护对我们村发展有益，是关乎我们村每个人的事，我们应该自发更主动地参与，人人有责。	0
13. 生态保护是政府要求我们村做的事，如果没有政府的资金补贴，我们不会做保护。	+2	20. 有的产业，哪怕市场再好，收入再高，只要对村里自然资源产生破坏，都不能去发展。	0
16. 保护森林和水是巡护队的主要责任，和其他村民的关系不大。	+1	18. 如果将来我们村发展旅游，我认为一定要重视旅游可能带来的污染和资源破坏问题。	−1
19. 决定从事哪个产业时，我还不会考虑太多对自然资源的潜在威胁。	+1	22. 村里传统文化对社区发展帮助不大，是否保护传统文化不是非常重要。	−1
26. 我更愿意听从别人的指导和管理，而不是去指导和管理别人。	+1	23. 我认为遵守村规民约比做我内心真实想做的事情重要。	−1
30. 村里的村规民约并没有被所有村民认同，不必要求每个人都遵守。	+1	24. 我在村里的名声对我而言非常重要，只有得到大家的一致支持，我才会做我想做的事情，否则我受不了村里人的指指点点。	−1
		2. 对于现有的公共资源，如果没有完善的规划，我希望迅速使用或者变现。	−2
		5. 新兴的旅游产业将来不知收入如何，对它我不是很有信心，不如先观望。	−2

类型四人群对于其他语句的排序	排序	类型四人群对于其他语句的排序（续）	排序
4. 可以挖掘养蜂（藏香猪）、茶叶这些产业的保护附加值来增加更多收入。	+2	1. 我觉得社区现在的经济发展就挺好，不用再做太多的变动。	−1
29. 我认为村里的发展必须要为子孙后代考虑。	+2	11. 我希望社区发展还是要以经济发展为主，自然保护为辅。	−2
9. 我觉得将来村里的发展不能只看收入了。	0	17. 生态保护的成果更多的是为外人（国家、管理者）服务，而不是为自己人（村里百姓）服务。	−2
10. 我认为村里将来必须发展多种经营，不能只仰赖单一的支柱产业。	0		

五、小结

1. TPB模型对本研究的启示

TPB模型自其前身TRA诞生起就历经不断修正，自将行为意愿解释为行为态度、主观规范两个相对独立变量的影响结果（Ajzen et al.，1977）；到加入实际感知控制变量，将行为意愿不仅解释为对行为有用性的预期，也加入了对行为易于实现的预期，使行为的影响因素解释变得更实际（Ajzen，1991）；再到现在的外部变量通过行为信念同时调控三大心理因素，使它们彼此独立，又互相具有一定的相关度，更加符合实际情况（Fishbein et al.，2011）。但不论如何修正、丰富以更好解释实际科学问题，其根本目的都是对实际过程的简化与量化，避免因数据信度和方差齐性问题在大量的非参数研究中损失对实际情况的解释力。TPB模型的应用在本研究中的意义，就在于其将一个可能由复杂的因素形成的行为意愿变量，解构成三个相对容易度量的心理变量的函数。通过测度这三个函数，来了解社区居民决定是否实施保护行为的因素的影响程度，而非仅仅通过定性数据的归纳来进行描述性的分析。这对保护策略的制定以及成效监控是非常有必要的。

对于保护行为的行为态度、主观规范和感知行为控制，可以根据实际问题，分别归纳为对参与保护行为结果的预期（比如收入是否会降低、付出是否值得），对家人和所处社会看法的态度（如参与保护是否占据"道德制高点"，是否在意朋辈压力等），以及对行为困难性、不确定性的控制力（比如自己是否自信，所持立场是否坚定）。这些问题分别在保护行为学的研究中大量探讨过，比如生态补偿款项与社区居民生态移民或生态转产意愿的分析，以及"价值-信念-规范"（value-belief-norm，VBN）模型的研究（López-Mosquera et al.，2012）。这些模型归纳可以帮助我们在进行实证研究时，更精确地设计问卷的可观测变量，以获得更符合客观事实的结果。当然，设计问卷过程中，学科的常识还是必不可少的，因此设计模型研究之前需要进行大量的基础调查工作。

2. 保护策略机制的选择：效益驱动vs意识驱动

基于TPB模型，对保护行为意愿产生影响的心理因素包括自身对行为收益的预期、自身道德和信念规范以及自控能力和自信心。这其中，关于保护行为是被其行为产生的效益所驱动，还是被自身道德观念和周围人的评价所驱动，被研究得最多、最充分。如果说保护行为被利益所驱动，那么就要在保护策略中以保护成效的货币化为核心目的，通过自然资源价值（公共资源价值）的条件价值法核算，然后进行货币补偿，或者是将被保护的某项生态系统服务功能市场化，通过市场手段对保护行为进行支付，也就是生态系统服务付费。如果说保护行为被个人保护意识所驱动，那么根据"价值–信念–规范"理论（López-Mosquera et al.，2012；黄雪丽 等，2013），最终是否参与一项保护行为的个人主观规范，是由利他主义（altruism）的价值观影响的，因此保护行为意愿的提升与生态保护价值观的教育，或某种社区中存在的宗教或基于利他主义的传统价值观息息相关。这两种模式都是如今社区保护策略中经常采取的模式。对于具体问题，TPB模型有助于了解达到最佳保护成效所需要的货币补偿和宣传教育方面的投入权重。

在关坝村的大熊猫栖息地社区保护问题中，对于不同的人群，影响其行为意愿因素的权重是不同的。已经有一定经验、对保护项目了解更充分的养蜂户，其行为受保护意识的驱动更明显，而他们也基本不受感知行为控制的制约（线性关系t检验不显著）；而其他村民则更加看重经济收益，对于新技术、新观念也更加谨慎。这说明"熊猫–蜂蜜"保护策略目前以养蜂经济收益和村基金补偿和回报为主，以宣传教育为辅的方针是符合关坝村的民情的。而这一情况可能会随着社区保护的推进而发生变化，随时监测这种社会心理上的变化，有助于把握保护参与主体，也就是社区居民的动向，为政府或其他保护管理部门提供参考。对于其他地区，如果社区保护的目标同样是移除人类活动对珍稀濒危动植物及其栖息地的干扰，则也要充分考虑当地民情，首先确定影响居民行为的因素，进而因地制宜、因民心制宜。

3. 保护行为的可持续性：主观意愿偏好

生物多样性热点地区对社区发展和自然保护的权衡是当地居民、政府管理者、非政府组织、学者一直以来探讨的热点话题。对这一话题的探讨也是人产生自然保护意识后，自然保护价值观不断发展的过程。传统的保护策略仅关注保护对象而牺牲了与之共生的人的生计，使得人与自然产生了不可避免的矛盾。

随着自然保护价值观的发展，人地关系的互动趋向频繁，经济和生态学家构建了生态系统服务付费、生态补偿转移支付、协议保护等一系列机制的整合，以经济收益换取当地居民的自然保护行为。这一阶段是比传统保护策略更加有效、可以在人与自然间形成共赢关系的创新尝试。

随着对人地关系认识的加深，保护行为的各方参与者进一步意识到保护策略规划和社区治理规划既需要理论上的可行性与可持续性，还需要符合参与者（对于生物多样性热点地区而言，参与的社区居民是中坚力量）的意愿以达到实践上的可持续性。这对于保护策略的设计就产生了两方面的需求：① 内容上的可持续性——除了经济效益还应包括社会文化效益（社群认同、参与权、知情权）、政治效益（权益保障与义务明确）、生态效益的提升；② 实践上的可持续性——与社区居民主观意愿相符合的保护策略规划，比起只在外界驱动下进行的发展和保护行为更有可持续性。

Q方法研究将关注点集中在后者，深入剖析生物多样性热点地区居民个体在不同维度的发展意愿（经济发展、社会发展、自然保护）。这有助于政策制定者和项目实施者因势利导，针对不同人群、社区，结合社区自然条件（地理位置、自然资源等因素），规划一个更优的人与自然互动的方式（即符合社区主观意愿且最优化自然保护成效），以期达到自然保护与社区福祉的共赢。此外了解居民的主观认识也有助于理解评估过去的保护策略及政策成效，或进行情景分析以形成对未来的发展预测。

基于Q方法的数据分析及解释，根据一致性分析，可将关坝村村民的主观偏好聚类分为：环保先锋型（环境意识对行为产生强约束）、明哲保身型（风险厌恶、保护行为受收入驱动）、市场嗅觉型（风险中性、期望稳定发展、行为受社会规范约束强）、生计投机型（风险偏好、重视机会把握、行为受政府补贴及政策的影响大）。

量化主观意愿的初步尝试，其意义在于更清晰展现事实，规划更优的人与自然互动的方式，也希望能够对快速了解研究地区情况、帮助大众理解评估过去的保护策略及政策成效、利用情景分析形成对未来发展的预测有所帮助，进而达成经济、文化、社会、政策、生态的可持续发展。

第四节　小蜜蜂的帮助有多大？能持续多久？
——"熊猫-蜂蜜"保护策略的经济可持续性分析

中华蜜蜂不仅作为大熊猫栖息地森林中的传粉昆虫，在生态系统中提供传粉服务，体现其生态价值，而且可以提供蜂蜜和其他多种多样的蜂产品，从而实现其经济价值。随着大熊猫栖息地社区保护的推进，即便社区居民按照保护的需求，改变了原有的放牧、林下采伐、打猎等对大熊猫栖息地产生较严重干扰的生活方式，但为了生计，他们仍然需要从中华蜜蜂产业这一替代的自然资源利用模式中获取足够的资源。就好比在传粉系统中，花蜜是植物提供给传粉者的报酬；在社区保护项目中，以蜜蜂为媒介，蜂蜜成为大熊猫栖息地提供给实施保护行动的社区的报酬。估算一个地区的蜂产品产量上限，进而针对其产品的消费者人群进行支付意愿调查，基于条件价值法探讨大熊猫栖息地蜂产品的额外价值，是社区保护策略有效性的重要参考数据，也是大熊猫栖息地生态系统服务价值的一种可行的实现方式。

本节研究通过关坝沟大熊猫栖息地内蜜源植物数量调查和花蜜产量总量的计算，得到大熊猫栖息地内植被产出蜂产品的总量以及对人工饲养中华蜜蜂的承载量，进而通过选择实验法，调查并计算消费者对蜂产品中蕴含的大熊猫栖息地保护价值的支付意愿，得出蜂产品的建议定价，以计算关坝沟大熊猫栖息地提供的"产蜜"这一生态系统服务功能的总价值，以及大熊猫栖息地为蜂产品附加的除产品本身质量外的价值。然后通过回归分析来研究影响消费者支付意愿的因素，探讨大熊猫栖息地生态系统服务价值的潜在实际值和替代价值之间的关系。本节研究还发现，关坝沟大熊猫栖息地中的蜜源植物产蜜量约5400 kg/年（其中可销售的约4050 kg/年）。蜂蜜消费者愿意为"熊猫蜂蜜"产品支付的价格是226元/kg，因此，关坝沟大熊猫栖息地每年通过产蜜创造的货币价值约为9153万元。影响这一价值的因素有消费者的家庭结构、收入水平、教育水平、对大熊猫保护的关注程度等。研究显示，若选定目标消费人群，加强对公众的宣传教育，"熊猫-蜂蜜"保护策略尚可以发挥很大的市场潜力。

一、关坝沟流域的蜜源植物与蜂产业的容量分析

（一）蜜源植物产蜜总量调查方法

基于表3.2、表3.3所呈现的结果，参考前人的工作（李易谷，2012），笔者于2012年继续进行蜜源植物数量的调查。以巡山路线为起点在关坝村家养中华蜜蜂采集范围内于1200～1600 m、1600～2000 m两个海拔高度水平设置调查样线，样线长度2 km，平均一条样线控制在4 km²，总计12条样线。

得出已知蜜源植物物种的大致分布之后，每月沿样线巡视一次，以保证覆盖所有蜜源植物的花期。单一物种花期记录为T（日）。根据主要蜜源植物（根据专家意见挑选）的分布确定标志性的植被类型，在以往调查的植被图上估算包含有蜜源植物的群落所占的面积A_c（估算两位有效数字）。

对于乔木蜜源植物，记录每个物种在样线覆盖范围内的株数N_t（估算两位有效数字）、盛花期时的花序数N_i和每个花序中的单花数N_f。对于灌木蜜源植物，设置5 m×5 m的样方，测量每个物种在样方内的覆盖面积A_s（m²）（估算两位有效数字）和每平方米的单花数N_f。对于草本蜜源植物，设置1 m×1 m的样方，测量每个物种在样方内的覆盖面积A_g（m²）（估算两位有效数字）和每平方米的单花数

N_f。数据记录后用于产蜜量的统计计算。

选择在样线中分布的主要蜜源植物初开的单花簇或花序，用硫酸纸袋在前一天的落日前将单花簇或花序套袋，24 h后取下。取1根毛细玻璃管（以下简称"毛细管"）（根据文献记载的单花花蜜量的最大值分别选择规格为0.5、1、2、5 μL的毛细管），插入花朵内有蜜的部分；将花蜜全部吸入毛细管后，用游标卡尺测量液柱的长度L_n（mm）并记录。每种至少测量20朵花。以节约成本计，同一种植物的花蜜可反复使用同一根毛细管。

在毛细管吸取花蜜后，用所附的胶吸头把花蜜吹至手持式折光仪的棱镜面上，花蜜量少时可以多取几朵花；盖上折光仪的盖片并使之无气泡，对光源读数，即为花蜜的糖浓度c_n（%）。每个种测10次以上。折光仪读数会随气温波动，每次使用前须校准，使用后须洗净棱镜面并擦干。

单花花蜜日产量折算为蜂蜜质量（μg）：

$$M_f = \frac{L_n \times c_n \times V_m}{32 \times 0.8 \times (1-c_n)}$$

其中，V_m为所使用的毛细管规格（0.5、1、2、5 μL），32为毛细管的长度（mm）；0.8为成品蜂蜜糖浓度，按一级品不低于80%计算。

区域内单一物种花蜜总产量估算（kg）：

乔木：$M = M_f \times N_f \times N_i \times N_t \times T \times 10^{-9}$

灌木：$M = M_f \times N_f \times A_s \times A_c \times T \times 10^{-9} / (5 \times 5)$

草本：$M = M_f \times N_f \times A_g \times A_c \times T \times 10^{-9}$

其中，M，单一物种花蜜总产量（kg）；M_f，单花花蜜日产量（μg）；N_f，每平方米的单花数；N_i，花序数；N_t，样线范围内该蜜源植物株数；T，花期（日）；A_s，A_g，该蜜源植物在样方内的覆盖面积（m²）；A_c，有蜜源植物的群落所占面积（m²）。

最后，将主要蜜源植物种的花蜜总产量相加，可估算关坝沟蜜源植物花蜜的年产量。按照平武县中华蜜蜂平均产蜜8～10 kg/（箱·年）的经验数据，以及中华蜜蜂平均每年所需食物蜂蜜为3 kg/巢（杨冠煌，2001；曾志将，2007），可以估算关坝沟可以支持的总蜂箱数量，以及分析可支持的养蜂户数。

（二）蜜源植物总产蜜量估算及季节分布

使用蜜源植物数量调查和单花泌蜜量的毛细管法调查，可以估算出关坝沟2012年蜂蜜理论总产量约为5400 kg。关坝沟主要蜜源植物的产蜜量见表3.32。

表3.32　关坝沟主要蜜源植物的产蜜量

种名	开花时长/日	单位面积或单株的花数/朵	关坝沟范围内的株数/株	关坝沟范围内的覆盖面积/m²	单花花蜜体积/μL	花蜜浓度/（%）	单花单日蜜产量/μg	折算蜂蜜总产量/kg
湖北紫荆	33	4.7×10^5	5.0×10^4		1.09	33.7	0.69	5.3×10^2
亮叶忍冬	28	2.4×10^3		4.0×10^6	1.65	35.6	1.14	3.1×10^2
山桐子	26	1.9×10^5	8.0×10^3		5.22	41.0	4.53	1.8×10^2
崖花子	26	5.1×10^3		2.0×10^6	0.87	30.2	0.47	1.2×10^2
秀丽莓	34	4.5×10^2		1.5×10^6	22.29	53.8	32.45	7.4×10^2
华椴	72	2.0×10^4	4.0×10^4		25.80	44.7	26.07	1.5×10^3
漆树	31	6.5×10^5	4.0×10^4		0.37	64.6	0.84	6.8×10^2
喜阴悬钩子	40	1.4×10^3		1.0×10^6	9.64	55.3	14.91	8.3×10^2
鸡骨柴	51	1.3×10^5		7.3×10^4	0.18	39.9	0.15	7.0×10^1
盐肤木	43	3.8×10^5	5.0×10^4		0.35	51.6	0.47	3.8×10^2
总计								5.4×10^3

调查结果表明，关坝沟的蜜源植物从3月末开始产蜜，到9月中下旬停止产蜜。关坝沟各月份的产蜜量估算如图3.20所示。4月份，主要产蜜物种包括湖北紫荆、亮叶忍冬、山桐子、崖花子，花蜜量可测量的其他物种包括三花莸、诸葛菜等；5月份，主要产蜜物种有山桐子、崖花子、秀丽莓、华椴、漆树，花蜜量可测量的其他物种包括广布野豌豆、矮探春等，但其产蜜量不到当月总量的0.01%；6月份，漆树和喜阴悬钩子开始大量产蜜，花蜜量可测量的其他物种包括缬草、扁担杆、红毛悬钩子等；7月份是华椴和喜阴悬钩子繁盛的季节，同时还有鸡骨柴、花蜜量可测量的其他物种包括缬草、无距耧斗菜、光滑高粱泡等；8月份，蜜源植物以盐肤木和鸡骨柴为主，花蜜量可测量的其他物种包括各种凤仙花、醉鱼草等；9月份，蜜源物种构成和8月份基本相同，花蜜量可测量的其他物种包括各种凤仙花、醉鱼草、香薷、钩子木等（图3.21）。

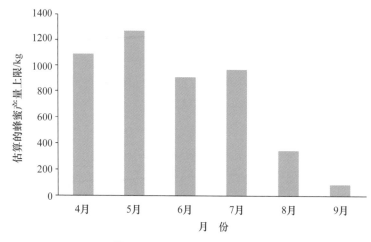

图3.20 关坝沟各月份的产蜜量估算

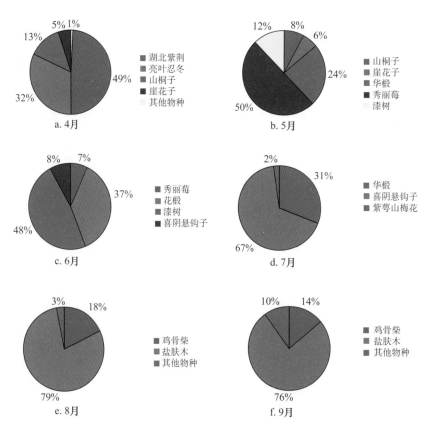

图3.21 关坝沟各月份主要蜜源物种构成

（三）关坝村的中华蜜蜂产业理论最大产值及规模容量

按本研究所得到的关坝沟的蜜源植物年泌蜜量5400 kg，与平武县中华蜜蜂平均产蜜8～10 kg/（箱·年）的经验数据，以及中华蜜蜂平均每年所需食物蜂蜜为3 kg/巢（杨冠煌，2001；曾志将，2007），可以得到关坝沟在保证每箱每年产蜜量达标的条件下，可养殖的最大蜂箱数是5400 /［（8+10）/2+3]=450箱，在这个条件下可产出的最大蜂蜜总量为4050 kg。

以上数据是根据关坝沟的植被分布状况进行的估算，实际上影响蜂蜜产量和中华蜜蜂养殖业规模的因素有很多，例如，天气、养殖技术、养殖人员的能力属性、与其他访花昆虫的取食竞争等，而且其影响非常显著。具体来说，天气影响蜜蜂这一天是否出巢，即使出巢，蜜蜂的采集能力也受到气温、湿度等的制约；在养殖技术上可能可以使用低成本的糖水等饲料对蜜蜂进行饲喂以提高蜂蜜的产量，同时也有其他手段提高蜜蜂的采集活动力（曾志将，2007；王倩 等，2009；高崇东 等，2011；韩旭 等，2014）；养殖户也不一定一年内将自己的蜂箱长期停放在同一地点，可能会将蜂箱搬运至当季蜜源植物更为繁盛的地区（这种现象在中华蜜蜂的养殖中尤其明显，因为中华蜜蜂不依赖单一大宗蜜源而是更倾向于利用多样性较高的蜜源）；养殖地的其他以花蜜为食物来源的物种如熊蜂属、隧蜂属、蚁科等昆虫门类可能在一些蜜源植物物种的采集行为上与蜜蜂展开竞争（Schaffer et al., 1983；Nagamitsu et al., 1997；Paini，2004）。此外，本研究采用的花蜜测量方法可以精确地测量一朵花中的花蜜产量和糖浓度，但用于整个区域的估算时，无论植被覆盖面积还是乔木的株数都偏粗放，这使得最终的估算结果仅有2位有效数字是准确的。上述因素都使对蜂蜜产量和产业规模的计算变得困难和复杂，当地养蜂户对养蜂业"靠天吃饭"的评价十分中肯。

即便如此，关坝村的养蜂户仍然在2013年达到了20户，其中仅5户长期在沟内安置蜂箱，其他养蜂户已在木皮乡内（金丰沟）以及周边的阔达乡（涪江沿岸支流流域森林）、木座乡（木瓜溪、薅子坪），甚至距离超出70 km外的黄土梁建立了长期养蜂据点。截至

2014年，关坝村的养蜂户共拥有985个蜂箱，已远远超过根据沟内蜜源植物所预测的蜂箱承载量，而养蜂户也将绝大多数蜂箱在火溪河流域内流动饲养，而非仅放置于关坝沟内，以追求更大的产量。

二、 "熊猫蜂蜜" 的大众消费市场支付意愿分析

（一）"熊猫蜂蜜"价值评估方法

1. 条件价值法——非市场资源价值估算

条件价值法（contingent value method，CVM）（Ciriacy-Wantrup，1947）是一类以问卷或访谈调查为基础的、对非市场化资源（如环境保护价值和污染影响评估）的评估框架。虽然这些资源确实能产生效用，但其中的多数部分并不具有直接销售的市场价格，因此不能直接定价。例如，一座未经旅游开发的无名大山的美丽景色使游人受益，但这样的受益是很难用价值模型和现成的定价方法来衡量的。条件价值法是用于测量这类资源的方法框架中最常被使用的一种。其模型通常被称为叙述性偏好模式，这是相对于价格为基础的显示性偏好模式而言的（Boxall et al.，1996）。这两类模型都是基于效用感知评价的模型，基于效用最大化原理（Hanemann，1994；Carson et al.，1996）。通常情况下，在条件价值法的调查中对被调查者提出的主要问题是，其愿意支付多少货币单位，也就是支付意愿（willingness to pay，WTP），以维持存在（或损失获得补偿）环境的特征，如生物多样性，由此测算该服务或资源的经济价值，因此该方法又称为假想市场评估法。

运用条件价值法主要分为四个步骤，设计研究假设方案、选择支付意愿的方式和支付、被支付双方的地位定义，问卷调研，结果分析（Carson，2000）。在本研究中，虽然测度的是大熊猫栖息地保护价值（非市场价值），但由于它具有蜂产品这个支付载体，因此作为"假象市场评估法"的市场设定和支付方式等都可以参照实际上蜂蜜销售的情况，研究方便且比起没有这样的载体更加符合真实市场价格模型的情况。而问卷设计方法一般采取二分式或多分段式的选择法，

参数处理使用Logistic模型进行回归分析。

2. 选择实验法

应用条件价值法，在调查问卷变量的设计方面，由于假想市场设定会引起由基准价格设置带来的偏差（starting point bias），问卷中问题设置容易带来启发性技术偏差（elicitation technique bias），产品选项设置的提问顺序带来的先入为主的意识偏差（survey sequence bias），因此对问卷设计方法的要求较高（Carson et al.，2001）。此外传统的条件价值法理论中没有涉及评估多个变量间相互关系的方法，因此选择实验法（choice experiment）（Louviere et al.，1983）被提出且在修正成型后（Louviere et al.，2000）被广泛使用。选择实验法事实上是对条件价值法的方法学扩展（Adamowicz et al.，1998）。在调查时，不是单纯将某种因素的有或无作为被调查者支付意愿估计的变量，而是将多种因素的有或无的多种组合方式设置为选择集（choice sets），使被调查者在选择集中选择效用最大的一个方案，避免直接估价带来的基准价格设置、问题启发方式等误差（Boxall et al.，1996；Carson et al.，2001）。选择实验法是自然环境价值评估中的重要研究手段，尤其是在生态系统服务功能的估算方面，近年来被广泛应用（Barkmann et al.，2008；Broch et al.，2013；Colombo et al.，2013；Yao et al.，2014）。

选择实验法实质上是将选择提问的选择集模拟成为支付意愿包含的各要素的权重选择集合，然后通过离散因子回归分析来研究上述包含要素之间的数值关系，进而对实验设定的基准价格进行模拟的一种定量研究方法。对于每一种选项i，消费者n的表观特征效用V_{in}都可以表示为其支付价格P以及虚拟商品中的K类非市场价值影响集合$[X_{nk}]$的函数，其效用函数表达式如下：

$$V_{in}=\beta_{i0}+\beta_{i1}P_{in}+\sum_{t=2}^{k}\beta_{i\tau}X_{n\tau}+\varepsilon_{in}$$

若支付价格中的P_{in}部分受上述非市场价值的影响，那么不受影响的部分设为基准价格常数β_{i0}，消费者选择选项i而非选项j的概率Pr_{ni}表达式为：

$$Pr_{ni}=Pr(V_{in}>V_{jn})=Pr\Big[\varepsilon_{in}-\varepsilon_{jn}>(\beta_{j1}P_{jn}-\beta_{i1}P_{in})+\sum_{t=2}^{k}(\beta_{jt}-\beta_{it})\ X_{n\tau}\Big]$$

其中ε_{in}为残差项。若其是目标确定的随机抽样结果，相互独立、具有方差齐性且均服从极值分布，其分布函数为

$$P\ (\varepsilon_{ij}\leqslant_{t})\ =F\ (t)\ =\exp\{-\exp\ (t)\ \}$$

（Revelt et al.，1998），进而就能用条件logit模型回归：

$$P_{ni}=\ \mathrm{e}^{\lambda V_{in}}\Big/\sum \mathrm{e}^{\lambda V_{jn}}$$

进而模型参数估计可用极大似然估计，经过对数似然函数的处理，效用补偿福利（compensation surplus）（Hanemann，1984）就可以通过参数向量的估计值β_i的比值来计算出由各非市场因素水平边际变化所导致的价值（支付意愿）的变化（Bishop et al.，2019），可表示为$WTP_i=-\beta_i/\beta_P$。β_P为价格因子的参数估计值。

该模型先由Nevo（2000）指出，基准价格是实验设计者设定的，实际效用函数中的基准价格也存在选择空间（最明显的例子，被调查者对给出的选项表示均不选，这直接体现了被调查者对基准价格的接受意愿），这一数值会受到消费者个人背景特征的影响，因此Train（2009）后来在数值计算中需要引入固有替代常数（alternative-specific constant，ASC），替代原有的基准价格常数β_{io}并作为函数的变量之一，而ASC的参数估计结果β_{ASC}则被用来验证基准价格设置的合理性、数据信度以及模型的有效性（Hoyos，2010）。

3. 变量设计与问卷调查设计

基于上述理论以及本研究的目标，对"熊猫蜂蜜"产品的价值进行解构是提取调查变量的必要前提工作。"熊猫蜂蜜"产品相比市场售卖的一般蜂蜜（GB 14963-2011国家标准，单花蜜）具有三大特征：① 具有高标准绿色食品的品质，糖度在43波美度以上，采自10种以上的蜜源植物泌蜜（百花蜜），质量符合国家NY/T 752-2012标准（国内最高品质蜂蜜标准）；② 包装外观精美，有著名画师的大熊

猫绘图以及做工精致的罐头及外包装；③ 具有产地保护的概念与生态系统服务付费概念，该部分价值是消费者对所购买的蜂蜜产品拥有的大熊猫栖息地保护价值的一种支付方式，表现方式是销售方承诺销售利益全部返还其产地用于大熊猫栖息地保护。解构的目的是将蜂产品中需要使用条件价值法估价的大熊猫栖息地保护价值这部分与"熊猫蜂蜜"的其他额外的市场价值分离开来，分析三方面因素对"熊猫蜂蜜"产品支付意愿的影响。因为有蜂蜜作为市场定价的载体，所以本研究在设置实验变量时可参照一般蜂蜜的价格，也就是将100元/kg（来自超市和蜂蜜专卖店经营者的访谈）设置基准价，然后分别设置高蜂蜜质量价格、高品质外观价格、栖息地保护支付价格三个价格变量，实际测度时，在基准价格品质上依次叠加这三个价格变量来构造假想商品，尽量形象化且符合消费者的常识预期，以获取更真实的信息。

　　本研究于2013年10月和2014年9月当年新蜂蜜上市的季节，共进行了两次调查。其中2013年为基底调查，使用假设评价方法（Carson，2000）；2014年为在前一次基础上的定量调查，使用选择实验方法。

　　在2013年的基底调查中，在其他5名调查小组成员的协助下（北京3名，成都2名），针对北京和成都的蜂蜜消费者，在超市的蜂蜜销售柜台以及市内的蜂蜜专营商店内随机选取成年消费者作为调查对象，共发放问卷617份，全部回收，其中有效问卷494份，有效率80.1%。基底调查使用9点式量表设置价格变量的数值选项，调查消费者对蜂蜜质量、产品外观和保护概念的支付意愿（假设普通蜂蜜价格100元/kg，上述三个支付意愿变量分别设为y_1、y_2、y_3）。支付意愿的市场载体选择有"高品质（NY/T 752-2012标准）认证的蜂蜜""有微博知名画师的大熊猫手绘图（如样品所示包装）的高品质认证蜂蜜"、真正的"熊猫蜂蜜"三个情景，通过实物的现场递进展示来向被调查者解释上述三个支付意愿的含义（表3.33）。

表3.33　基底调查中被解释变量的定义及相关说明

序号	变量问题	表达式	取值
1	假设普通蜂蜜单价100元，您愿意为一瓶有高品质（NY/T 752-2012标准）认证的蜂蜜支付多少钱	$100+y_1$	"<110"=0，"110~120"=1，"120~140"=2，"140~160"=3，"160~200"=4，"200~250"=5，"250~300"=6，"300~400"=7，">400"=8
2	假设普通蜂蜜单价100元，您愿意为一瓶有微博知名画师的熊猫手绘图（如样品所示包装）的高品质认证蜂蜜支付多少钱	$100+y_1+y_2$	"<110"=0，"110~120"=1，"120~140"=2，"140~160"=3，"160~200"=4，"200~250"=5，"250~300"=6，"300~400"=7，">400"=8
3	假设普通蜂蜜单价100元，如果您用于购买这瓶蜂蜜的钱，除去生产成本将全部用于大熊猫的保护，您愿意支付多少钱	$100+y_1+y_2+y_3$	"<110"=0，"110~120"=1，"120~140"=2，"140~160"=3，"160~200"=4，"200~250"=5，"250~300"=6，"300~400"=7，">400"=8

　　同时，调查消费者的个体特征（性别x_1、年龄x_2、教育水平x_3、职业x_4、家庭规模x_5、是否有小孩x_6、是否有老人x_7、是否为家庭主要购物者x_8、是否经常旅行或参加户外活动x_9），经济因素（家庭月收入x_{10}、家庭购买蜂蜜产品的月预算x_{11}），认知和评价（对食品安全的关心程度x_{12}、对社会蜂蜜食品安全状况的评价x_{13}、对高质量蜂蜜的认知x_{14}、对蜂蜜产品包装的认知x_{15}、对大熊猫社区保护概念的认知x_{16}、对环保非政府组织和生态农产品的信任程度x_{17}）。基底调查中解释变量的定义及相关说明如表3.34所示，问卷设计见附录。在调查中，首先调查解释变量，在对高品质蜂蜜的认知、对蜂蜜产品包装的认知、对大熊猫社区保护概念的认知题目的填写中，对调查者进行重要概念解释。

表3.34　基底调查中解释变量的定义及相关说明

变量类型	变量问题	变量	取值
个体特征	您的性别	x_1	"男"=1，"女"=2
	您的年龄	x_2	"20岁以下"=1，"21~30岁"=2，"31~40岁"=3，"41~50岁"=4，"51~60岁"=5，"60岁以上"=6
	您的教育水平	x_3	"小学或以下"=1，"初中"=2，"高中或职业教育学历"=3，"大学"=4，"研究生或以上"=5
	您的职业	x_4	无序分类变量："政府机关或军队""教育行业或科研机构""医护行业""金融企业""IT企业""餐饮娱乐服务业""自由职业或无业""以上都不是"
	您家里有几口人	x_5	"3口或更少"=1，"4~5口"=2，"多于5口"=3
	您家是否有小孩	x_6	"是"=2，"否"=1
	您家是否有老人	x_7	"是"=2，"否"=1

续表

变量类型	变量问题	变量	取值
	您是不是在家主要负责购物的人	x_8	"是"=2，"否"=1
	您或您的家人是否经常参加旅游或者户外活动	x_9	"是"=2，"否"=1
经济因素	您的家庭月收入是多少	x_{10}	"<2000"=1，"2000~4000"=2，"4000~8000"=3，"8000~15 000"=4，"15 000~30 000"=5，"30 000~60 000"=6，">60 000"=7
	您平均每月用于购买蜂蜜的预算是多少	x_{11}	"<20"=1，"20~50"=2，"50~100"=3，"100~200"=4，"200~500"=5，"500~1000"=6，">1000"=7
	您是否关心食品安全问题	x_{12}	"非常不关心"=1，"不太关心"=2，"说不清"=3，"比较关心"=4，"非常关心"=5
认知与评价	您认为目前市面上的蜂蜜产品一般质量如何	x_{13}	"非常差，假货横行"=1，"比较差，需要留心"=2，"一般般，不太了解"=3，"比较好，还可提高"=4，"非常好，无可挑剔"=5
	您是否了解高品质绿色蜂蜜的国家认证	x_{14}	"完全不了解"=1，"仅听说过"=2，"认识认证标识，但不知具体指标"=3；"知道一些指标，也会辨识"=4，"了解标准的细节，也会辨识"=5
	您是否在意蜂蜜的包装	x_{15}	"完全不在意"=1，"只有偶尔送礼的时候会在意"=2，"送礼和买给家人的话会在意"=3；"平时自己喝的蜂蜜也会在意"=4；"非常喜欢"=5
	您是否关心大熊猫的保护	x_{16}	"完全不关心"=1，"不太了解"=2，"一般般"=3，"比较关心"=4，"非常关心"=5
	如果有机构使用生态农产品销售的方式筹资用于自然保护事业，您是否信任	x_{17}	"完全不信任也不关心"=1，"不太信任，可能看看热闹"=2，"说不清，但会关注"=3，"比较信任"=4，"非常信任，会用资金支持"=5

得到基底调查结果之后，对解释变量和被解释变量进行归类描述性统计和相关性检验。在2014年的选择实验法调查中，利用基底调查得到的支付意愿结果和可能的影响因素，设计选择实验的选择集以及影响选择的变量。选择集被设置成蜂蜜品质QUA、精美外观PAC和保护概念CON的有无（赋值2和1）这三个2水平非数值变量，以及支付价格变量PRI（包括4个价格水平150元/kg，200元/kg，250元/kg，300元/kg，分别赋值1、2、3、4）的析因设计。完整的析因设计包含2×2×2×4 = 32个选择，若完全考虑其两两间的配对选择，共需设计C_2^{32}=496对选择作为选择全集，有限时间内不容易完成，也不可能对被调查者提出选择全集实验的要求。因此，本研究使用R语言加载AlgDesign工具包，通过正交设计法筛选了32个选择中的16个，之后用随机配对法将16个选择用两种顺序随机排列（A列和B列），然后将得到的16对配对分成两部分，制作成2个版本的问卷（如附录），每个

问卷包含8组选择，也就是8种情景，对每种情景的响应包含A列选项、B列选项和均不选（ASC选项）（表3.35）。8种情景的数量符合一般被调查者获取足够真实回答的耐心水平（Aizaki et al.，2008）。

表3.35　通过正交设计和随机筛选出的问卷选择集

情景	蜂蜜A				蜂蜜B			
	质量认证	精美包装	保护概念	支付意愿	质量认证	精美包装	保护概念	支付意愿
问卷A								
1	无	有	有	￥200/kg	无	无	无	￥150/kg
2	有	有	有	￥150/kg	有	无	有	￥300/kg
3	有	无	无	￥150/kg	无	有	无	￥300/kg
4	无	有	无	￥300/kg	有	无	无	￥250/kg
5	无	无	无	￥300/kg	有	无	有	￥200/kg
6	有	有	无	￥300/kg	有	无	无	￥150/kg
7	有	无	有	￥200/kg	无	无	无	￥150/kg
8	无	无	有	￥250/kg	有	有	无	￥150/kg
问卷B								
1	无	有	无	￥250/kg	无	无	无	￥200/kg
2	有	无	有	￥250/kg	无	无	无	￥200/kg
3	有	有	有	￥250/kg	无	有	无	￥250/kg
4	无	无	有	￥150/kg	有	无	无	￥300/kg
5	无	无	无	￥200/kg	有	无	无	￥200/kg
6	有	无	无	￥200/kg	有	无	无	￥250/kg
7	有	无	有	￥300/kg	有	有	无	￥300/kg
8	无	无	无	￥150/kg	无	无	有	￥250/kg

2014年的选择实验调查依然在2013年基底调查时的超市专柜和蜂蜜商店进行。问卷中2个版本随机发放，共发放A卷109份，B卷98份，全部收回，其中有效A卷101份，B卷94份，共计195份，有效率94.2%。此外，本研究采取引导式的调查方式来帮助被调查者完成问卷，被调查者填写问卷时调查小组成员在身边协助，及时帮助被调查者解决疑问，充分保证问卷完成的质量。调查也使用了实物奖品作为提高被调查者积极性和认真态度的奖励。问卷调查时，向被调查者承诺其提供的所有信息与对问卷的响应将仅用于科学研究，不作任何商业用途。

（二）支付意愿基底调查结果

使用支付意愿调查对"熊猫蜂蜜"的单价进行估算。在2013年基底调查所回收的494份有效问卷中，有490份选择了"愿意为购买高品质绿色蜂蜜、外包装精美的蜂蜜或具有大熊猫保护内涵的蜂蜜支付更高的价格"，占比99.2%，显示了消费者对蜂蜜产品中蕴含的这三类价值的认可，也说明研究中100元/kg的基准价格设置是合理的。消费者对"熊猫蜂蜜"三个选项的支付意愿分布比例如表3.36所示。

表3.36　消费者对"熊猫蜂蜜"三个选项的支付意愿分布比例（n=494）

价格区间/元	溢价比例	情景1质量认证		情景2精美包装		情景3保护概念	
		频数	比例	频数	比例	频数	比例
不愿意支付	N/A	4	0.8%	4	0.8%	4	0.8%
<110	0~10%	13	2.6%	13	2.6%	4	0.8%
110~120	10%~20%	53	10.7%	38	7.7%	8	1.6%
120~140	20%~40%	88	17.8%	82	16.6%	43	8.7%
140~160	40%~60%	182	36.8%	142	28.7%	101	20.4%
160~200	60%~100%	91	18.4%	149	30.2%	126	25.5%
200~250	100%~150%	50	10.1%	55	11.1%	156	31.6%
250~300	150%~200%	7	1.4%	7	1.4%	32	6.5%
300~400	200%~300%	4	0.8%	3	0.6%	13	2.6%
>400	>300%	2	0.4%	1	0.2%	7	1.4%

调查结果显示，情景1中消费者对"高品质（NY/T 752–2012标准）认证的蜂蜜"的支付意愿响应中位数为"140～160元"，对"有微博知名画师的大熊猫手绘图（如样品所示包装）的高品质认证蜂蜜"的支付意愿响应中位数为"160～200元"、对真正的"熊猫蜂蜜"设定的支付意愿响应中位数为"200～250元"。对情景之间的消费者响应情况进行Kruskal–Wallis中位数检验，三个情景之间中位数均有极显著差异（p<0.01），可以说明消费者对"熊猫蜂蜜"三类价值都有一定的支付意愿，其中对高质量认证价值和保护概念价值的支付意愿要高于精美包装价值。三类价值的支付意愿数额估计值均在50~100元/kg之间，因此使用50元/kg作为支付意愿选择实验法中价格变量设置的溢价单位是合理的。

（三）影响支付意愿的因素

在支付意愿基底调查所回收的494份有效问卷中，女性所占比例略高于男性，显示了女性对购买蜂蜜的行为意愿要大于男性；蜂蜜消费者年龄构成较平均，中位数取值41~50岁；教育水平方面，北京和成都购买蜂蜜的人群以高中到大学居多，这符合一线城市人口教育水平的平均水平；同样的，家庭规模方面以核心家庭（3口或以下）居多，也符合一线城市人口的家庭规模分布；被调查的消费者主要负责购物的比例占到了近80%，而是否经常旅游分布较平均。样本的个人背景特征如表3.37所示。

表3.37 样本的个人背景特征

变量	取值	频数（$n=494$）	有效比例/（%）
调查地点（x_0）	北京	258	52.2
	成都	236	47.8
性别（x_1）	男	223	45.1
	女	271	54.9
年龄（x_2）	≤20	2	0.4
	21~30	84	17.0
	31~40	112	22.7
	41~50	111	22.5
	51~60	133	26.9
	≥61	52	10.5
教育水平（x_3）	小学及以下	12	2.4
	初中	41	8.3
	高中或技校	152	30.8
	大学	198	40.1
	研究生及以上	91	18.4
职业（x_4）	政府机关或军队	54	10.9
	教育或科研	62	12.6
	医护	72	14.6
	金融企业	82	16.6
	IT企业	84	17.0
	餐饮娱乐服务	96	19.4
	自由职业	19	3.8
	以上都不是	25	5.1
家庭规模（x_5）	3口或以下	262	53.0
	4~5口	173	35.0
	大于5口	59	11.9
是否有小孩（x_6）	是	336	68.0
	否	158	32.0
是否有老人（x_7）	是	191	38.7
	否	303	61.3
是否负责购物（x_8）	是	394	79.8
	否	100	20.2
是否经常旅游（x_9）	是	212	42.9
	否	282	57.1

至于家庭收入和在蜂蜜上的花费，调查的超市和蜂蜜专卖店的消费者以收入为8000~15 000元的中产家庭为主，而每月在购买蜂蜜上的花费的中位数取值为100~200元（表3.38）。

表3.38 样本的经济特征

变量	中位数	四分位数
家庭月收入（x_{10}）	4（8000~15 000）	3（4000~8000）/5（15 000~30 000）
每月蜂蜜开销（x_{11}）	4（100~200）	3（50~100）/4（100~200）

与"熊猫蜂蜜"相关的认知特征方面，被调查的消费者普遍对食品安全问题有较高的关注，且对市场上蜂蜜的质量持谨慎的态度。但消费者对蜂蜜质量的标准和蜂蜜的包装认知普遍不足。被调查者对大熊猫保护关注程度较高，而对非政府组织与保护项目的支持程度因人而异（表3.39）。

表3.39 样本的认知特征

变量	中位数（1~5）	四分位数（1~5）
对食品安全的关心程度（x_{12}）	4	4/5
对市场上蜂蜜产品的信任程度（x_{13}）	3	2/3
对蜂蜜质量的认知（x_{14}）	2	2/4
对蜂蜜包装的认知（x_{15}）	2	1/3
对大熊猫保护的认知（x_{16}）	4	3/4
对非政府组织和保护项目的信任程度（x_{17}）	4	2/5

对于解释变量中的二分变量和无序分类变量（x_0，x_1，x_4，x_5，x_6，x_7，x_8，x_9），对其被解释变量的单因素方差分析作为相关性分析；对于离散型数值变量（x_2，x_3，x_{10}，x_{11}，x_{12}，x_{13}，x_{14}，x_{15}，x_{16}，x_{17}），相对其被解释变量（y_1，y_2，y_3）进行Spearman秩相关检验。消费者支付意愿影响因素的相关性分析结果如表3.40所示。

统计结果表明，家中是否有老人、家庭收入水平会影响消费者对质量、包装和保护概念三方面价值的支付意愿；年龄、家中是否有小孩会影响产品外观价值的支付意愿；而教育水平、是否有小孩、是否经常参加户外活动影响消费者对大熊猫保护补偿的支付意愿。在认知方面，相应的认知对相应的价值支付意愿有显著相关性（食品安全关注度和对质量认证的认知影响对高质量产品的支付意愿，对产品外观的认知影响对外观的支付意愿，而对大熊猫保护的关注度和对非政府组织开展保护项目的信任程度影响对保护概念的支付意愿），符合研究初始设计时的判断。

表3.40　消费者支付意愿影响因素的相关性分析结果

解释变量	y_1	y_2	y_3
x_0	ns	ns	ns
x_1	ns	ns	ns
x_2	ns	*	ns
x_3	ns	ns	*
x_4	ns	ns	ns
x_5	ns	ns	ns
x_6	ns	*	**
x_7	**	*	*
x_8	ns	ns	ns
x_9	ns	ns	*
x_{10}	*	**	***
x_{11}	*	ns	ns
x_{12}	***	ns	ns
x_{13}	ns	ns	ns
x_{14}	**	ns	ns
x_{15}	*	**	ns
x_{16}	ns	*	**
x_{17}	ns	ns	**

注：ns，相关性不显著；*，5%水平下相关性显著；**，1%水平下相关性显著；***，0.1%水平下相关性显著。

（四）支付意愿的计算

2014年的调查中回收有效问卷195份，每份问卷的选择集中设8个情景，共收集选项数据1560组。使用R语言的"clogit（）"函数（Aizaki et al.，2008）对数据结果进行条件logit回归（表3.41）。其中变量QUA、PAC、CON均为虚拟产品中相应价值的有无，为二分变量；PRI为4水平价格排序分类变量；ASC为象征基准价格选择与否的二分变量。

模型回归显示，对于高质量蜂蜜（QUA）、精美包装（PAC）、保护概念（CON）三个变量，其p值均小于0.05，说明其对被调查者支付意愿的影响都是显著的。同时非参数检验和Pseudo R^2值表明模型拟合的效度是好的，变量间彼此独立。

　　变量的回归系数的数值关系反映了变量在影响支付意愿方面的权重。可以看出，消费者对蜂蜜本身的质量的支付意愿最为突出，其次是保护概念，再次是产品外观。支付价格变量系数为负，表明支付价格对个人效用函数的效果为负相关，也是符合经济学常理的结果。

表3.41　选择实验样本条件logit回归结果

变量	回归系数 γ coef.	标准误se	Z统计量	p
ASC	0.782272	0.052151	3.2675	0.0031
QUA	0.512101	0.046555	3.060	0.0039
PAC	0.182567	0.018441	2.598	0.0117
CON	0.291312	0.018207	3.011	0.0046
PRI	−0.007826	−0.000601	−4.928	0.0001
Likelihood ratio X^2 test=3330 on 5 df		P=0.000001，n=4680		
Log Likelihood=−1868.10		Pseudo R^2=0.221		

　　根据效用补偿福利和因素效用比值的表达式$WTP_i=-\beta_i/\beta_P$，可以将logit回归系数γ的比值等价于β参数的比值。因此，有：

$$WTP_{ASC}=-\gamma_{ASC}/\gamma_{PRI}$$

$$WTP_{QUA}=-\gamma_{QUA}/\gamma_{PRI}$$

$$WTP_{PAC}=-\gamma_{PAC}/\gamma_{PRI}$$

$$WTP_{CON}=-\gamma_{CON}/\gamma_{PRI}$$

　　首先计算WTP_{ASC}是否符合基准价格100元/kg的实验设定。$WTP_{ASC}=-\dfrac{\gamma_{ASC}}{\gamma_{PRI}}$=99.96；接下来分别计算$WTP_{QUA}$、$WTP_{PAC}$、$WTP_{CON}$（表3.42）所示。"熊猫蜂蜜"的消费者支付意愿约为226元/kg。

表3.42　消费者对"熊猫蜂蜜"中三类价值的支付意愿价格

变量	WTP/（元/kg）
ASC	99.96
QUA	65.44
PAC	23.33
CON	37.22
"熊猫蜂蜜"总支付意愿	225.95

三、理论与实际

（一）中华蜜蜂与大熊猫栖息地保护的可持续市场补偿模式

生态系统服务付费主要包括保护行为直接现金补偿、产业发展和产业结构调整资助、生态移民补偿等政策手段，以及生态旅游市场、碳排放交易为代表的市场手段（Jack et al.，2009；Hein et al.，2013；Vidal et al.，2014）。本研究中所涉及的"熊猫-蜜蜂"保护策略实质上也是一种生态系统服务付费，以市场手段（以蜜蜂为保护价值载体）为主，以政策手段为辅（社区基金与保护行为补偿）。其特点是：① 比起政策补偿，它有实实在在的市场可以减少很多政策运营成本以及监管的不确定性，且对保护地居民（生态服务提供者）的生计和生活方式影响更持续，比政策补偿的方式更加适合作为社区参与保护的付费方式；② 相对于生态旅游等普遍的市场补偿方式，有一个实物商品作为价值载体，对保护价值的核算以及市场营销都有更精确的参考意义。这些特点也是本研究所采取的利用选择实验法进行支付意愿调查的研究方法更适合用来研究社区参与的保护中的价值核算问题的原因。

除了蜂蜜产品之外，大熊猫栖息地森林也能产出其他非木材森林产品（non-timber forest product，NTFP），其不仅也有可能成为大熊猫栖息地保护价值的载体，而且有些还可能与中华蜜蜂的传粉服务相关，从另一层面实现中华蜜蜂的生态价值（Bateman et al.，2010；Bishop et al.，2012）。

按本研究"关坝村的中华蜜蜂产业理论最大产值及规模容量"一节所得到的关坝沟内最大蜂蜜产量4050 kg，而北京和成都的消费者对"熊猫蜂蜜"的支付意愿是226元/kg，因此，关坝沟大熊猫栖息地通过产生蜂蜜产品创造的价值是约915 300元。这其中按保护概念在蜂蜜价值的比重是$\frac{WTP_{CON}}{WTP_{All}}=\frac{37.22}{225.95}=16.5\%$来计算，理论上关坝村每年可以通过蜂蜜销售的方式获得来自蜂蜜消费者的大熊猫栖息地保护付费约15.1万元。这样的金额虽勉强够对关坝村的转产、监测巡护、宣教等保护措施进行支付。但达到这样的水平有三个前提：① 关坝沟的蜂蜜产量可以达到理论值4050 kg；② 关坝沟的蜂蜜生产及质量控制可以保证产出的蜂蜜全部达到"熊猫蜂蜜"的标准；③ "熊猫蜂蜜"的营销能在符合消费者支付意愿的水平上，获取符合其产量的市场规模。而目前关坝村的现状还远没有到满足这三个前提的程度。产量方面，蜂产业受气候条件和其他不确定因素影响，不足以提供稳定收益；质量标准方面，关坝村村民养蜂的质量控制技术尚不过关，需要长时间培训和实践；而市场开发方面，我国民众对生态系统服务功能的价值与支付方式的认知水平尚落后于欧美发达国家和一些生态补偿政策开展更早更深入的国家。因此，大熊猫栖息地保护的可持续市场补偿模式的成功建立还有很长的路要走。

（二）蜂产业引领平武生态扶贫政策

　　虽然从纯理论的角度分析，"熊猫–蜂蜜"保护策略在其生态产品方面还没有完全通过市场渠道打通可持续补偿保护的道路，但关坝村的生态产业实践通过影响和促进平武县生态产业布局和发展思路，从政策面上打开了一片天，尤其是中华蜜蜂产业，成为平武县特色产业，有效助力了生态扶贫。平武县探索出了一条"平武中华蜜蜂+"产业扶贫模式，作为全县生态农业产业扶贫的套餐产业，在73个贫困村率先启动，按照"产加销相结合""科经教相结合""农工贸相结合"的要求，由平武县本地三个龙头企业引领，分片区发展，实现一村一中华蜜蜂产业园，一村一经济合作组织，两年时间内实现全域覆盖。2017年，在拟摘帽的32个贫困村引领1500余户贫困户发展平武中华蜜蜂养殖，实现年末贫困户每户增收8000元以上，贫困村创造收益1200万元以上，实现脱贫3018人，全县中华蜜蜂产业产值突破3亿元以上。可谓是"小蜜蜂在大山深处酿出了甜蜜大产业。"

　　为保证中华蜜蜂蜜源并实现生产集约化，平武县采取"平武中华蜜蜂+一、二级蜜源经济作物"农业生产布局策略。一是按照季节在中华蜜蜂产业园区种植苦荞、油菜、蔬菜等蜜源农作物。二是根据园区地域特征，套种芍药、乌药、金银花等草本中药材蜜源经济植物。三是全域范围内种植毛叶山桐子、厚朴等优质木本蜜源植物。县林业部门围绕中华蜜蜂产业园栽种毛叶山桐子3万亩，三年后，这又将成为扶贫产业的一个亮点：① 毛叶山桐子产蜜量高，产油率高，达产后，可创收1.2亿元；② 毛叶山桐子树皮灰白色，树干通直，树形美观，花繁果红，果实成串下挂似葡萄，入秋后红艳夺目，可成为平武旅游上的新景观。

平武县委、县政府决定，采取"平武中华蜜蜂+一、二、三产业"政策，注重生态信息农业和全域旅游，并将其列为脱贫攻坚和乡村振兴的主战场。平武中华蜜蜂成为四大主导产业（平武茶叶、平武中华蜜蜂、平武果梅、平武厚朴）之一的同时，得到了县委、县政府三大政策的扶持：其一是强化基地建设，建立平武中华蜜蜂产业园区，合理配置蜜源经济植物，与蜜源经济作物的种植相结合，实现每一户贫困户都有中华蜜蜂产业，每一村都有中华蜜蜂产业园；其二是由平武蜂产品加工企业，从生产、加工、包装和销售各个环节给予引导和扶持，并全程介入高端蜂蜜产品的生产和销售；其三是依托中华蜜蜂产业园建立新的休闲观光农业园区、生态农居等，让农户体验养蜂乐趣，同时，观赏蜜源植物毛叶山桐子的花果，成为新的休闲旅游点。

平武县采取"平武中华蜜蜂+天地人网"，充分利用"天网""地网"和"人网"，积极做好平武中华蜜蜂产品的市场开拓。① 天网：推进农业供给侧改革，发展电子商务及"互联网+"，平武县绿野科技开发有限公司、平武县康昕生态食品集团有限公司加入天猫、京东等大型电商平台，成功创建"平武一点通""平武生态农特馆""润生众品"等电商平台，强化农村电子商务建设，着力解决"最后一公里"问题；② 地网：引导和扶持龙头企业在全国一、二、三线城市建立生态农产品体验店，通过"食药同源"平台在北京、上海、广州等一线城市建立平武生态农产品展示厅；③ 人网：积极参与"川货北京行""新春购物节""全国糖酒商品交易会"等各种展会活动，充分开展定制农业和团购业务。最终，让"天网""地网"和"人网"，成为平武蜂蜜和其他农特产品展示和展销的主渠道。

平武县还建立了五大体系，确保"平武中华蜜蜂+"体系中农产品质量安全。① 建立监测体系：明确蜂系产品质量标准，建设产品质量检测中心。② 可追溯体系：将蜂系产品生产、采购、包装、运输、销售等环节的信息采集纳入质量可追溯体系。③ 建立诚信体系：将"三品一标"认证、产品质量安全、禁用农药、兽（鱼）药和有毒有害物质在产品方面情况，诚信档案建立和完善情况，产品合同以及商标使用情况等内容纳入生产者、经营者诚信体系，通过村规民约、农民专业合作组织协会章程等手段提高农民诚实守信意识，设立诚信担保基金。④ 建立认证体系：通过"三品一标"的申报认证和监管，开展产品商标申报和中国驰名商标、省著名商标、市知名商标品牌创建工作。⑤ 加强生态环境体系建设：加强中华蜜蜂产业园区周边的环境监测、治理和保护，并将其纳入信息化管理，为生态农产品提供良好的生态环境。

　　类似关坝村的西部山区乡村，承载着生态服务、生态产品和文化传承的功能。单一的替代生计有着较高的自然和市场风险，未来以庭院经济为基础的多元产业互促互补，以合作社、家庭农场为主体的适度规模化生态农业，以自然资本增长为主要特点的集体经济壮大，以生态服务作为新兴农村就业渠道和生态安全的有力保障，以文化挖掘和恢复传承为产业融合的抓手，逐步实现一产和三产的有机融合，家庭和集体的相互促进，人与自然的和谐共处，生态产品价值的完美实现将会是一个趋势和方向。

第四章

共存的前景

——关坝村为平武大熊猫社区保护提供的经验与展望

　　2016年，在关坝村的社区保护尝试向前推进时，整个大熊猫栖息地迎来了大熊猫国家公园体制试点带来的新契机。林权和森林资源管理一直是保护工作中的难点，一片林子是谁的，谁能经营林地获益，又是谁有权力和责任来管理，管理的边界在哪里……这些问题如果不理清楚，很难开展有效的保护和管理工作。而由于历史原因，火溪河流域有接近30万亩林地存在各种各样的权属纠纷，有些地方因为争议导致生态公益林管护资金都发不下去，保护工作开展不起来。大熊猫国家公园要实现连通性和完整性，复杂权属林地的管理这道坎必须迈过去。而正好在当时的关坝村有基于养蜂专业合作社对村集体林的保护和管理经验，可以在此基础上进一步探索更好的共管机制。

　　在大熊猫国家公园体制试点中，山水与关坝村党支部委员会和村民委员会（以下简称"村两委"）、木皮乡人民政府、平武县林业和草原局（以下简称"林草局"）、平武县林业发展总公司（以下简称"林发司"）多轮讨论后，决定以关坝村养蜂专业合作社、巡护队为基础成立关坝流域自然保护中心（以下简称"关坝保护中心"），建立平武县关坝沟流域自然保护小区（以下简称"关坝保护小区"）。在平武县林草局的指导下，开始尝试在不改变林地权属的情况下，以协议授权的方式来管理：关坝保护中心分别与平武县林发司和木皮乡人民政府签订协议，授权关坝保护中心为管理主体，木皮乡和平武县林发司以托管、共管的方式来管理权属不清的村有、乡有以及国有林，并每年拿出5万元购买关坝保护中心的生态保护服务。

　　2018年5月，关坝村迎来了保护历程中的一个高光时刻——在山水和桃花源基金会的技术支持下，关坝保护小区在支付宝客户端的"蚂蚁森林"平台上线，超过1000万网友通过能量认管的方式，支持关坝沟18.23 km^{2}的大熊猫栖息地管护。

　　2018年，关坝保护小区的模式通过了中共四川省委全面深化改革委员会办公室的验收，并建议在全省推广。其生态脱贫经验也被时任平武县县长黄骏带到了中国浦东干部学院全国扶贫干部培训会上分享，并获得全国第六届野生动植物卫士奖。2020年，这个名不见经传的小山村获得了四川省大熊猫保护突出贡献奖的殊荣。这些足以证明社区保护是有成效的，是能够回应现阶段生态文明建设的问题的，是大熊猫国家公园建设中绕不开也离不开的力量。

关坝村社区保护道路大致经历了三个阶段，从合作社到村两委到"一核多级"的治理机构，有了更多社会和政府的支持，关坝也开始了更精细、精准的资源管理，并在全村形成了"坚守生态保护底线，坚持绿色发展主线，精准保护，融合发展，资源共有，利益共享，社区共建，多劳多得，兼顾困难群体，践行绿水青山就是金山银山，实现人与自然和谐共处"的理念和原则。妇女、老人、贫困户、儿童也逐渐参与进来，实现了少数精英管理到多数集体行动的最难的跨越。在整个历程中，每一步跨越都有一些值得总结的经验。

第一节　关坝村养蜂专业合作社的启示

一、养蜂专业合作社的经济和生态效益

作为关坝村社区保护的"破局形态"，养蜂专业合作社的蜕变是一个循序渐进的过程，从起初的"空壳"到现在的有生命力的经济实体，取得的成效表现在不同方面（表4.1）：

表4.1　关坝村家庭经济活动类型统计表

统计项目	2009年	2017年
蜂箱数量	300箱（老式）	300箱（老式）+200箱（新式）
养殖方式	1个集体蜂场，散养为主	5个签约生产基地，适度规模生产
养蜂技术	家族继承，基本不懂防疫措施，没有技术交流行为	畜牧局和成都养蜂协会技术员实地指导，农民田间学校学习养蜂知识
蜂蜜产量	1500 kg	2500 kg
产品种类	原蜜	原蜜、自主品牌蜂蜜、巢蜜、唇膏、蜂蜜酒等
销售价格	4~6元/kg	25~40元/kg
销售方式	自销为主，委托销售为辅	订单销售，电商
销售渠道	单一	稳定的客户（山水伙伴公司、生态诚品等）

统计项目	2009年	2017年
保护行为	公约	8人的生态环境监测巡护队， 每月两次定期巡护工作， 蜜源、水源、气候、野生动物监测， 详细可行的保护计划
管理机制	有名无实	形成资产，有自主品牌； 建立组织架构和分工； 建立制度和管理机制（产品监管、财务公开、利润分配等）

（1）经济效益："熊猫蜂蜜"和"藏乡土蜜"的品质保障带来的是产品信誉和市场需求增加，蜂蜜的收购价升至25元/kg（图4.1），高于当地市场价20%。2012年推出"熊猫蜂蜜"生态产品以来，仅通过"熊猫蜂蜜"渠道售出的蜂蜜价值就达18万元，为了支持鼓励关坝村生态产业的发展，后续多家社会企业以高于市场溢价收购蜂蜜。2013年起合作社连续两年共计分红66 240元，截至2014年关坝村养蜂农户平均每年增收3000~4000元，其中2014年最大养蜂户收入达到46 000元。

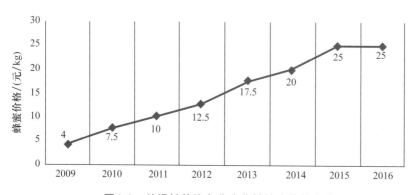

图4.1 关坝村养蜂专业合作社蜂蜜价格走势

（2）生态效益：一是带动居民生产生活方式的良性转变，稳定的收入促使当地居民减少了打猎、挖药、放牧牛羊等损耗自然资源的生产活动，减少了对自然资源的消耗，如原有一个有100多只羊的养羊大户，2010年参加养蜂专业合作社的培训，学习新式养蜂技术后，担任了养蜂基地的管理人员，通过养蜂得了可观且稳定的收入，于当年底卖掉了所有的羊，一心一意养蜂，现已成为合作社的技术骨干。据统计，2009年关坝沟内养殖了50多头牛、500多只羊，2021年已经减少到不足5头牛和100只羊。养蜂业逐渐替代环境不友好产业，对当地生态环境保护起到了促进作用。二是初步建立起生态反馈机制，发展方式变自然资源消耗型为自然资本投入型，为实现社区发展可持续性提供机制保障。具体做法包括：合作社经协商将蜂蜜销售额的10%作为公益金返还社区，用于养蜂工具购置、社区生态保护技术设备提升以及社区基础设施的维护。将社区经济发展所获得的部分收益回馈到支持生态保护的活动当中，形成经济发展与生态保护良性互动。

二、多角度分析

回顾关坝村养蜂专业合作社近8年在养殖、销售、管理、保护等方面的成效，可以从以下五个角度分析合作社循序渐进的变化。

其一，从承载力的角度。关坝村养蜂专业合作社结合当地自然资源和人力资源的承载力，通过蜜源植物调查和在地蜂农的经验，选择适度的养殖规模，规划蜂场的相对位置，避免蜂群对蜜源的争夺，保证蜂蜜的质量和蜂农的投入产出比；尊重当地传统棒棒巢养殖的习惯，同时引入新式养殖技术，交由蜂农自己来选择；稳步推进，调整农业生产，减少和规范农药的使用，减少砍树、放牧等对蜜源植物的影响，结合造林项目栽植蜜源植物，通过农民田间学校培养蜂农，吸引青年返乡等，恢复和增加自然资源和人力资源的承载力。

其二，从管理机制的角度。坚持合作社小众化的理念，不盲目扩大会员数量，坚持循序渐进，不走跨越式道路。合作社从2009年的9人，逐步发展到2012年的17人，到2017年的33人，合作社人数逐渐增多但规模有所控制，尽量保持一个沟通效率较高、交易成本较低的规模，从而保证每个成员都可以得到总收益中相当大的一部分，避免少数人"侵占"多数人的利益的倾向以及出现搭便车的现象。同时，进行选择性鼓励，尤其是对带头人的激励：一方面选择经济激励，允许以合作社确定的蜂蜜成品的保底价通过自身的渠道进行销售；另一方面是社会激励，通过参加合作社的义务活动，获得声望、尊敬、友谊，提升自身的社会地位和外界的认可。合作社集体决策并逐步调整和明确合作社利润分配机制、财务公开机制、内部监督机制。公开机制对于猜忌比较严重的农村社区至关重要，也是集体行动发生的主要障碍之一。

其三，从外部支持的角度。处理好与村委会、村民、非政府组织和政府的关系。充分借助山水等社会组织的力量，进行"股东+会员"改造，提高养蜂技术，拓展销售渠道，加强环境管理。建立利润反馈社区公益的机制，合作社及蜂农依托的资源属于集体资源，拿出一部分利润可以有效平衡少数人受益和多数人共享资源的矛盾，可以降低资源盲目争夺和蓄意破坏养蜂环境的行为，也提高了村民对公共事务的参与度和认可度。合作社成立之初和运行前期是没有政府支持的，尤其是资金支持，合作社虽然进展缓慢但比较健康有序，也形成了自己的一套有效管理机制，能够冷静地思考眼下的机会和长远的利益，对于后期以业绩为目的，强行推进的行动予以合理主动的规避，保证自身的良性运行和持续发展。

其四，从产业产品的角度。发展生态养蜂产业是合作社立足当地资源特点和县域规划作出的选择，避免走同质化、规模化、低质化的道路。养蜂产业不与养殖业争饲料，不与种植业争资源，生产过程不但不污染环境，反而有利于生物多样性；它投资少、风险小、见效快；人力投入少，管理成本低，养蜂产业与当地的自然山水、文化传统以及村民知识结构、社会关系融合度很高，是集经济、生态、社会效益于一体的绿色产业，符合可持续发展理念。通过打生态牌、大熊猫牌、保护牌，吸引社会和市场资源的投入，促进生态养蜂产业可持续发展。合作社将产品定位于中高端，不与当地低价饱和的市场竞争；建立符合当地特色的自主品牌，与高端品牌"熊猫森林蜜"合作，提升自身知名度和美誉度；将眼光放到北、上、广等一线城市，主动走出去，借助政府和社会组织的资源和平台，结合开展的大熊猫保护行动进行宣传，以参展、参会的方式来提升产品知名度，拓展市场渠道；除了蜂蜜的常规产品外，积极开发新产品，如巢蜜，制作蜂蜜延伸品，如蜂蜜酒、唇膏等。

其五，从政府政策支持的角度。这一阶段的关坝社区保护地由于规模较小，不符合政府的政策偏好，基本上没有获得政府的有效支持。在合作社成立初期，适逢灾后重建，获得普惠项目的5万元初始启动经费，之后的发展和运行都没有获得政府的资金支持，也没有项目支持，同时也没有受到政府的行政干预。合作社在山水的指导下按照市场的逻辑内生性的发育和成长，并显示出旺盛的生命力。2016年，平武县政府挖掘了关坝村专业养蜂合作社的典型案例，给予10万元的奖励。同时政府开始介入合作社的经营，期望合作社能扩大规模，帮助扶贫，并期望在县域范围内推广养蜂产业。

三、结论和启示

农民合作社是目前农村经济发展的重要组织形式，也是深化农村改革，建立美丽乡村，推进田园综合体建设的重要载体。从关坝村养蜂专业合作社8年的实践来看，小规模的合作社更适应现阶段的农村生产关系，政府应该改变目前支持大规模合作社的政策偏好，改变对合作社的政府支持标准、范围和方式；不以人数、规模等来作为支持标准，而应从产品安全、合作社运行绩效与环境承载、保护和可持续发展来考量。政府的支持要避免行政干预，可以通过购买第三方服务的方式，使合作社发展得到专家组织和行业支持；减少不属于合作社经营范围内的工作任务，这样的管理和促进方式不仅适于这种生态保护与经济发展相结合的组织形式，更是为广泛的生态扶贫工作提供参考。

第二节　关坝村养蜂及其他替代生计产业的现状与未来展望

民族要复兴，乡村必振兴。而乡村振兴的关键是产业振兴，促进乡村产业振兴，要坚持因地制宜、突出特色，市场导向、政府支持，融合发展、联农带农，绿色引领、创新驱动等原则，把以农业农村资源为依托的二、三产业尽量留在农村，把农业产业链的增值收益、就业岗位尽量留给农民。

关坝村因地制宜，坚持生态保护的底线，充分利用自然资源，发展绿色产业，以生态养蜂产业为起点，逐步形成生态养蜂、林下中药材种植、冷水鱼养殖、生态保护服务、自然教育等多元、相融、互促的替代生计组合。

资源约束程度决定了产品生产方向、生产成本、比较效益以及关键技术选择，因此社区生态产业的选择要根据当地资源禀赋来决定，而发展优势资源禀赋的产业可以化解稀缺资源不足所造成的瓶颈制约，加快资本积累速度和要素禀赋结构，对其发展具有极大的促进作用。所以社区发展需要以资本为本，通过社区合作组织实现对优势资源要素的利用，让资产回馈社区促进经济发展，同时在这个过程中构建社区关系网络，建立社会资本，形成以社区经济为主的社区公共事务，从而推动社区参与。

一、生态养蜂产业

以关坝村养蜂专业合作社推动生态蜂蜜产业发展，并形成规范，建立自主品牌"藏乡土蜜"，同时对接高端品牌"熊猫森林蜜"。至2020年，关坝村已经建设了12个养蜂场，约1000群中华蜜蜂，蜂农平均年收入达到3000～4000元，大养殖户一年收入可达4.5万元。2009年成立养蜂专业合作社，发展到合作社订单销售达5000 kg，实现分红10万元，并由合作社反馈村委的资金达4万元，对接的高端品牌"熊猫森林蜜"也为关坝村返利6.5万元。2018年8月、9月，关坝村及周边自然保护地两批次10 000 kg蜂蜜分别用了45分钟、1分钟全部售罄，开创了平武生态扶贫的新起点，成为贫困地区特色农产品通过网络走向世界的成功范例。在2019年阿里巴巴生态脱贫大会上，马云和蚂蚁金服董事长、CEO井贤栋向全世界讲述了平武生态扶贫的故事。

二、特色品种核桃产业

自2013年起，山水支持关坝村乌仁核桃专业合作社，发展乌仁核桃树母树调查并组织相关的核桃嫁接技术培训，通过与乡政府、林业局积极沟通，2015年关坝村获得400亩核桃统防统治项目资金4.8万元，用于核桃产业的发展，仅此一项平均每户核桃产业收入较2014年提高300多元。2016年扶贫和移民工作局下达64亩采穗圃项目，在林业局的大力支持下，该项目得以顺利实施，为关坝村本地优良乌仁核桃品种的推广起到极大的推动作用，成为关坝村增收的一个重要支柱产业。

三、放养和有序捕捞发展冷水鱼产业

从2013年春夏季开始，在山水的支持下，关坝村先后购买约1万元原生的石爬鮡和重口裂腹鱼的鱼苗放归河中。通过增殖放流并结合社区巡护杜绝外来人员电毒鱼，试图恢复关坝沟石爬鮡的种群数量，并在种群达到稳定上升后采取可持续捕捞的方式有计划地发展冷水鱼产业，目前石爬鮡的市场价为1400～1600元/kg，据2016年关坝沟冷水鱼本底调查显示，目前种群数量正在恢复，估计产值可达20万元。据关坝村村支书介绍，下一步村里将开发垂钓、戏水等乡村旅游路径，以经济效益促进村民发展生态产业的积极性。通过发展生态产业，关坝村村民的环境保护意识增强，同时真切体会到投资环境保护不光具有生态效益，同时也可以获得实实在在的经济收益，经济发展与环境保护并不必然是矛盾的，二者也可以相互促进。关坝村的生态产业项目不但保护了珍贵的自然资源，也让当地的"自然资本"总量在经济发展与环境保护的良性互动中获得较为显著的增长。

四、"庭院经济"与中草药种植可持续利用

关坝村耕地面积少，是其大规模产业发展的一个重要制约瓶颈。山水支持村委以"庭院经济"模式，鼓励村民以多产业小规模的方式发展，这样的形式能够让村民的收入多元化，同时多产业小规模的发展方式也是目前气候变化大背景下，作为小农对极端天气变化适应性

的最佳方式，能够最大限度地减少小农因为极端天气造成的损失。在"庭院经济"模式下，山水支持关坝村村委发放树苗2300株，支持100户村民开展重楼种植。下一步山水还将为村民提供有关重楼的种子萌发以及可持续采收方面的培训，让小块土地能够有最大化产值的同时减轻关坝沟内重楼过度采集的环境压力。

五、社区乡村生态旅游产业

自然教育作为一种新型的教育和生态旅游的发展模式，能够让社会公众建立与自然的联系，有助于培养社会公众的自然环境保护意识和责任感，是推动生态文明建设的重要手段，也是对未来正确处理社会经济发展和自然环境保护之间的关系，贯彻绿色发展理念，实现可持续发展的重要途径。在大熊猫国家公园建设过程中，社区是绕不开的难题和焦点，因为大熊猫国家公园原住居民数量庞大，历史遗留问题较多，社区发展与生态保护的核心矛盾突出。

2020年6月，《大熊猫国家公园总体规划》（试行）提出"合理设置岗位，安置原住居民从事自然教育、生态体验以及辅助保护和监测等工作"，为实现自然保护与社区建设的共赢发展指明了方向。因此，开展以社区为主导的自然教育是顺应大熊猫国家公园建设，促进社区生计转型，实现自然资源可持续利用，将生态价值转化为经济价值的路径之一。

关坝村发展自然教育经历了三个阶段，最终形成了以社区为主导的自然教育模式。第一阶段，2014年，在中华蜜蜂生态产业发展背景下，关坝村首次尝试组织开展大熊猫营活动，让消费者到蜂蜜的原产地进行体验，这是关坝自然教育的开端。第二阶段，2015—2017年，关坝村通过提供场地、人员等合作方式，与四川大松果户外自然营、王朗保护区、山水等机构合作开展了针对中小学生的溯溪和森林体验活动，以及针对企业的中华蜜蜂体验自然教育活动，这为关坝村自然教育积累了经验，2017年，关坝村成立旅游合作社开始对接引进成都、绵阳等城市的自然教育机构，前期通过提供场地、人员等要素，依托社区生态资本，发展自然教育等活动。第三阶段，自2018年起，关坝村的产业结构开始由第一产业向第三产业迈进，以西南山地传统农村社区生产生活为背景，以生态环境和自然资源为依托，在山水等机构和社会资本的支持下，在内外需求刺激和关坝村社区保护工作的共同影响下，开始了以社区为主导的自然教育发展。

关坝村形成了"一核多元"的自然教育发展模式（图4.2），以旅游合作社为主体，与当地政府、外部机构以及村内保护组织产生了有效的互动影响，实现了保护与发展的良性循环。

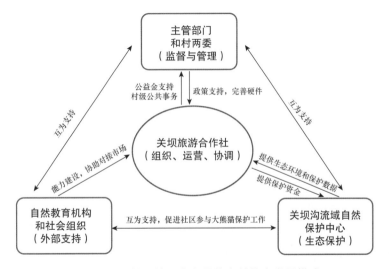

图4.2　关坝村以社区为主导的自然教育发展模式

至此，关坝村自然教育活动走上正轨，平武县白熊谷乡村旅游开发专业合作社开始独立运营，积极对接平武县中小学校、社会公众（青少年、亲子家庭以及成人等不同类型的群体）以及科学志愿者等群体开展自然教育活动。同时旅游合作社与关坝沟流域自然保护中心和村两委组织联动，形成了内部多级组织参与，外部多元力量支持的发展模式。2018年至今，关坝村共开展自然教育活动不少于17次，到关坝村参与自然教育活动的人数累计达500余人次，另有50余名村民直接或间接参与到自然教育活动中。目前，关坝村已拥有3名自然导赏员，其中1名荣获2020年首届"四川最受欢迎自然教育导师"。

2018—2020年，关坝村旅游合作社收入达16万元，其中87.5%的收益来自关坝村开展自然教育的活动收入。合作社自然教育的纯利润实现对村集体和关坝保护中心的分红。关坝村先后由四川省林草局授予"四川省森林自然教育基地"，平武县教育和体育局授予"平武县青少年自然教育研学旅行基地"，平武县科学技术协会授予"自然科普示范基地"。

六、生态保护产业

保护可以不完全是公益，提供生态服务理应得到回报，内生化的同时增加生态服务购买会激发和保证社区参与保护的积极性。2009—2013年，巡护队的巡护费用由山水承担，约每年为巡护队员提供35 000元的生态保护收入；2014年后，结合国家集体公益林政策，关坝村每年由政府支付20 000元左右的巡护费用作为生态保护的收入；2016年，关坝保护小区成立，关坝沟内其他林地权属方（乡政府、林业发展公司）通过共管和委托管理的模式，每年还将为关坝保护小区提供50 000元的巡护费用；2017年，关坝村巡护队员的生态保护收入共计70 000元。在生态保护收入方面；2010年，关坝村阳地山组开展了碳汇林种植项目，造林17公顷，树苗种植和长期管护费用约为57 000元。关坝村的生态保护从合作社的生产、开展植被和水源的保护，到以村两委为主体开展生态保护、成效监测和原生鱼恢复，再到以关坝保护中心为主体，成立专业监测巡护队，联合周边社区开展反盗猎行动，区域内实现网格化监测，实现了以组织培育为基础的产业发展，由精英保护到社区广泛参与，在生态、产业方面实现了集体行动。目前，关坝村熟悉、掌握巡护监测技能的队员超过6名，在保证关坝保护小区日常工作的前提下，也在积极参与周边王朗保护区、九寨沟保护区、小河沟保护区等红外相机调查监测和科研院所的相关科研监测工作，且均以购买技术服务的方式，既进一步提升了保护技能，也有效增加了家庭收入，提升了学习保护技能的积极性。

第三节　"一核多级"的治理体系破解集体行动困境

治理有效是乡村振兴战略的基础和保障，是"五位一体"总布局中的社会建设对农村的具体要求。乡村治理体系是国家治理体系的重要组成部分，要实现乡村振兴和促进生态产品价值实现，必须完善和创新乡村组织制度和管理机制。作为一项系统工程，乡村治理转型涉及农村的经济发展形态、公共服务方式和社会治理模式等多方面。一方面，经济合作社在农业市场化的制度环境中重新登场，有助于充分发挥其自身的合作属性和整合功能，加快乡村治理在经济领域的规模化和产业化转型；另一方面，社区组织的结构变迁有效弥补了原有村级管理的真空，社区制下的"社会生活共同体"建设更加注重公共服务而非社区管理，推动乡村治理在政治领域的服务化转型；此外，"政经分离"引发了农村基层治理秩序重构，多元组织共建共治的社会治理模式已然形成，实现了乡村治理的协同化转型。有效的乡村治理不仅能为乡村居民提供有效公共服务，对乡村公共事务进行有效管理，协调好乡村不同利益群体的关系、化解矛盾的过程，还有利于实现乡村法治、德治和自治的有机融合，确保乡村社会充满活力、安定有序。

在新的历史阶段，深入剖析乡村治理与乡村振兴之间的耦合的内在逻辑关联，创新乡村治理体系，提升农村社区在生态保护与可持续发展两个方面的集体行动力，推动政策资源更有效整合和聚焦，实现高质量发展，真正实现人与自然的和谐共生，从整体性、系统性的视角看待人与自然、乡村振兴与乡村治理之间的关系具有十分重要的意义。

一、生态保护背景下的社区变迁

无论是国家的行政力量还是国内的社会环境，都是村庄发展变迁的重要推动力量，国家力量对村庄治理起决定性作用，并通过其自身的权力和影响力来推动农村社会的变迁。在农村社会，人们的生产和生活深受国家政策的影响，政策既推动着农村经济社会的转型，也不自觉地影响着农村的治理形态。1998年中国境内全流域发生大洪水，造成3.18亿亩土地受灾，2.23亿人口受灾，3004人死亡，685万间房屋倒塌，直接经济损失达3007亿元，相当于GDP的3.8%，这是中国高度重视生态建设的转折点。党中央、国务院立即作出了长江上游、黄河上中游天然林禁伐、限伐决定，制定了《全国生态环境建设规划》。2000年，天保工程正式实施，2002年全面启动退耕还林工程，2011年天保工程二期启动集体公益林生态补偿，2014年启动生态保护红线划定等政策是为了实现国家生态安全和公众的环境保护需求，平衡经济发展与生态保护的矛盾，对林区社区的生产生活方式产生了深远的影响。

农民先放下斧头再放下锄头，社区生计模式发生巨大转型。天然林保护工程政策颠覆了社区的传统生计，放下斧头意味着农民不能依赖森林砍伐获得直接经济收入。平武县是典型的老林区，天然林资源丰富，超过80%的财政收入来源于木材砍伐。关坝沟林地资源丰富，超过6万亩，经济价值高，当时关坝村的主要收入来源围绕着伐木、木材运输以及盗猎、挖药、放牧，对森林依赖度非常高。放下锄头意味着农民不能依靠农业生产。关坝村位于九环公路沿线，是1999年退耕还林的主要实施区域，1210亩耕地中有92%进行了退耕还林，仅剩下97亩耕土，人均耕地不足2.5分。退耕还林补贴户均1500元，虽然在村民日常收入中占有一定比例，但是长期来看农民因此丧失的发展机会的补偿标准偏低，丧失了农业规模化经营的机会。同时耕地的减少加速了青壮年外出，通过务工来支撑家庭的生存与发展，逐步形成了以务工为主要收入来源的经济结构。

新的政策背景下，社区生计发展的方向更加多元化。首先外出务工依然是关坝村家庭收入的主要来源，占比超过50%。随着国家生态投入的加大，生态补偿政策收入占家庭收入比为25%～30%，主要包括天保工程二期增加集体公益林补偿和退耕还林补偿资金。社区留守人员依托自然资源发展林下种植、林间养蜂，发展特色核桃品种，河里增殖放养原生鱼，以及依托自然景观开展自然教育和生态旅游，提供生态保护服务获得政策采购资金。随着城乡一体化进程和社会组织的参与，关坝村的生态产业发展和生态保护事业有了进展和起色，吸引了部分青年返乡创业。在村两委的领导和统筹下，成立了若干自组织，有经济性质的专业合作社，也有公益性质的保护中心，参与到村里的保护与发展事业，逐步形成以村两委为核心的多级管理架构和社区、政府、市场、社会组织等多元互动的局面，促进了关坝村组织制度创新和集体行动的产生，探索出生态保护与可持续发展相平衡的路径，关坝村也逐渐显现出活力和凝聚力。

二、兼顾保护与发展的社区治理格局面临的挑战与机遇

（一）"公共池塘"特点的资源利用与管理的矛盾突出

所谓"公共池塘"资源，它既不同于纯粹的公益物品（不可排他，共同享用），也不同于可以排他、个人享用的私益物品，同时也有别于收费物品（toll goods）或者俱乐部物品（club goods）（可以排他，共同享用），它是难以排他但是个人享用的。正如奥斯特罗姆教授所言："'公共池塘'资源是一种人们共同使用整个资源系统但分别享用资源单位的公共资源。在这种资源环境中，理性的个人可能导致资源使用拥挤或者资源退化的问题。"农村"公共池塘"资源是农村集体经济的重要组成部分，关系着农村基本经营制度的完善和农民财产性收入的增加。农村社区可持续生计发展所需要的自然资源具有很强的公共属性，例如，养蜂所需的森林、养鱼所需的水域、生态旅游所需要的场所，这些自然资源都属于集体，属于公共资源，同时也有一定的承载量，有很强的"公共池塘"资源的特点。

林权的历史遗留问题及其复杂性导致国家保护和社区利用的矛盾，例如，关坝沟里有国有林、乡有林、村有林、队有林和分到户的林，不同的林权对应不同的权属方，边界存在争议，利益存在纠纷，管理不到位会造成盗猎、挖药、放牧等影响大熊猫栖息地的干扰。如何避免无序开发与利用形成的"公地悲剧"；如何对资源进行有效保护，实现可持续利用；如何平衡不同林权主体的利益，搁置边界争议，实现共同保护并使社区从中受益和发展可持续生计、增加收入。这些是社区可持续发展生计所面临的直接挑战。

（二）社区生计转型面临的组织制度供给困境

美国社会学家帕克在《城市社会学》写道："一个社区不仅仅是人的汇集，也是组织制度的汇集。"当前，建制村的村两委承担了大量行政任务，仅国家法律赋予的法定行政职能就达100多项。随着城乡一体化的推进，新的社会事务和行政任务大量产生，而管理体制跟不上，使一些矛盾和纠纷不能及时解决。因此，对于人才缺乏和能力欠缺的村两委很难兼顾"五位一体"的多元目标，尤其是社区生计发展和生态环境保护需要专业的组织来承接，而当下偏远的山村多数是依靠单一的村两委，很难适应市场化和信息化的快速发展，很难满足农业现代化的要求，存在组织制度供给困境。如何创新管理制度，如何发展适应社区生计转型的自组织，如何促进村两委与自组织之间的互动，如何创造更多的平台让社区参与并讨论出适合本村发展的管理制度。这些是村两委所面临的管理挑战。

（三）社会资源和社会组织的有效介入

农村治理作为国家治理的重要组成部分，在不同历史发展阶段具有不同的治理主体构成。进入社会主义现代化建设新时代，乡村振兴对农村治理提出了新要求。农村治理已经溢出农村社会场域，单纯依靠农村社会自主性调节不能解决治理过程中的全部问题，特别是在振兴乡村的大背景下，以村两委为主要治理主体的二元结构已经不能承担起全部农村治理的重任，需要加强和创新农村社会治理，向以农村基层党组织为核心、多元治理主体共同参与的农村治理主体结构发展，只有建立多元多级的治理结构才能适应城乡一体化和乡村振兴战略的发展趋势。政府税费改革后采取了少取多予政策，即加大对农业的投入，为农民增收创造条件，加大公共产品和服务的提供；减轻农民负担，保护农民合法权益市场，推动行政村管理体制改革；搞活农村经营机制，消除体制束缚和政策障碍，给予农民更多的自主权，激发农民自主创业增收的积极性。同时，社会资源和社会组织是不可缺少的一部分。食品安全需求、农村电商和物流的快速发展促使一些企业扎根山区设立工厂，建立品牌，需要找到有组织能力的机构开展合作，生产高品质的符合市场需求的生态产品。社会组织的参与可以帮助社区在理念转变、对接资源、生计选择、市场开拓、生态保护、社区组织制度的建设等方面进行能力建设，提升社区集体行动力和增强对家乡的拥有感和自豪感。吸引外出务工青年返乡参与发展与保护。逆城市化也是城乡一体化的一种形式，外出务工青年在接收了新理念、新知识、新技能的基础上，有意愿回到家乡，兼顾发展与照顾家庭，利用本地的优势资源，发展产业和参与社区公共事务，社会资源和社会组织的有效介入，有利于为返乡青年搭建平台，立足本土但不脱离大社会和大市场，为其前期扎稳脚跟，增强信心提供必要的支持。这些是社区所得到的发展机遇，但社区与外界的互动需要政策环境，政府、市场和社会资源需要通过不断的组织制度创新来适应和承接。这也是社区管理组织面临的创新挑战。

（四）兼顾保护与发展需要广泛的社区参与

　　1. 以提高社区集体行动目标开展的社区组织建设

集体行动与社区治理在实践上的耦合意味着理论上的适用性，尽管相对剥夺感、公共物品的需求以及社会意义的建构都可以成为集体行动的原动力，但它们不能直接导致集体行动的产生，还需要贯穿始终的社会动员。开放多级组织参与社区经济事务和公共事务管理的空间，才能为社区参与和社区治理提供现实基础，形成"一核多级"的协作共治的合作机制，才能提高社区参与社区治理的自愿性、积极性和主动性，实现城乡一体化背景下的多维目标。

关坝村地处长江上游生态屏障区和秦巴山区扶贫连片开发区，生态价值重要但经济落后，高度依赖自然资源是贫困山区村民谋生的常态，加之林地权属复杂，管理难度大，现有公益林、退耕还林补偿金额远低于利用自然资源带来的收益，保护与发展的矛盾非常突出。2009年以前，关坝村是典型的村两委单核管理，在社区需求的催生和社会组织的培育下，逐步建立以村民为主体的农业专业合作社、关坝保护中心，形成"一核多级"结构的社区治理之路。这些变化正是在城乡一体化背景下国家、社会和社区的不同需求倒逼基层社区组织制度创新的必然趋势。从国家层面强调的是生态安全的保障，从社会层面关注的是生态产品的提供和食品安全，从社区视角期望的是生活水平的提高，原有的社区组织架构难以回应国家和社会对生态保护的要求和社区对发展利益的诉求，需要通过组织化带动社区参与，通过社区参与促进社区经济发展和社会管理制度的创新，进而实现社区集体行动，破解"公地悲剧"和一盘散沙的困境。

2. 村两委领导下的多级社区组织建设

新时期农村社区建设是统筹城乡发展的关键载体，是提高农民生活水平和实现公共服务均等化的重要切入点，是打造农村生活共同体的重要平台。在新时代乡村治理进程中，面对农村社区组织断裂、制度失序、主体性缺失、文化失范等问题，既需要外部政府部门发挥行政主体作用，也需要内部社区的组织协同，以外部嵌入和组织协同形成治理之道。

关坝村以村两委为核心，逐步建立以满足国家、社会和社区需求的社区经济组织、社会公益组织、兴趣小组等自组织，形成"一核多级"的治理结构（图4.3），创新管理机制，共建共管，协作共治模式，促进社区广泛参与，覆盖超过70%的农户，发挥村两委的政治、社会和自组织的经济、生态、文化等功能，建立多级组织之间的连接，形成集体行动，实现保护与发展共赢。

（五）关坝村社区多级组织概况

1. 农村党支部

领导本村的工作，支持和保证本村行政组织、经济组织和群众组织充分行使职权。农村党支部坚持党要管党和从严治党，努力成为团结带领群众建设中国特色社会主义新农村的坚强战斗堡垒。关坝村共有党员30名，长期在村的13人，分散于村内各级组织和兴趣小组中，党员在其中起引领和示范带头作用。

2. 关坝村村委会

关坝村村委会，同大多数行政村的村委会一样，有一支固定的管理队伍，享受政府补贴的有8名，分别是村主任、文书、社长、妇女主任、财务监督、团干、民兵连长和文艺宣传员。村委会是关坝村村级事务和集体资产的管理主体，主要负责村重大事务决策会的召集，落实行政事务，对村内多元主体的工作进行监督。

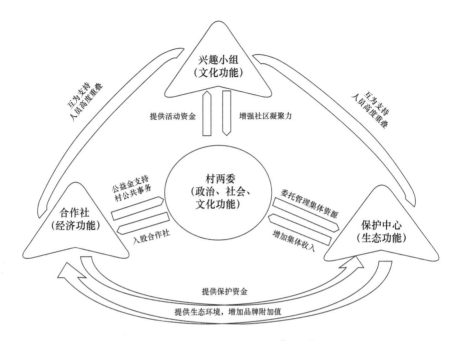

图4.3 关坝村"一核多级"关系

3. 关坝村养蜂专业合作社

关坝村养蜂专业合作社于2009年6月正式注册登记,主要从事中华蜜蜂养殖、技术培训、蜂蜜加工、销售、技术交流和咨询等业务,合作社理事会成员5名,监事会成员2名。发展至2020年有股东34名,会员5名,集体蜂场2个,合作社签约蜂场5个,蜂箱数量约500箱,年均产蜜量在5000 kg,年产值在50万元,建立了自有品牌"藏乡土蜜"。

4. 关坝村乌仁核桃专业合作社

自2013年起,山水支持关坝村乌仁核桃树母树调查并组织相关的核桃嫁接技术培训,通过与乡政府、林业局积极沟通,2015年关坝村获得400亩核桃统防统治项目,2016年关坝村成立乌仁核桃专业合作社,承接扶贫和移民工作局的64亩采穗圃项目,目前合作社已经突破技术难关,成功将乌仁核桃穗条嫁接至退耕还林时栽种的核桃母树上。

5. 关坝旅游合作社

2017年6月，关坝村成立平武县白熊谷乡村旅游开发专业合作社，目的是整合政府、社会和社区资源，借助关坝村多年来在生态保护和绿色发展方面的成效和影响力，开发自然教育和生态旅游产品，提供食宿、会议、向导、体验等服务。合作社尚处于起步阶段。

6. 关坝流域自然保护中心

2015年9月得到四川省林业厅同意建立关坝保护小区试点的批复，2016年1月，在关坝村举行了关坝保护小区成立大会。2017年，关坝保护小区以注册成立的关坝流域自然保护中心作为管理主体，由村两委通过村民大会选择任命理事会成员，分别设理事长1名，副理事长1名，巡护队长1名，并成立监事会，监事会成员由平武县林业局、林发司和村民代表组成。

7. 非正式兴趣小组

2017年，关坝村成立了妇女舞蹈队和养蜂兴趣小组，每天晚上村里的留守妇女多数会聚到一起练习白马藏族舞蹈，一起聊聊村里的事情，每逢节假日村里组织大型活动的时候，舞蹈队都会精心准备适合的舞蹈作品添彩助兴。养蜂兴趣小组也会经常讨论养蜂技术问题，交流应对办法，遇到收割蜂蜜的农忙季节相互帮忙，是三月三蜂王节的主力军。

关坝村多级组织之间也有紧密互动，有一定的定位和分工，从而形成一个整体而不是一盘散"石"，通过集体行动解决"公地悲剧"困境。村两委是统筹的角色，作为全体村民的代表和政府资源的主要对接者，是村内基础设施建设、征占拆迁、防洪救灾、脱贫攻坚、能源改造、封山育林、退耕还林、天保工程等主要责任者，把握关坝村的绿色发展方向，坚守生态和法律的底线，保证国家生态、治安安全，保障村民的基本民生。同时村两委也将汇集的资源对接到更适合开展此项任务的自组织，例如，村委会将集体公益林公共提留的资金交给关坝保护中心用于关坝村集体公益林的管理，将标准化蜂场的项目交给养蜂专业合作社等。合作社作为经济实体，主要任务是带领村民发展可持续产业，增加村民收入，壮大集体经济，对接相关部门的发展资金和市场资源，例如，标准化蜂场建设、蜂蜜生产、乌仁核桃采穗圃建设等。养蜂专业合作社中有村集体的股份，占比20％，每年分红的资金用于村民的新型农村合作医疗和集体分红，旅游合作社利益分配中有20％用于村集体分红，15％用于支持关坝保护中心的工作，同时养蜂专业合作社的利益分配中还有公益金储备，用于村里遇到重大疾病和事故的家庭的救助以及生态保护工作，为村里分忧。关坝保护中心付出的心血换来冷水鱼的恢复，其价值从前期投入的1.5万元增长到现在的20万元，带来的经济效益80％用于集体分红，人人有份。因为保护带来的植被恢复和蜜源增加，为养蜂专业合作社的发展奠定资源基础，关坝保护中心的工作人员作为"熊猫森林蜜"的品控员，为养蜂专业合作社和蜂农提供服务。兴趣小组带来的文化活动给村庄带来活力。

三、以社区参与为本的制度建设

乡村建设一方面需要通过合作组织激发基层创造性，形成社区自我赋权的基础，促进"五位一体"的合作建设；另一方面需要通过制度创新恢复和重建低成本且良性的社会治理，进而推动社会参与、公平正义和可持续发展。对于社区森林资源这种规模较小的公共池塘资源，人们彼此了解、信任，遵守共同的行为准则，并广泛地存在互惠与合作，从而具备了建立组织和制度的社会资本，能够形成一套自我维系的规则，解决"搭便车"和其他机会主义行为，取得持久的共同收益。

1. 公开选举

专业合作社和关坝保护中心管理人员采用公开选举方式。首先，在公示墙上贴公告，发信息，广而告之；其次，采用自我推荐的方式报名，然后村两委召集竞选者，明确各个岗位的职责和要求；选举日竞选者面对所有村里的群众代表做竞职演讲，然后竞选者离开会场，由群众代表无记名投票；最后，当众唱票，公示确认管理人员。通过这种方式保证村民的知晓度、竞选的参与度和透明度，保证每个村民都有机会站出来，都有机会选择自己认为胜任这个工作的人。

2. 信息公开

信息公开是沟通和决策前提，可以减少信息成本和不确定性，促进合作。关坝村村两委、合作社前期也遇到这样的问题，带头人做了很多事，甚至还倒贴了钱，但最后不被人理解甚至挨骂。村委会和合作社吸取经验教训，采取信息公开制度，为了便于村民和合作社成员更直接、更清楚地了解信息，他们在每季度进行信息公开，除了在公告栏张贴信息外，还把关键信息打印出来分发给社员，合作社每年也会组织年度总结会，公开整年的财务和生产信息，村委会也会借助各种会议通告村里的财务和项目信息，从而减少了很多因信息不通畅、不透明、不公开带来的误解和矛盾。

3. 村规民约

关坝村的村规民约是自上而下统一规范和自下而上充分讨论相结合，根据村里不同阶段的需求，因地制宜，动态更新的产物，是集体行动的具体表现。"不在关坝沟打猎，不在关坝沟挖药，不在关坝范围内捕鱼，违反者其家庭三年不能享受村集体分红。"这是关坝村2017年新增加的村规民约条款。随着关坝村多年的保护，野生动物和原生鱼逐渐恢复，保护压力也随之增大，仅靠村两委和巡护队队员等有限的精英保护难以应对周边乃至本社区的破坏行为，需要通过制定社区共识的内部资源管理制度才能实现关坝沟生态保护的长治久安。自下而上由群众代表一起讨论确定出来的村规民约，哪怕内容很少，也是大家都认可的，只有自愿去遵守的才是真正有价值、有生命力的，大家也会相互监督。村规民约是大家在领集体分红时确定出来的，让村民更加清楚享受的是保护的福利，产业发展的基础是保护，为了以后可以更长久地获得更多的保护福利，只有真正地做好保护。或许以前有人会觉得保护只是巡护队的事情，但是当保护的利益人人有份的时候，降低了参与过程中的抵抗成本，促进社区内部利益共享，有利于协调统一社区成员参与集体行动。

4．管理制度

关坝村建立了多个自组织，都有一个小团队，正所谓没有规矩不成方圆。制度的变迁是一个利益重新分配的过程，由村两委决定关坝沟内功能分区管理制度、集体资产收益分配机制、举报奖励机制等，例如，冷水鱼的收益80%分给村民，20%支持关坝保护中心用于生态保护，全村人发现有盗鱼、盗猎、挖药等行为并经确认是真实的，给予举报者奖励100元。合作社通过社员大会讨论信息公开制度，明确利益分配机制等，例如，养蜂专业合作社利润分配机制是50%用于股东分红，10%用于会员返利，15%用于理事会成员职务补贴，5%用于公益储备，20%用于合作社流动资金。关坝保护中心指定巡护队员选拔和退出机制、出差人员补贴机制、监测巡护规则等。例如，一年内接到三次通知而不能参加巡护的队员、有监守自盗行为的队员自动退出巡护队等。

四、关坝村的治理体系破解集体性行动困境的主要启示

1．村庄传统治理机制难以回应以保护为基础的多元目标

五位一体全面小康，是指经济、政治、文化、社会、生态全面小康。全国推进实施乡村振兴战略的总要求是"产业兴旺、生态宜居、乡风文明、治理有效、生活富裕"，涉及农村经济、政治、文化、社会、生态文明和党的建设等多个方面，彼此之间相互联系、相互协调、相互促进、相辅相成。正所谓"上面千条线，下面一根针"，落到一个具体的乡村社区的目标也是多元的，仅以传统、单一的村委会作为执行主体显然是难以实现预期目标，必须创新管理机制，尤其是通过集体管理和集体行动才能达到高效管理。根据社区发展需求加强自组织建设，建立村两委领导，多元主体相互协作、相对独立、共建共管的新型治理模式，实现多维目标。一是扩大社区群众参与面和承接返乡青年建设家乡的热情，破解"精英俘获"和一言堂；二是更专业地实现不同目标；三是增强内外互动，争取对接更多的政府和社会资源。保持多元主体的相对独立性非常有必要，尤其是财权和人权，

不能像脱缰的野马不受约束，村两委要进行引导、监督和协调，避免利益冲突相互打架，促进多元主体互相配合，互相促进。

2. 组织制度建设，化解乡村一盘散沙和管理无序

组织制度建设要根据农村社区现实需求和阶段性的问题。组织建设千万不能为了追求数量和形式，一定要具备功能，能够解决社区存在的问题；制度建设要强调社区参与，要接地气，不能照搬照抄，不在多在于可执行，并且要具备不断根据情况更新完善的机制，通过组织之间的互动和配合，将农村社区不同人群联系起来，发挥各自的优势。当今村子最大的改变是如何从松散走向聚合。若把组织制度建设比成一把伞，那村两委就是伞柄，年轻人就是重要的伞骨，广大群众是伞面，妇女像是伞骨与伞面的黏合剂。通过伞骨和黏合剂把越来越多的村民聚拢起来，形成可不断完善的组织，从而促进利益的同质性，降低组织与协调的成本，使得具有共同利益的个人自愿地为实现共同利益目标而行动起来，逐步改善乡村一盘散沙和管理无序的状态。

3. 四力并举增强社区集体行动力，保持社区活力

赋予权力，让守护者合法，让保护更有力，实现自然资本的增长；增强能力，提升产业技术和保护、管理、沟通的能力，更好地管理资源和公共事务；引入智力，把专家请进来，让村民走出去，开阔眼界，引发思考，建立制度；内化动力，建立保护与发展的内在联系，加强多元主体间合作共生的有机连接，让生态保护和绿色产业发展成为村内需求，解决资金、能力、制度的持续性的问题。最终实现集体行动力，即集体决策和行动的执行力，有共识目标的集体行动是活力社区持续有效的关键，无论保护还是利用，一旦缺乏规则和集体决策与制裁机制，社区和自然资源共同体会很快割裂和瓦解，带来内忧外患，大量搭便车的行为造成资源的过度无序利用。集体行动的发生不是一下子出现一个大集体，而是在具体需求和事务下产生若干相关的小集体，如养蜂专业合作社、巡护队、关坝保护中心等，大多数最终以村委会为核心，但不一定起步于村委会，总体而言，具有实质领导权的领导参与，对于突破囚徒困境，产生集体行动的贡献是显著的。

4. 村民参与，循序渐进实现可持续发展

充分的自治权将会有效降低行政干预，增强村民自治组织的信心。正是共同参与和社区自我主导，才会将项目由外部引入转换为内生动力。村级社区的可持续发展需要社区整体的参与和共识，关坝村的发展是在一次次与村民参与式讨论中一步一步走过来的，这是与村民同步达成共识并且最终形成合力的过程。过程中需要社会组织与社区建立信任，需要村委干部与村民建立信任，需要试错和不怕犯错，需要及时共同纠正错误。在项目执行过程中，所有管理办法、产业发展需求和规划以及工作计划都是跟村民共同讨论达成的结果，且必须通过"一事一议"的形式认可同意。凡事不可能一蹴而就，尤其是治理问题，更是需要耐心和积淀，循序渐进。从关坝实践中发现，社区大致经历了以下几个环节，才基本实现了全村对未来目标和路径的共识，才保持着一种充满活力的状态。不了解或者排斥—知晓—接受—赞同—参与—受益—责任—拥有+热爱—可持续发展。不要期待能实现跨越式发展，关坝村是从保护蜜源植物和发展生态养蜂开始，逐步到保护一条沟、保护三条沟、保护村周边，逐步发展出冷水鱼、乌仁核桃、林下中药材、自然教育等，步步为营，逐步转变，从靠山吃山到护山富山！从青山绿水到铜山铁山，再到金山银山，最终成为人们心中的桃花源。

5. 政府搭建平台，社会企业连接生产者和消费者，社会组织陪伴成长

政府作为农村社会管理创新的重要利益相关者，其理念的转变和开放的态度直接影响农村社会管理创新的力度和效果，度的把握和角色定位非常关键，参与决策过多过深会影响社区自主管理的积极性，不管不顾也会存在生态安全、腐败、矛盾激化等风险。政府可以成为一个平台的搭建者，引领发展方向，提供资源信息，引入社会资源。社会企业一方面帮助社区连接生产者和消费者，提供生态产品，增加社区收入，满足社会对安全食品的需求；另一方面践行社会企业责任，反馈一定比例的资金支持社区保护与发展。例如，山水伙伴公司每年从蜂蜜销售利润中拿出5%反补给村委会或关坝保护中心，用于村里的绿色发展和生态保护工作；山水每年将合作社中的分红用于合作

社发展壮大、村里的生态保护和精准扶贫。社会组织在农村社会管理创新中有独特的优势，借用政府的行政资源和政策良机，率先试点实践，总结经验，以良好设计和筛选的项目活动为载体，吸收政府、企业、社会资源和公众参与，陪伴社区成长，完善社区组织制度建设，鼓励社区自组织建设和成长，开展社区能力建设，拓展村里带头人的视野，共同勾勒村级发展蓝图和推动经济社会与环境资源的协调发展。例如，山水积极培养返乡青年和社区精英，开展了三次系统性的乡村领导力培训，并通过外出参观学习优秀经验和在地展示、增强家乡自豪感等方式，让村两委干部以及集体产业带头人在发展理念、社区治理意识和村级事务协调方式等方面有新的理念植入和新的想法产生。关坝村通过不同主体与政府、企业、社会组织互动，争取资源，提升能力，共创共建，实现绿水青山就是金山银山的目标。

6. 返乡青年是乡村人才振兴的生力军

人才振兴是乡村振兴的保障和根本。要把引进人才放在乡村振兴的首要位置，重点强化乡村振兴中的人才支撑，激励并留住优秀人才，尤其是本土青年，因为他们对家乡更为了解，对生养他们的土地有情感，他们是一批在外见过世面，掌握一定技术，并且有一定经济基础的群体，对于逐步老龄化的农村是一股新鲜血液，给乡村带来新的活力。关坝村的返乡青年从无到有，从少到多，从回来试试到扎根发展，广阔的乡村和有激情的青年相互成就，青年给迟暮的农村带来活力和发展，乡村为青年提供了创业和兼顾家庭的空间和根基。社区管理创新要努力做到农村有志青年回得来，留得住，过得好，通过组织制度创新为返乡青年提供发挥其能力，实现其价值的空间和机会，创造更多对外交流的机会，拓宽视野，立足本土自然和文化资源，实现可持续发展。

第四节　基于"关坝经验"的复制推广实践

关坝村的成功固然令我们欣喜，但整体保护效果的实现光靠一个村是不够的，如何从一个村走向一个乡，如何从一个乡走向一个流域，如何从一个流域走向更远的地方，是生态保护需要破解的瓶颈。

一、戏剧性的金丰村

金丰村位于关坝村南边，村党支部书记唐正华看到关坝村的保护与发展势头，尤其是"熊猫森林蜜"给蜂农带来的直接经济效益，2017年主动找到山水伙伴公司，希望加入"熊猫森林蜜"项目。

在森林保护方面，金丰村的故事颇为有趣。金丰村一共有四个村民小组，其中余家山组位于高山区。1997年，来自平武县城的刘勇与小组签订协议取得了林地使用权，准备对余家山林区进行森林采伐和经营；可当他架好电线、修通公路，准备进行商业采伐时，1998年国家实施了天保工程，于是刘勇转而成立余家山林场，从采伐者转变为了护林人。刘勇通过申请封山育林、低效林改造等林业项目进行森林资源管理，减少前期投入的成本。

2003年，木皮乡金丰村余家山成为平武县城饮用水水源地。2006年，经平武县人民政府批准成立了余家山自然保护区，面积894公顷，其性质为民办公助，民营管理，这在中国生态保护历史上当属首例。同年，在保护国际基金会和山水的支持下开展了协议保护试点项目，支持余家山保护区内建立本底数据库，编制总规，招募两名生态学专业的志愿者开展巡护监测，在余家山组开展太阳能替代薪柴、林下中药材种植的工作。

金丰村的四个小组自然条件都不差，都有大熊猫活动。2013年时，村两委已经带动村里返乡的年轻骨干参与到生态保护工作中，利用集体公益林的资金开展日常巡护。2018年，山水来到金丰村开展工作，发现当时巡护工作没有深入大熊猫栖息地，监测工作缺乏设备和技术。但村里有能人，退伍军人田泽东一直扎根家乡发展养鸡事业，对生态保护有兴趣，于是被选为金丰村巡护队长；另外，北京林业大学博士张玉波曾经作为非政府组织工作人员在金丰村开展牲畜养殖项目，和当地村民有着深厚的感情，他决心扎根金丰村，在当地带领村民发展养蜂产业，并创立了猫熊谷家庭农场。

有人就好办！如同关坝村一样，从本底调查开始，山水和金丰村村两委和巡护队成员汇聚在一起，绘制金丰村的资源分布和利用图，然后"兵分两路"，一组钻入大熊猫栖息地，了解自然资源家底和人为干扰情况，并布设红外相机开展野生动物调查监测；另一组深入社区进行访谈，了解社区现状、村民对保护的态度和需求；最后确定了两路并进的保护发展方案，一方面开展红外相机监测、使用集体公益林开展大熊猫栖息地的定期巡护，另一方面作为"熊猫森林蜜"的产地开展黄柏等具有经济价值的中药材蜜源植物补植，提升"熊猫森林蜜"的产品质量和效益。随后金丰村巡护队也参加了火溪河流域和大熊猫国家公园跨区域联合反盗猎行动，促进金丰村和余家山保护区、关坝村、老河沟公益保护地的无缝衔接。

二、水到渠成小河村

小河村是木皮乡森林面积最大的村子，背靠四川小河沟保护区，是位于火溪河流域另一侧的重要大熊猫栖息地。小河村是平武县饮用水水源地，因而限制了村民的部分生产生活，从2011年开始，政府每年投入7.2万元进行生态补偿，村里采用轮流巡护的方式给参与河道巡护的村民兑现生态补偿资金。2012年，村里得到平武县生物多样性与水资源保护基金的支持，开展鱼类恢复保护和生态养蜂；小河村的集体蜂场管理得十分出色，连续十年都给村民分红。

2019年，木皮乡乡长唐虹和小河村党支部书记杨斌找到山水，谈及他们也想开展社区保护工作，从水源地保护扩展到大熊猫栖息地保护，但缺乏思路，不知道如何做，希望得到支持和帮助。由于山水有多年的工作积累，在社区保护方面有更多工作经验，加上小河村村两委的高度重视，工作开展得颇为顺利。2020年4月，在完成一轮社会经济和生物多样性调查后，明晰了小河村自然资源分布和利用情况，也抓住了社区最关心的问题和需求。围绕蜂场防熊问题和蜂蜜销售需求，以及森林管护和监测的能力、设备缺乏的问题，开始展开工作。

在监测管护方面，山水提供了一批红外相机，并在2020年4月联合关坝保护中心的巡护员和当地村民一起在关键区域进行了第一轮布设，并通过定期巡护和红外相机监控震慑盗猎、挖药人员。令人可喜的是，不出1个月红外相机拍摄到了属于小河村自己的第一张大熊猫照片。在养蜂方面，小河村已经在一个蜂场试点红外线防熊设施，并通过木皮乡政府对接外部市场，承接蜂蜜销售订单。

2020年，小河村也派出巡护队员参加了大熊猫国家公园两省四县联合反盗猎行动，并将小河沟保护区与关坝村、新驿村、和平村火溪河对岸的大熊猫栖息地连通起来，减轻了保护区的管理压力。

至此，山水的社区保护工作从关坝村发展到了木皮乡其他两个村，覆盖木皮乡全乡，形成了大熊猫国家公园平武区域有效管理的组成部分。2020年，木皮乡与涪水源国有林场协商，从生态效益补偿资金拿出9万元用于购买三个村的生态保护服务，增加社区从保护中获取收益的渠道和力度，探索未来大熊猫国家公园生态公益性岗位的设置和管理。

三、木皮熊猫乡

全国大熊猫第四次调查显示木皮乡有29只大熊猫，加上境内的小河沟保护区小河管护站区域的约50只大熊猫，是名副其实的大熊猫之乡。木皮乡自然保护地数量多，240 km²范围内有6个自然保护地，全部纳入大熊猫国家公园。木皮乡平武县发挥着重要的生态服务功能。平武县现用水源地和备用水源地都在木皮乡，提供5万人的安全饮水。木皮乡还是白熊文化的发源地。小地名、神山神树、狩猎规则等显示当地有着深厚的生态保护文化，亟待挖掘、恢复和保护，将保护与文化有机融合，增强保护力量的内生性。木皮乡是和谐共处的示范地：超高的森林覆盖率，正在逐步恢复的野生动植物，中华蜜蜂产业等绿色可持续发展产业的壮大，正在转变的对自然友好的生产生活方式，由政府引导，社区为主体，社会参与，企业助力的多元共建体系正在形成。

同时，木皮乡也堪称社会参与生态保护的试验田，乡内的自然保护地参与主体有国有林场、保护区、社区、私人老板，也有广泛的社会参与。如何在关坝保护小区建设经验基础上，整合多方力量和资源，协商共建共管共享是下一步木皮乡和山水面临的新课题。

2021年1月14日，木皮乡、平武县林草局和山水联合主办木皮乡生态保护成果交流会暨大熊猫国家公园木皮管护站共建共管机制研讨会，木皮乡人民政府和关坝、金丰、小河村进行了生态保护工作和成果分享，参会的16家县相关单位经过研讨形成了木皮乡生态保护共识，包括推动木皮管护站共建共管共享理事会建立，优化区域内巡护监测线路，促进不同自然保护地之间的联合行动，资源互补，科学监测，建立区域内以大熊猫为主的资源本底数据库，争取大熊猫国家公园特许经营试点，推动政府+社区+社会地方保护与发展模式，开展白马、白熊文化的生态实践等。

四、新驿村的华丽转身

2007年秋天，笔者跟随四川省社会科学院老师第一次踏进平武做协议保护项目评估，到的第一个村子就是木座乡新驿村。该村与甘肃白水江自然保护区和四川青川县唐家河自然保护区、平武县老河沟林场紧密相连，是野生动物迁徙的重要通道。据当地林业局工作人员介绍，20世纪八九十年代，新驿村村民收入来源有限且微薄，只有靠山吃山，大多靠上山打猎售卖野生动物皮毛增加收入。许多男人因盗猎大熊猫等野生动物被判刑，这个村一度成为当地有名的"妇女村"，一直是当地林业部门和周边保护区头疼的一个区域。

当时保护国际基金会和山水与当地林业局合作，试图通过协议保护的方式来缓解和减少盗猎等行为，分别和木瓜溪小组和薅子坪林场签订保护协议，建立协议保护地，组织村民进行巡护监测，鼓励村民外出务工，支持村民发展魔芋等产业，并提出明确的保护要求和设置保护成效奖金，评估发现盗猎和挖药的痕迹有所减少，野生动物的遇见率有所增加。随着集体公益林生态效益补偿资金的落实、周边关坝村建立起自然保护小区、老河沟林场转变为社会公益型保护地、大熊猫国家公园的划定等事件陆续发生，新驿村这个最早开始做保护的村子也不甘落后。

2018年，在老河沟自然保护中心的支持下，新驿村重新开始协议保护之路，原来的猎人中有部分现在成了协议保护地的巡护队员，一方面守护自己的家园，另一方面和周边村子、保护地开展联合反盗猎行动，平常走家串户做思想工作，巡护过程中发现收缴了一批盗猎者安放的钢丝猎套。近年来，新驿村的生态环境已有了一些好转，大熊猫、毛冠鹿、鬣羚等野生动物的活动痕迹已经越来越多地被看到，回收的红外相机还拍摄到大熊猫求偶、金猫独行、蓝马鸡悠闲自得的影像，给人印象最深的是新驿村杜书记的话："往年哪会有黑熊三番五次的抱蜂箱偷蜂蜜，以往几年只怕第二次就有来无回。"一个昔日因盗猎出名的"寡妇村"如今重新加入保护大家庭，守护自己家园的同时也为周边的保护区减轻了压力，村子逐渐形成一个整体。

五、啃下火溪河流域的硬骨头

时值2018年，国有林管理是热点议题。为补充统筹整合这一区域的生态保护，爱德基金会秘书长和项目经理在山水的陪同下拜访了平武县林业局、和平村。平武县木座乡领导和平武县林发司相关人员也参加了讨论会，表示支持山水在和平村开展社区保护地项目。和平村党委书记余也平和村委会李主任非常欢迎外部支持力量的到来，毕竟单凭他们一己之力，难以撬动全村这么大范围的保护与发展。

2019年3月22日，恰逢世界水日，四川省平武县和平村社区保护地项目启动仪式在木座乡和平村隆重举行。平武县林业局、平武县林发司、木座乡政府、关坝保护中心、新驿村、山水代表以及和平村村两委、村民代表40余人参加了仪式，共同见证平武县又一个以社区为主体的保护地的诞生，白熊部落再添新成员。和平村的加入使川甘两省平武县、文县、青川县的4个保护区、5个社区、2个自然保护小区、1个社会公益型保护地连成一片，形成以小流域为单元的保护地网络，面积超过2500 km^2。

会后紧接着进行了生物多样性本底调查和社会经济调查工作。

利用林业部门已有的第二次全国土地调查数据，结合动物样线调查和红外相机调查，和平村的生物多样性结果令人欣喜，森林覆盖率高达97.32%，在以青冈为优势树种的阔叶混交林和纯林中，生活着大熊猫、川金丝猴、豹猫、扭角羚等兽类，以及红腹锦鸡等26种鸟类。

与生物多样性调查结果相比，和平村社会经济调查的结果就显得不那么乐观了。人为干扰比较严重，放牧、垃圾等痕迹明显；绵九高速公路正在修建，工程建设对动物也有不小的影响。

调查还显示，和平村产业经济尚未有很好的发展，基本处于以农户自我发展为主的状态，缺乏村集体产业。村民对"外来人到本村挖药打猎"都非常反对，而本村人的同类行为却感到"理所应当"；此外，村级集体活动较少，村子没有表现出很强的凝聚力。这些情况都给即将开展的保护行动带来了挑战。

丰富的自然资源与薄弱的保护力度，令和平村社区保护地建设项目意义重大。随着组建巡护队等工作的开展，一系列具体问题开始浮出水面——村民对于"保护"的理解仍旧停留在"安红外相机监视我们"的层面上。有名老猎人甚至放出狠话，"要是敢在山上安相机，我看见一个扔一个！"

从猎人到巡护员，和平村组建了巡护队，保护工作开始逐步开展。2019年3月，和平村正式开始了巡护和红外相机监测工作。随着工作的展开，和平村巡护队在山水等伙伴的支持下逐渐完善起来，清理人为干扰点，进行技能培训，补充调整红外相机位点，搭建巡护宿营点，修缮巡护道路……

项目进行两年以来，和平村巡护队还积极参加周边保护地组织的联合反盗猎巡护活动，当初那名扬言对红外相机要"看见一个扔一个"的老猎人，也成了巡护队队员。他们总共布设了8台红外相机，累计工作日550天时，已经拍摄到大熊猫、金猫、金丝猴、羚牛、黑熊、野猪等野生动物11种。

又一杆保护旗帜竖起。2021年4月16日，谷雨刚过，和平村自然保护地项目总结会如期举行。山水创始人吕植、爱德基金会社区发展与灾害管理团队主任、项目专员，山水伙伴公司、平武林草局、涪水源国有林场、木座乡人民政府的代表都来到和平村。当天清早，久雨初晴，和平村余书记带着大家"去黑水沟遛一遛，随便看看"。

连绵的青山在春晨中泛出水晶般丰富而清透的色泽，在声声鸟鸣中静谧得像一处世外桃源。浅紫色的杜鹃花瓣被雨水打落，铺满小径，叫人忍不住放轻脚步。溪水淙淙如铃，远山青青如屏，所有人都被和平村的美景震惊了。"吕老师！夏天咱们把睡袋带上，我陪你们去大溜坝去走巡护，去感受和平村的美！"余书记高兴地招呼起来。他说起20世纪90年代，曾有和平村村民亲眼撞见金钱豹下到村里，正在吃一头牛，"怕是杀了好几天了，吃了好几天了，刚好给撞见，吓死啦！林业局为此专门赔偿了100多元钱……"

30年过去了，和平村红外相机里重新出现了大熊猫、川金丝猴、金猫、羚牛、黑熊、豹猫的身影……金钱豹的身影尚且没有被发现，却成了大家期盼着的事。"硬骨头"和平村竖起了白熊大部落的又一杆保护旗帜，通过社区生产生活方式的转变和生态保护行动，减少该区域的人为干扰，提升大熊猫栖息地的质量和连通性，有效填补该区域的保护空缺，有助于实现大熊猫国家公园完整性的目标。

六、梅开二度福寿自然保护小区

2019年3月20日，平武县林草局成立伊始，正式批复建立了平武县福寿自然保护小区（以下简称"福寿保护小区"），这也是平武县基于关坝保护小区成功实践的基础上推广复制的第二个保护小区。

福寿保护小区位于平武县高村乡福寿村，紧邻老河沟社会公益型保护地，位于大熊猫国家公园规划范围以外，是大熊猫的重要生态走廊。在桃花源基金会、老河沟保护中心的支持下，福寿村组建了社区巡护队，制定了资源管理制度，并按照《四川省自然保护小区管理办法（评审版）》有关要求，向业务主管单位平武县林草局递交了关于成立平武县福寿自然保护小区的申请。平武县林草局作为自然保护小区的实践者和推动者，一直高度关注着福寿保护小区的创设进展，将该申请作为林草局当年一号文件给予了批复。该保护小区本着政府监督、社区主导、社会参与的原则，充分发挥社区的主观能动性，提高保护小区栖息地保护成效，探索创新以社区为主导的社区保护地模式。

2020年1月16日，支付宝蚂蚁森林推出2020年的第一块公益保护地——福寿保护地，该保护地位于平武县高村乡福寿村，距离绵阳市区不到200千米。据悉，这也是继关坝保护地之后，蚂蚁森林在平武建设的第二块保护地。福寿保护地就像是一块楔子，正好填补了保护区域边界的一个缺口。从地图上看，福寿保护地让保护区的边界连接完整，更加接近一个圆。从生态意义上看，福寿保护地的加入更有深意，曾经的乱砍滥伐、偷盗猎、过度采挖等现象，在福寿保护地建立起来之后有了大幅好转。2020年11月10日，福寿保护小区的6名社区巡护员组织完成了福寿保护地红外相机的换取和巡护工作，一只憨态可掬的大熊猫出现在镜头前，这是福寿村成立保护小区以来红外相机第一次拍到大熊猫。一年多的时间，福寿保护小区的队员们第一次发现新鲜的大熊猫粪便；红外相机第一次拍到大熊猫的影像；第一次面对显现的保护威胁，大晚上自发开会商量对策。看到平均年龄50岁以上的巡护员们学习巡护软件和拍摄巡护视频时一张张认真的脸，陪伴和支持福寿保护小区的刘翠动情地回顾："最触动我的，还是看到社区成员，真正有了想要保护自己的家园的意愿和行动，这是一种很强大的内部力量，我相信这种力量能真正长期解决当地的保护问题。"

平武县充分发挥生态保护试验田的优势，与桃花源基金会、世界自然基金会、山水自然保护中心等国内外社会公益组织密切合作，把社区保护地发展作为在平武进行生态保护和生态扶贫的重要抓手，以保护小区为重要平台，探索在国家公园体系下社区参与生物多样性综合保护的新路径，带动社区脱贫致富，创新示范生态扶贫和生态文明建设的新模式。2019年，平武县退出了贫困县序列。

七、远在异乡的朝阳村

2017年12月14日，朝阳村左溪河流域自然保护小区成立仪式于洋县茅坪镇朝阳村隆重举行。洋县林业局、民政局、文化广电局、茅坪镇政府、长青国家级自然保护区管理局、山水伙伴公司、山水自然保护中心代表以及村民代表共40多人参加了仪式，共同见证陕西省第一个自然保护小区的诞生。

当时陕西秦岭仍有28.4%的大熊猫栖息地没有纳入保护区管理，分布于国有林场以及社区集体林地范围内。如何将社区集体林地这部分大熊猫栖息地保护管理好，是秦岭大熊猫保护工作面临的挑战，也是再创新成绩的机遇。基于社区的保护，将会成为秦岭大熊猫栖息地扩展和走廊带建设中必须使用的手段。朝阳村左溪河流域自然保护中心的建立正是创新管理机制、完善现有自然保护地体系、增加保护面积的有益尝试。

朝阳村犹如一块宝石，镶嵌在陕西省长青国家级自然保护区，全村与自然保护区接壤，是当今中国最有保护价值的大熊猫密集分布区之一。这里属于重要的生态走廊带，生态服务功能非常重要。大熊猫多次走进朝阳村，羚牛的遇见率非常高——每逢冬季，羚牛会下山吃农民的蒜苗。

朝阳村左溪河流域自然保护小区优先将与长青国家级自然保护区核心区接壤的朝阳村13组的区域，包括4252亩林地和10千米河道纳入进来，待条件成熟后，逐步扩大，覆盖整个朝阳村。

早在20世纪80年代，山水的创始人吕植就在长青国家级自然保护区开展科研工作。自2009年起，山水伙伴公司和山水自然保护中心携手，支持保护区和周边社区实施"熊猫蜂蜜"项目，开展生物多样性保护与生态产业发展。

2017年4月，朝阳村蜂农彭海波走出大山，到平武县关坝保护小区考察，发现以社区为主体的保护小区建设的生命力。回到村里，他和村两委商议，筹划建立陕西省第一个自然保护小区，在林地所有权不变的前提下，创新保护机制，授权管理。

自然保护小区在筹备与成立的过程中，得到洋县民政局、林业局、茅坪镇政府、朝阳村村委以及长青国家级自然保护区管理局等单位的大力支持。此外也获得了社会各界的关注，成为朝阳村对接社会资源的平台。

山水自然保护中心通过众筹的方式为朝阳村筹集巡护装备和经费共计55 429.45元，并联合山水伙伴公司共同出资5万元，支持朝阳村左溪河流域自然保护中心的注册。山水伙伴公司邀请外部专家，带领村民讨论梳理了自然保护小区的愿景、保护目标、威胁、可能的保护措施等。

2017年12月，在保护小区成立大会前期，山水自然保护中心刁鲲鹏及其团队同自然保护小区彭海波等5位巡护队员，就左溪河流域进行了一次联合巡护及生物多样性快速评估，培训巡护队员安放红外相机和填写巡护表格的基本技能。

据评估报告显示，保护小区鸟类资源丰富，快速评估共记录到38种鸟，预计区域内鸟类总种数为200～300种；区域内兽类痕迹较多，目击多个黑熊取食平台、爪印等，发现黑熊等动物粪便多处，啃食痕迹十余处；区域内小麂、毛冠鹿、斑羚等亦广泛分布。

左溪河流域自然保护中心设有理事会和监事会，并组建了10人的巡护队，在保护小区内设定了6条巡护线路；左溪河河东及河西山林线路3条，易家沟线路1条，覆盖5525亩森林；河道4条，其中左溪河3.5 km、陈学沟2.5 km、十三组主河道4 km、九组主河道5 km。自然保护小区明确以大熊猫、羚牛、金丝猴、朱鹮、林麝等为保护对象。

左溪河流域自然保护小区作为秦岭大山中的首个自然保护小区，是关坝保护小区在陕西的复制与推广，为陕西省大熊猫保护以及社区参与保护探索新途径，为大熊猫栖息地集体公益林管理提供新思路，为陕西河长制落地提供经验，为以生态文明建设为核心的生态扶贫提供新模式，在发展与保护之间找到新的平衡和示范。

八、生态文明建设带来的"红利"

2011年起，我国天保工程区的集体公益林也开始全面实施国家重点公益林生态补偿项目，落实生态补偿政策。集体公益林在我国生态公益林保护中占有重要地位，其承载的生态系统服务与民生保障功能也影响着国家的生态安全与社会稳定。同时，集体公益林的保护也是我国生态文明建设的重要组成。从受益对象来看，广大农户是集体林经营的主体，生态补偿受益对象宽泛；从实施过程来看，集体公益林生态补偿是一个系统工程，涉及国家、地方政府或职能部门、村集体、护林员、农户等众多利益相关者。

习近平总书记指出，坚持人与自然和谐共生。建设生态文明是中华民族永续发展的千年大计。必须树立和践行绿水青山就是金山银山的理念，坚持节约资源和保护环境的基本国策，像对待生命一样对待生态环境，统筹山水林田湖草系统治理，实行最严格的生态环境保护制度，形成绿色发展方式和生活方式，坚定走生产发展、生活富裕、生态良好的文明发展道路，建设美丽中国，为人民创造良好生产生活环境，为全球生态安全作出贡献。

2019年6月，中共中央办公厅、国务院办公厅印发《关于建立以国家公园为主体的自然保护地体系的指导意见》，提出探索全民共享机制。在保护的前提下，扶持和规范原住居民从事环境友好型经营活动，践行公民生态环境行为规范，支持和传承传统文化及人地和谐的生态产业模式。推行参与式社区管理，按照生态保护需求设立生态管护岗位并优先安排原住居民。

2021年2月，《中共中央 国务院关于全面推进乡村振兴加快农业农村现代化的意见》（即2021年中央一号文件）指出，民族要复兴，乡村必振兴。要坚持把解决好"三农"问题作为全党工作重中之重，把全面推进乡村振兴作为实现中华民族伟大复兴的一项重大任务，举全党全社会之力加快农业农村现代化，全面推进乡村产业、人才、文化、生态、组织振兴，充分发挥农业产品供给、生态屏障、文化传承等功能，让广大农民过上更加美好的生活，走中国特色社会主义乡村振兴道路。到2025年，农村生产生活方式绿色转型取得积极进展，农村生态环境得到明显改善。

2021年4月，中共中央办公厅、国务院办公厅印发《关于建立健全生态产品价值实现机制的意见》，提出坚持绿水青山就是金山银山理念，坚持保护生态环境就是保护生产力、改善生态环境就是发展生产力，带动广大农村地区发挥生态优势就地就近致富、形成良性发展机制，让提供生态产品的地区和提供农产品、工业产品、服务产品的地区同步基本实现现代化，人民群众享有基本相当的生活水平。通过设立符合实际需要的生态公益性岗位等方式，对主要提供生态产品地区的居民实施生态补偿。

在我国新时代新发展的征程上，绿色发展和生态文明建设等相关政策已经或者将会给农村社区参与生态保护并从中持续受益创造更多机会，正在为助推农村社区发展进步释放出宝贵的生态红利。

第五节　旗舰物种保护的社区解决方案——关坝的特殊性与可推广性分析

一、社区为主体的自然保护地是旗舰物种保护的有效补充

自然保护地，作为一种目标是自然保护的土地类型，对于生物多样性和生态系统的保护非常重要。世界自然保护联盟（IUCN）将自然保护地定义为："自然保护地是一个明确界定的地理空间，通过法律或其他有效方式获得认可、得到承诺和进行管理，以实现对自然及其所拥有的生态系统服务和文化价值的长期保护。"

根据保护管理目标，IUCN将自然保护地分成了六类，包括：① 严格的自然保护地和荒野保护地，② 国家公园，③ 自然历史遗迹或地貌，④ 栖息地/物种管理区，⑤ 陆地景观/海洋景观，以及⑥自然资源可持续利用自然保护地。根据治理类型，所有保护地又可以被分为政府治理、共同治理、公益治理（企业、私人或者保护组织管理）、社区治理（由居民集合集体共同治理的保护地）四类（Dudley，2008）。

在我国的自然保护工作中，政府治理的保护地占据了主要的地位，但是仍不能涵盖所有生物多样性热点区域，仍然需要其他治理类型的保护地，需要企业、私人、民间保护组织、社区、普通公众等社

会力量发挥积极的作用。国内已有的对保护地的研究和论述多集中在政府治理的保护地，尤其是陆地上的自然保护区体系，对其设置合理性、对生物多样性热点的覆盖程度、管理有效性、存在的问题等已有较多论述。与政府治理的保护地比较，其他治理方式的保护地管理更为灵活，更有助于当地社区加入保护行动，更便于民间力量参与。

我国人口密集，人类活动密集区域与生物多样性热点区域重叠程度高，社会系统与自然生态系统互动时间长，这些保护地对我国的生物多样性保护，尤其是东部地区的生物多样性保护将发挥越来越重要的作用。目前，在全国各区域，根据实地情况，已经建立了多种形式、为数众多的其他治理方式的保护地，并为自然保护和社区发展提供帮助。

我国的人口众多，即使在西部地区，经典意义上的人为活动极少的"荒野"也是非常少见的，处理好人与自然之间的关系的平衡，是在我国的生物多样性保护工作中尤为突出的重点和难点。因此，要对更多重要区域进行有效的保护，不可能仅仅依赖扩大政府治理的保护地来完成（蒋志刚，2005）。在我国东部、南部地区，人类活动密集区域与野生动物分布热点地区高度重合，而在这些区域，保护工作与人类活动并不是完全无法并存的。农田之间的一片水源林、村寨附近的几个水塘、村子后山上夏天放牧用的林下草地……这些面积不大、离人类活动区域很近，但保留了较为原生自然形态的小地块，可以为物种提供高质量的资源和生存空间，并成为相当多物种，甚至是濒危物种的重要栖息地。这正是除政府治理的保护地之外，用其他方式治理保护地的舞台。通过灵活、多样、因地制宜的方式，能够对这些区域进行有效的保护。

同时，这些区域，也是当地居民与自然长期互动的孑遗，作为社区传统文化的重要载体、社区可持续利用自然资源的本土知识的载体、社区生产生活所需自然资源的重要来源，设立其他治理形式的保护地，也有助于维持和塑造社区与自然之间的良性关系。

在保护实践中，其他治理形式的保护地的管理目标，可以包括维持重要的物种栖息地、维护生态系统的重要服务功能、保障社区对自然资源的可持续利用等不同方面；社区、地方政府、民间机构、企业、个人等参与方也可以多样化的模式参与到具体的保护工作当中，这种管理模式根据各地点的具体情况，可以是截然不同的。我们首先对部分相关概念做些简要阐释。

1. 自然保护小区

自然保护小区，是我国政府认可的一种保护地类型，通常指面积较小，由县级以下行政机关设定保护的自然区域，或者在自然保护区的主要保护区域以外划定的保护地段，一般不划分核心区、缓冲区和实验区（崔国发 等，2000）。自然保护小区通常具有特定的物种或者景观保护目标。自然保护小区的设立始于江西婺源。1992年，由李庆奎、侯光炯、朱祖祥三位科学家建议，应该在自然环境破坏严重、人口稠密、交通方便和经济活动频繁的区域建立微型的保护区，从而建立了我国第一个自然保护小区——鱼潭村保护小区。该保护小区在土地权属上仍然属于集体所有，由鱼潭村村委会申请和经营，江西省婺源县人民政府批准建立。自然保护小区的建立比较灵活，面积较小，资金以自筹为主，由国家给予补助。保护小区由于顺应了当地村民保护周边自然环境的要求，很快在婺源县得到推广。到1995年，原国家林业部把婺源县建设保护小区的做法誉为"婺源模式"，在全国推广（李晟之，2014）。

截至2004年底，中国自然保护小区数量达到49 109个，总面积达1060.48万公顷，约占国土面积的1.1%。自然保护小区的分布主要集中在安徽、浙江、江西、福建、湖北、湖南、广东、海南和贵州等省区，其中以广东省数量最多，达到3880个（李晟之，2014）。

2. 自然圣境

根据国际自然保护联盟（IUCN）的定义，自然圣境是指对部分人群或社区具有特殊精神意义的陆域或水域。自然圣境在世界范围内留存了重要的生物多样性，是沟通文化和自然保护的重要桥梁，故越来越受到重视（Wild et al.，2008）。自然圣境在我国分布非常广泛，在不同地点、不同民族中具有不同的名称，例如，藏族的神山圣湖、彝族的密枝林、傣族的龙树林、汉族的风水林等，它们承载了不同的民族传统对于自然的信仰（周鸿，2002;艾怀森，2003;朱华，1997）。这些区域具有重要的文化意义，因此产生了不同类型的自然禁忌，例如，神山上不得打猎、动土、采集药材，圣湖周围不得大声喊叫、不得乱扔垃圾，风水林和龙树林中禁止砍伐树木、禁止打猎等。因这些禁忌的存在，自然圣境所受人类干扰较少，成为野生动物的重要栖息地。尤其是在人类活动密集的区域，为物种提供了高质量栖息地。研究发现，藏族聚居区神山的森林覆盖率高于周边地区（Shen et al., 2015）。不同地区的神林与周围林地比较，其植物构成更接近原始森林（Hu et al., 2011），具有树龄更老、盖度更高、胸径更大的特点，且本地特有种更多（Anderson et al., 2005）。这样的自然圣境为鸟类、兽类提供了优质的栖息地，自然圣境内的鸟类、兽类多样性通常显著高于周边地区（Bhagwat et al. 2005; Shen et al., 2012）。

同时，大部分自然圣境并不禁止人类活动。神林中，对树木的砍伐被严格禁止，但在林下采菌、捡拾枯枝作为薪柴等行为是被允许的，并受到当地社区的统一管理。而具有自然圣境的地区，其文化中通常都具有对自然资源取用有节、珍爱自然、人与万物平等等对自然保护有益的思想。对自然圣境的尊崇，也是传统文化中较为坚实、不易改变的部分。以自然圣境为核心的仪式、节庆等，至今仍是许多社区文化中重要的组成部分。

3. 社区保护地及公益保护地

社区治理的自然保护地包括由原住居民建立和管理的原住民地区和领地以及由当地社区建立和管理的社区自然保护地，这些保护地具备几个本质特征：原住居民和当地社区非常关注生态系统，并且这些生态系统通常与它们神圣的精神价值、传统习俗或者原住居民生计有关；这些原住民或者社区在制定决策和管理方面拥有主要权利，具有机构并可以执行正式或者非正式的相关规定；原住民或者社区的决策和努力可以对生态和文化价值提供保护。公益保护地通常指的是由个人、合作社、非政府组织或者公司控制和管理的自然保护地，我国所有土地都为国家所有或者集体所有的性质决定了国内的公益保护地通常采取租用土地或者托管保护权的方式进行管理，并且通常情况下会与当地社区结合紧密。社会公益型保护地，或者民营保护地，是由个人、民间公益组织、企业法人等申请成立和经营管理，并得到政府主管部门批准的保护地类型。

4. 社区为主体参与保护是可行和高效的

为实现我国生物多样性保护目标，政府治理及其他治理形式的保护地可以互相补充，在不同的条件和目标下，满足生态保护的需要。而无论在哪种保护地的管理工作中，处理人与环境的关系，尤其是当地社区与保护的关系都是重要的问题。平武县关坝村案例仅是世界诸多以社区为主体的自然保护地的一个缩影，诺贝尔经济学奖获得者埃莉诺·奥斯特罗姆在其著作《公共事物的治理之道》中提到的国外案例，以及国内广西崇左市扶绥县渠楠白头叶猴自然保护小区、甘肃文县白水江保护区李子坝协议保护地、云南巴美滇金丝猴社区保护地、云南南滚河南朗村大象米社区保护地、青海云塔虫草管理社区保护地的自然资源共同可持续管理等案例，说明将社区作为保护主体，发动社区参与保护是可行和高效的，是旗舰物种保护的自然保护地的有效补充形式。发动社区的自主性，积极参与决策和集体行动，对于保护的可持续性、"长期共同发展"原则以及融入主流的政策决定也是极为重要的。针对不同的保护目标和当地的具体情况，社区发动的方式、参与式保护的组织策略、地方政府的角色、民间机构能够提供的支持的种类、保护所需资源的来源、权责利的归置与分配等，都可以具有多样的、灵活的方式。希望这样的展示和梳理能够为政府治理的保护地加强社区共管，以及更多其他形式保护地的建立提供借鉴。

二、做好社区保护地工作，要思考些什么？

1. 什么是社区保护地？

世界自然保护联盟（IUCN）给出的定义是：包括重要的生物多样性、生态系统服务和文化价值，通过习惯法或其他有效途径，由原住民和当地社区自愿保护的、自然的或人工改造的生态系统。社区保护地作为当地社区与栖息地的相识相生的生命共同体，强调以社区为主体，通过巩固或恢复社区对周边资源（栖息地）的拥有感和管理权益，并在管理资源过程中恢复、发展或创新社区保护地的治理机制，实现人与自然和谐相处。

2. 为什么需要社区保护地？

截至2015年，我国已建立2740个自然保护区，陆域面积$1.42×10^6$ km^2，约占我国陆地国土面积的14.8%，高于世界平均水平。其中国家级自然保护区446个，总面积$9.7×10^5$ km^2（陈吉宁，2016）。读者看到这不禁会问，那建社区保护地还有什么价值？让我们来看一看山水发布的《中国自然观察2016》报告中的一组数据。

调查数据显示1085个物种中，模拟分布区被保护区覆盖范围在5%以下的物种有161个，占14.84%；覆盖范围在5%～15%之间的物种有161个，占13.73%；覆盖范围高于15%的有66个，占6.08%。濒危植物分布热点国家级保护区覆盖率为1.9%，濒危哺乳动物分布热点国家级保护区覆盖率为16.2%，濒危两栖动物分布热点国家级保护区覆盖率为6.2%，濒危爬行动物分布热点国家级保护区覆盖率为3.1%，濒危鸟类分布热点国家级保护区覆盖率为2.1%，所有濒危物种分布热点国家级保护区覆盖率为3.2%。而就我国各物种多样性热点地区而言，西南山地已有20.6%的热点地区得到保护区的覆盖；云南、广西边境地区有很多物种的极小种群，但保护区覆盖情况不明；在长江中下游地区，仅有8.3%的热点地区得到保护区的覆盖；而环渤海地区和黄海沿岸，仅有1.4%的热点地区得到保护区覆盖，可以说我国东部物种多样性热点地区绝大多数在保护区之外。

以全世界都注目的明星物种大熊猫为例，截至2015年2月，国内有1864只野生大熊猫，258万公顷野生大熊猫栖息地，67个大熊猫保护区，约1/3的大熊猫和1/2的栖息地未被保护区覆盖，33个野生大熊猫种群被分割在6个不同山地栖息地之间，碎片化的趋势非常严重（图4.4）。整个大熊猫栖息地内有近30%的社区集体林，近20万村民生产生活于此，是大熊猫栖息地重要的组成部分，不能分割，不能忽略，人地关系和谐可持续的社区保护地建设有助于大熊猫走廊带的连通，确保野生大熊猫种群的长期生存。社区保护地是自然保护体系的延伸和补充，可以有针对性地保护极小种群和濒危物种，保护生态系统的完整性和生物多样性，维持生态平衡，促进社会经济发展和自然资源的可持续利用。

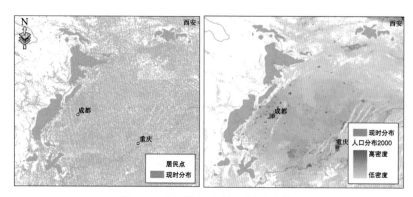

图4.4　大熊猫栖息地不断破碎化

3. 社区保护地的三个核心内容及其关系

严格保护、生态恢复、可持续发展是社区保护地的三个核心内容。严格保护往往是外部诉求或国家利益，一般情况下会有相应的资金投入，通常可以为村里带来生态补偿资金和增加其社会影响力。生态恢复往往和村民自身生产生活相关，社区有一定的意愿，但国家和社会投入有限，如何结合可持续发展来促进生态恢复，是社区保护地极为重要的工作，也是连接严格保护和可持续发展的重要环节，通过生态恢复一方面可以扩大和改善保护效果，另一方面，生态恢复有可能使低值的自然资产变成自然资本，增加社区的收入，形成保护与发展共赢的结果。

保护和利用是并存的，利用并不是问题，过度利用才是问题。我们要解决的是如何从过度利用到合理利用，而不是完全杜绝利用，当然有些利用有法律约定是不能出现的，比如持枪打猎等，但是像虫草的利用、林下中药材的利用，在社区保护这个范畴其目标不是完全杜绝利用，而是可持续利用，规范采集，例如，可以分区或分时，在三江源曾做过虫草可持续采集尝试，效果还不错。另外平武县五味子可持续采集也可以了解借鉴。替代生计最核心的是替代时间，是让替代和被替代生计的时间相冲突。选择替代生计要因地制宜，立足本土，要考虑转变生产生活方式的同时尽量不降低现有生活和收入水平，但替代生计绝不仅仅是算经济账，有些还涉及法律和可持续发展问题，比如盗猎，采矿等，也许替代生计没有上述活动收入高，但是合法且可持续。生计替代也需要一个过程，当还不能完全替代的时候需要外界补充一些资金以弥补因转变生产生活方式带来的损失，比如成效奖金、社区发展基金等。村里的资源也只有村民能低成本地管理好，尤其是对资源过度利用的生计一般是少数人受益，而当提供的利益将惠及全村人，这将迫使村内进行资源管理和利益平衡，用大多数人的意愿来倒逼少数人的行为改变，这其中不仅仅有经济因素，还有社会因素、文化因素，是多元驱动的，对此要充分认识到和利用到。在新的形势下，针对生态保护和恢复以及可持续发展，原有的社区治理机制要融合或适度调整以形成新的治理机制，如生态产业反馈保护机制、奖惩机制，社区公益金管理，社区参与和监督机制等。

三、要做好社区保护地工作，总共分几步？

社区保护地的建设不是一蹴而就，真正形成以社区为主体，有明确的资源管理计划，建立保护与发展之间的链接，产生集体行动力，取得生态、经济、社会三重效益，能持续并且带来一定的影响力，需要一个过程，需要一定的耐心，站在外部机构的视角，社区保护地建设大致可以分成三个阶段（图4.5）。

社区保护地建设有一套章法和流程，大致会经历以下几个步骤：

第一步，找到地块，快速评估。

地块选择在生物多样性保护、生态保护优先区和社区高度重叠区域，尤其是保护区周边和走廊带，濒危物种和极小种群分布区。判断能否建成社区保护地，可以从以下几个问题入手：

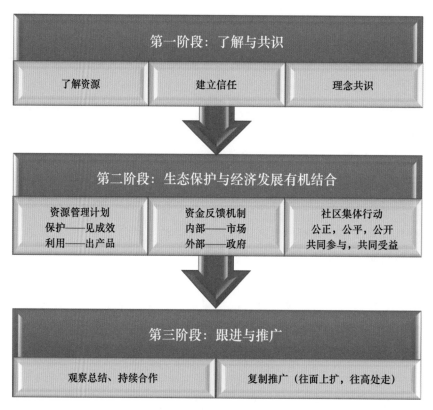

图4.5　社区保护地建设的三个阶段

① 有没有保护的价值?

② 有没有威胁,处理这些威胁的难度有多大?

③ 社区有没有开展保护和可持续发展的意愿?

④ 社区的组织、治理、执行能力如何?

⑤ 土地的所有权、使用权、利益分享权是怎样的,有没有排他性?

⑥ 涉及哪些利益相关方,利益冲突大不大?

上述几个方面的信息可以从当地政府、林业部门、环保部门等提供的二手资料、信息侧面了解,也可以直接到社区走访,眼观、耳听、嘴聊来判断。根据社区保护地的潜在可行性分析,判断是进入下一个步骤还是更换地块。

第二步,瞄准问题,发现机会,建立基线。

首先需要收集和分析资料,对要建设的保护地有一个基本认知和判断，其次是与社区共同进行自然资源和社会经济调查，核实或矫正前期收集到的信息。这个步骤可以借助一些工具帮助更好地实现。与社区共同了解情况，识别问题，主要涉及两个角度三个维度：第一个角度是内部，即社区的资源管理现状和治理能力、社区保护与发展的需求和愿景；第二个角度是外部，包括政策环境和市场环境及可能存在的障碍和机会；三个维度分别是时间维度、空间维度、当地人的生产生活维度，对应的工具可以是大事记、资源图和季节历。明确社区保护地的四至边界和详细权属、保护对象的种类和数量、面临威胁的种类和程度、社会经济等基线数据。

第三步，讨论保护与可持续发展策略，制定资源管理计划，建立资金和管理的可持续机制。

针对保护面临的问题和发展瓶颈，与社区共同讨论应对的策略，明确实现的愿景、达到的目标、选择的路径、对接的资源等，并在此基础上制定资源管理计划，进行功能分区，设计活动来转变不可持续的生产生活方式，回应目标。和保护区的管理计划不同，社区保护地的资源管理计划包含两个方面：一方面是保护，如何保护和恢复资源，以致能见到保护成效；另一方面是可持续利用，如何形成产品，让社区收到效益，实现保护与发展的平衡。通过管理计划将目标、策略、行动和效果建立起因果关系，算出成本，列出计划，将责任落实到人头。结合外部的政策、市场、社区以及村内集体经济，建立持续开展活动的资金机制，理顺事、人、钱的关系。

第四步，管理计划实施与监测。

以社区主体，根据管理计划编制（图4.6）年度工作计划，开展活动，在实施过程中开展相关的能力建设培训，对接外部资源，促进自然资本和社会资本的增长，带动村内更多的村民知晓、参与保护地的活动并从中受益，逐步形成集体行动力。定期开展监测工作，监测内容涉及保护的一些要求，例如，没有砍伐森林、没有捕猎、没有非法采矿，开展了巡护、维护边界等保护行动。监测收益管理的有效性及公正性，例如，获得收益的资源利用者比例、对资金使用的监督等；记录监测数据，以能反映保护的变化。

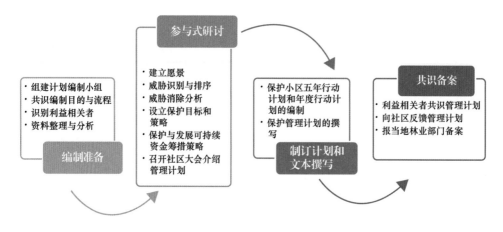

图4.6   自然保护小区管理计划编制步骤

第五步：评估与调整。

定期开展内外部的保护成效评估，包括保护和发展两个方面，建议内部评估一年至少一次，外部评估前期频率可以高一点，后期可以低一点，待社区保护地形成内生动力，有了良好、持续的治理机制后可以选择取消外部评估。根据评估的结果和内外部环境的变化，适当调整管理计划以应对新的挑战和机遇，保证和促进社区保护地建设愿景和目标的实现（图4.7）。

图4.7   关坝保护小区50年后的愿景（绘图：冯艳秋）

四、社区保护地建设需要依靠哪些力量？

社区保护地建设虽然是以社区为主体，但仅仅依靠社区的力量是不够的，实现人与自然和谐相处的目标需要发挥政府的力量，借助市场的手段，从权力、能力、智力、动力四个维度给所在地社区以力量（图4.8），形成集体行动力，使生态得以恢复和保护，并使社区从生态保护中持续受益。

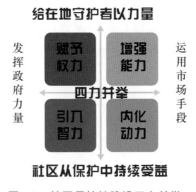

图4.8　社区保护地建设四力并举

1. 权力

社区有保护和使用周边资源（栖息地）的权力，有从自然资源经营管理中受益的权力，有约束社区内部资源利用和排斥外来利用者的权力，这个是社区保护地存续的根基。权力根据每个国家国情不同，有些需要外部授予，有些是社区自身拥有。

2. 能力

社区有自然资源（栖息地）管理的能力，包括：① 保护和恢复生态的技能，如巡山防火、增殖放流、造林抚育等；② 自然资源可持续利用的技能，如中药材的可持续采集、分区管理，抵挡外来人采集管理、林间林下发展产业的技术；③ 矛盾冲突处理的技能，如村规民约、信息公开、协商沟通等。

3. 智力

智力是指当地传统的文化知识和外部的科学技术及理念，方式可以是请进来，将先进的理念和技术带入社区，并与社区传统的文化知识相结合，也可以是走出去，组织社区代表到其他地区参观交流，开阔眼界，引发思考，形成符合自身特点的解决问题的智慧。

4. 动力

社区要有保护动力。社区保护地始终要回答社区为什么要保护的问题，有以下三个方面：① 避害，防止生态破坏后带来的自然灾害给社区带来生命财产损失，如有些地区的风水林；② 趋利，能够从保护中获得经济效益，如封山育林得到补偿，护林养蜂、封溪护鱼获益等；③ 宗教信仰产生的敬畏自然的传统文化，如神山圣湖等。

5. 集体行动力

社区要有集体决策和行动的执行力。有共识的目标的集体行动是社区保护地持续有效的关键，无论保护还是利用，一旦缺乏规则和集体决策与制裁机制，社区和栖息地共同体会很快割裂和瓦解，并带来内忧外患，大量搭便车的行为造成资源的过度无序利用。集体行动的发生不是一下子出现一个大集体，而是在具体需求和事务下产生若干相关的小集体，如养蜂专业合作社、巡护队、保护中心等，大多数最终以村委会为核心，但起步不一定开始于村委会，还是要根据当地的具体情况和需求。

五、社区保护地建设有哪些雷区？

社区保护地建设过程中有很多雷区，稍不留神就有可能陷入其中，令保护地建设终止或带来负面影响。外部机构在支持社区建立保护地过程中要注意以下五个方面，有利于社区保护地建设。

雷区1：轻易承诺。

在资源不明确的前提下向社区轻易承诺，后期无法兑现或存在偏差，造成机构与社区之间的不信任，影响后期工作的开展。

雷区2：处理不好与村两委的关系。

　　社区保护地建设过程中有可能支持的对象不是村两委，比如支持当地的协会或合作社，但不能因此绕开村两委，而需要主动、及时地与村两委沟通信息，同时提醒支持的对象保持与村两委的信息沟通，避免村两委因不明项目情况对保护地建设进行干扰。

　　雷区3：和社区节奏不合拍。

　　进行社区保护地建设时不了解和不注重社区的农时节奏，在农忙的时间安排重要活动或集体活动以致产生时间冲突，影响与村民的沟通和合作效果，因此，进入社区时掌握社区季节历非常重要。

　　雷区4：陷入社区历史纠纷。

　　社区不是一张白纸，有诸多历史纠纷和矛盾隐藏其中，很多也说不清楚，外部机构在面临社区历史纠纷时应保持客观态度，莫过多讨论和下判断，应该及时引导大家回到现实问题的讨论中来。

　　雷区5：忽视达成共识。

　　未经充分信息沟通和讨论便形成决议，以致在后期执行过程中出现不理解、不认同、不支持项目的问题。共识是合作的基础，这不是简单的少数服从多数的决议，而是所有人意见表达后的妥协与认可。

六、关坝村的特殊性与可推广性

　　关坝村地理、人员、文化等情况虽然特殊，但面临的问题和挑战，以及宏观政策背景和其他类似村庄是一致的，关坝村也不是唯一走出来，并且发挥良好生态效益和可持续发展活力的村子，无论在国外还是在国内，社区保护地都是全球生态保护不可或缺的重要组成部分。虽然关坝村有些经验教训不能完全照搬，但通过关坝村的生态保护和可持续发展实践，还是能总结出一些基本路径和原则，是可以适用于大部分有生态价值、有保护意愿、有一定配套的政策支持的农村社区的。

　　关坝村坚持不懈的实践得到政府、社会、企业、公众的认可，生态环境恢复和保护的同时，当地村民也从中得到了看得见的收益，增强了社区凝聚力和自豪感，给社区为主体的自然保护地带来一种可能性和希望，助推着社区保护地在中国生态文明建设中发挥更重要的角色，这也许是关坝村实践的更大的价值所在，也是一种不一样的推广。它看似像一束星星之火，虽然微弱，但是充满着燎原的力量，温暖着四周，照亮着远方。

参考文献及附录

参考文献

· ABRAHAMCZYK S，STEUDEL B，KESSLER M，2010. Sampling Hymenoptera along a precipitation gradient in tropical forests: the effectiveness of different coloured pan traps[J]. Entomologia Experimentalis Et Applicata，137（3）：262-268.

· ADAMOWICZ W，BOXALL P，WILLIAMS M，et al，1998. Stated preference approaches for measuring passive use values: choice experiments and contingent valuation[J]. American journal of agricultural economics，80（1）：64-75.

· AGUILAR R，ASHWORTH L，GALETTO L，et al，2006. Plant reproductive susceptibility to habitat fragmentation: review and synthesis through a meta-analysis[J]. Ecology letters，9（8）：968-980.

· AIZAKI H，NISHIMURA K，2008. Design and analysis of choice experiments using R: a brief introduction[J]. 農業情報研究，17（2）：86-94.

· AIZEN M A，FEINSINGER P，1994. Forest fragmentation，pollination，and plant reproduction in a Chaco dry forest[J]. Argentina ecology，75（2）：330-351.

· AJZEN I，1991. The theory of planned behavior[J]. Organizational behavior and human decision processes，50（2）：179-211.

· AJZEN I，FISHBEIN M，1977. Attitude-behavior relations: a theoretical analysis and review of empirical research[J]. Psychological bulletin，84（5）：888.

· AJZEN I，Madden T J，1986. Prediction of goal-directed behavior: Attitudes，intentions，and perceived behavioral control[J]. Journal of experimental social psychology，22（5）：453-474.

· AKCAKAYA H R，2000. Viability analyses with habitat-based metapopulation models[J]. Population ecology，42（1）：45-53.

· AKCAKAYA H R，ARDITI R，et al，1995. Ratio-dependent predation: an abstraction that works[J]. Ecology，76（3）：995-1004.

· ANDELMAN S J，FAGAN W F，2000. Umbrellas and flagships: Efficient conservation surrogates or expensive mistakes?[J]. PNAS，97（11）：5954-5959.

· ANDERSON D M，SALICK J，MOSELEY R K，et al，2005. Conserving the sacred medicine mountains: a vegetation analysis of Tibetan sacred sites in Northwest Yunnan[J]. Biodiversity & conservation，14（13），3065-3091.

· ANDERSON P N，2001. Community-based conservation and social change amongst South Indian honey-hunters: an anthropological perspective[J]. Oryx，35（1）：81-83.

· ARAUJO M B，GUISAN A，2006. Five（or so）challenges for species distribution modelling[J]. Journal of biogeography，33（10）：1677-1688.

· ASPINALL R，1992. An inductive modelling procedure based on Bayes' theorem for analysis of pattern in spatial data[J]. IJGIS，6（2）：105-121.

· ASQUITH N M，VARGAS M T，WUNDER S，2008. Selling two environmental services: in-kind payments for bird habitat and watershed protection in Los Negros[J].Bolivia ecological economics，65（4）：675-684.

· BABAI D，MOLNÁR Z，2014. Small-scale traditional management of highly speciesrich grasslands in the Carpathians[J]. Agric ecosyst environ，182：123–130.

· BALINT P J，2006. Improving community-based conservation near protected areas：the importance of development variables[J]. Environmental management，38（1）：137-148.

· BARKMANN J，GLENK K，HANDI H，et al，2007. Assessing economic preferences for biological diversity and ecosystem services at the Central Sulawesi rainforest margin—a choice experiment approach[M]. // TSCHARNTKE T，LEUSCHNER C，ZELLER M，et al. Stability of Tropical Rainforest Margins. Berlin：Springer：179-206.

· BARKMANN J，GLENK K，KEIL A，et al，2008. Confronting unfamiliarity with ecosystem functions：the case for an ecosystem service approach to environmental valuation with stated preference methods[J]. Ecological economics，65（1）：48-62.

· BASHIR M A，SAEED S，SAJJAD A，2013. Monitoring Hymenoptera and Diptera Pollinators in a Sub-Tropical Forest of Southern Punjab[J]. Pakistan. Pakistan journal of agricultural sciences，50（3）：359-366.

· BATEMAN I J，FISHER B，FITZHERBERT E，et al，2010. Tigers，markets and palm oil：market potential for conservation[J]. Oryx，44（2）：230-234.

· BEARER S，LINDERMAN M，HUANG J Y，et al，2008. Effects of fuelwood collection and timber harvesting on giant panda habitat use[J]. Biological conservation，141（2）：385-393.

· BEEDELL J，REHMAN T，2000. Using social-psychology models to understand farmers' conservation behaviour[J]. Journal of rural studies，16（1）：117-127.

· BEEDELL J D C，REHMAN T，1999. Explaining farmers' conservation behaviour：why do farmers behave the way they do?[J]. Journal of environmental management，57（3）：165-176.

· BERKES F，2004. Rethinking community-based conservation[J]. Conservation biology，18（3）：621-630.

· BERKES F，2007. Community-based conservation in a globalized world[J]. PNAS，104（39）：15188-15193.

· BESSA-GOMES C，DANEK-GONTARD M，et al，2003. Mating behaviour influences extinction risk：insights from demographic modelling and comparative analysis of avian extinction risk[M]，Helsinki：Suomen Biologian Seura Vanamo.

· BHAGWAT S A，KUSHALAPPA C G，WILLIAMS P H，et al，2005. A landscape approach to biodiversity conservation of sacred groves in the Western Ghats of India[J]. Conservation biology，19（6）：1853-1862.

· BIESMEIJER J C, SLAA E J, 2004. Information flow and organization of stingless bee foraging[J]. Apidologie, 35 (2) : 143-157.

· BISHOP J, PAGIOLA S, 2012. Selling forest environmental services: market-based mechanisms for conservation and development[M]. Boca Raton: Taylor & Francis.

· BISHOP K C, TIMMINS C, 2019. Estimating the marginal willingness to pay function without instrumental variables[J]. Journal of urban economics, 109: 66-83.

· BLACKMAN A, RIVERA J, 2011. Producer-level benefits of sustainability certification[J]. Conservation biology, 25 (6) : 1176-1185.

· BOSCH J, RETANA J, CERDA X, 1997. Flowering phenology, floral traits and pollinator composition in a herbaceous Mediterranean plant community[J]. Oecologia, 109 (4) : 583-591.

· BOSETTI V, PEARCE D, 2003. A study of environmental conflict: the economic value of Grey Seals in southwest England[J]. Biodiversity and conservation, 12 (12) : 2361-2392.

· BOWEN-JONES E, ENTWISTLE A, 2002. Identifying appropriate flagship species: the importance of culture and local contexts[J]. Oryx, 36 (2) : 189-195.

· BOXALL P C, ADAMOWICZ W L, SWAIT J, et al, 1996. A comparison of stated preference methods for environmental valuation[J]. Ecological economics, 18 (3) : 243-253.

· BOYCE M S, MCDONALD L L, 1999. Relating populations to habitats using resource selection functions[J].Trends in evolution and ecology, 14 (7) : 268–272.

· BRAUNISCH V, SUCHANT R, 2007. A model for evaluating the 'habitat potential' of a landscape for capercaillie Tetrao urogallus: a tool for conservation planning[J]. Wildlife biology, 13 (sp1) : 21-33.

· BRIZOLA-BONACINA A K, ARRUDA V M, ALVES-JUNIOR V V, et al, 2012. Bee visitors of quaresmeira flowers (*Tibouchina granulosa* Cogn.) in the Region of Dourados (MS-Brasil) [J]. Sociobiology, 59 (4) : 1253-1267.

· BROCH S W, STRANGE N, JACOBSEN J B, et al, 2013. Farmers' willingness to provide ecosystem services and effects of their spatial distribution[J]. Ecological economics, 92: 78-86.

· BROOKS J S, WAYLEN K A, MULDER M B, 2012. How national context, project design, and local community characteristics influence success in community-based conservation projects[J]. PNAS, 109 (52) : 21265-21270.

· BROUWER M, 1999. Q is accounting for tastes[J]. Journal of advertising research, 39 (2) , 35-39.

· BROWN S R, 1993. A primer on Q methodology[J]. Operant subject, 16, 91–138.

· BRYAN T L, METAXAS A, 2007. Predicting suitable habitat for deep-water gorgonian corals on the Atlantic and Pacific continental margins of North America[J]. Marine ecology progress series, 330: 113-126.

· BUCKLAND S T, ANDERSON D R, et al, 2004. Advanced distance sampling: estimating abundance of biological populations[M]. Oxford : Oxford University Press.

· BUECHNER M, 1989. Are small-scale landscape features important factors for field studies of small mammal dispersal sinks?[J]. Landscape ecology, 2 (3) : 191-199.

· BUSBY J R, 1991. BIOCLIM-a bioclimate analysis and prediction system[J]. Plant prot Q, 6: 8-9.

· CAMPBELL J W, HANULA J L, 2007. Efficiency of Malaise traps and colored pan traps for collecting flower visiting insects from three forested ecosystems[J]. Journal of insect conservation, 11 (4) : 399-408.

· CARPENTER G, GILLISON A N, et al, 1993. DOMAIN: a flexible modelling procedure for mapping potential distributions of plants and animals[J]. Biodiversity and conservation, 2 (6) : 667-680.

· CARSON R T, 2000. Contingent valuation: a user's guide[J]. Environmental science & technology, 34 (8) : 1413-1418.

· CARSON R T, FLORES N E, MEADE N F, 2001. Contingent valuation: controversies and evidence[J]. Environmental and resource economics, 19 (2) : 173-210.

· CARSON R T, FLORES N E, Martin K M, et al, 1996. Contingent valuation and revealed preference methodologies: comparing the estimates for quasi-public goods[J]. Land economics, 80-99.

· CASSINELLO J, ACEVEDO P, HORTAL J, 2006. Prospects for population expansion of the exotic aoudad (Ammotragus lervia; Bovidae) in the Iberian Peninsula: clues from habitat suitability modelling[J]. Diversity and distributions, 12 (6) : 666-678.

· CHAPMAN M G, UNDERWOOD A J, 1999. Ecological patterns in multivariate assemblages: information and interpretation of negative values in ANOSIM tests[J]. Marine ecology progress series, 180: 257-265.

· CHEN X, LUPI F, VINA A, et al, 2010. Using cost-effective targeting to enhance the efficiency of conservation investments in payments for ecosystem services[J]. Conservation biology, 24 (6) : 1469-1478.

· CHEN X, LUPI F, HE G, et al, 2009. Linking social norms to efficient conservation investment in payments for ecosystem services[J]. PNAS, 106 (28) : 11812-11817.

· CHITTKA L, THOMSON J D, WASER N M, 1999. Flower constancy, insect psychology, and plant evolution[J]. Naturwissenschaften, 86 (8) : 361-377.

· CIRIACY-WANTRUP S V, 1947. Capital returns from soil-conservation practices[J]. Journal of farm economics, 29 (4) : 1181-1196.

· COLINVAUX P, 1986. Ecology[M]. New York: JohnWiley&Sons.

· COLOMBO S，CHRISTIE M，HANLEY N，2013. What are the consequences of ignoring attributes in choice experiments? Implications for ecosystem service valuation[J]. Ecological economics，96：25-35.

· CORBET S A，WILLIAMS I H，OSBORNE J L，1991. Bees and the pollination of crops and wild flowers in the European Community[J]. Bee world，72 (2)：47-59.

· CORBET S A，SAVILLE N M，FUSSELL M，et al，1995. The competition box：a graphical aid to forecasting pollinator performance[J]. Journal of applied ecology，707-719.

· CORSI F，DUPRÈ E，BOITANI L，1999. A large-scale model of wolf distribution in Italy for conservation planning[J]. Conservation biology，13 (1)：150-159.

· COSTANZA R，D'ARGE R，DE GROOT R，et al，1997. The value of the world's ecosystem services and natural capital[J]. Nature，387 (6630)：253-260.

· CRONBACH L J，1951. Coefficient alpha and the internal structure of tests[J]. Psychometrika，16 (3)：297-334.

· CRONBACH L J，SHAVELSON R J，2004. My current thoughts on coefficient alpha and successor procedures[J]. Educational and psychological measurement，64 (3)：391-418.

· CSUTI B，1996. Mapping animal distribution areas for gap analysis[M]. // SCOTT JM，TEAR TH，DAVIS FW. Gap anaylsis：a landscape approach to biodiversity planning. Bethesda, MD：American Scociety for Photogrammetry and Remote Sensing：135-145.

· CURTIN C G，2002. Integration of science and community-based conservation in the Mexico/US borderlands[J]. Conservation biology，16 (4)：880-886.

· DAILEY T B，SCOTT P E，2006. Spring nectar sources for solitary bees and flies in a landscape of deciduous forest and agricultural fields：production，variability，and consumption1[J]. The journal of the torrey botanical society，133 (4)：535-547.

· DÁTTILO W，MARTINS R L，UHDE V，et al，2012. Floral resource partitioning by ants and bees in a jambolan Syzygium jambolanum (Myrtaceae) agroforestry system in Brazilian Meridional Amazon[J]. Agroforestry systems，85 (1)：105-111.

· DE MENEZES PEDRO S R，DE CAMARGO J M F，1991. Interactions on floral resources between the Africanized honey bee Apis mellifera L and the native bee community (Hymenoptera：Apoidea) in a natural" cerrado" ecosystem in southeast Brazil[J]. Apidologie，22 (4)：397-415.

· DECARO D，STOKES M，2008. Social-psychological principles of community-based conservation and conservancy motivation：attaining goals within an autonomy-supportive environment[J]. Conservation biology，22 (6)：1443-1451.

· DEGRANDI-HOFFMAN G，WATKINS J C，2000. The foraging activity of honey bees Apis mellifera and non—Apis bees on hybrid sunflowers (*Helianthus annuus*) and its influence on cross—pollination and seed set[J]. Journal of apicultural research，39（1-2）：37-45.

· DEVOTO M，BAILEY S，MEMMOTT J，2011. The 'night shift'：nocturnal pollen-transport networks in a boreal pine forest[J]. Ecological entomology，36（1）：25-35.

· DICKMAN A J，MACDONALD E A，MACDONALD D W，2011. A review of financial instruments to pay for predator conservation and encourage human–carnivore coexistence[J]. PNAS，108（34）：13937-13944.

· DICKS L V，ABRAHAMS A，ATKINSON J，et al，2013. Identifying key knowledge needs for evidence-based conservation of wild insect pollinators：a collaborative cross-sectoral exercise[J]. Insect conservation and diversity，6（3）：435-446.

· DIDHAM R K，GHAZOUL J，STORK N E，et al，1996. Insects in fragmented forests：a functional approach[J]. Trends in ecology & evolution，11（6）：255-260.

· DINERSTEIN E，VARMA K，WIKRAMANAYAKE E，et al，2013. Enhancing conservation，ecosystem services，and local livelihoods through a wildlife premium mechanism[J]. Conservation biology，27（1）：14-23.

· DOHZONO I，YOKOYAMA J，2010. Impacts of alien bees on native plant-pollinator relationships：a review with special emphasis on plant reproduction[J]. Applied entomology and zoology，45（1）：37-47.

· DOHZONO I，KUNITAKE Y K，YOKOYAMA J，et al，2008. Alien bumble bee affects native plant reproduction through interactions with native bumble bees[J]. Ecology，89（11）：3082-3092.

· DOLISCA F，MCDANIEL J M，SHANNON D A，et al，2009. A multilevel analysis of the determinants of forest conservation behavior among farmers in Haiti[J]. Society and natural resources，22（5）：433-447.

· DUDLEY N，2008. Guidelines for applying protected area management categories[M]. IUCN.

· DUKE E A，GOLDSTEIN J H，TEEL T L，et al，2014. Payments for ecosystem services and landowner interest：Informing program design trade-offs in Western Panama[J]. Ecological economics，103：44-55.

· DUPONT Y L，HANSEN D M，VALIDO A，et al，2004. Impact of introduced honey bees on native pollination interactions of the endemic Echium wildpretii（Boraginaceae）on Tenerife，Canary Islands[J]. Biological conservation，118（3）：301-311.

· DUTRA A，KOENEN F，2014. Community-based conservation：the key to protection of marine turtles on Maio Island，Cape Verde[J]. Oryx，48（3）：325-325.

· EASTMAN J R，2006. IDRISI Andes Guide to GIS and Image Processing Manual Version 15.00[J]. Worcester，Massachusetts：Clark University.

· ELITH J，GRAHAM C H，ANDERSON R P，et al，2006. Novel methods improve prediction of species' distributions from occurrence data[J]. Ecography，29（2）：129-151.

· ELTON C, 1927. Animal ecology[M]. London: Sidgwick and Jackon: 63-68.

· FARKAS Á, ZAJÁCZ E, 2007. Nectar production for the Hungarian honey industry[J]. The European Journal of plant science and biotechnology, 1 (2): 125-151.

· FERRIER S, DRIELSMA M, MANION G, et al, 2002. Extended statistical approaches to modelling spatial pattern in biodiversity in northeast New South Wales. II. Community-level modelling[J]. Biodiversity & conservation, 11 (12): 2309-2338.

· FIELDING K S, MCDONALD R, LOUIS W R, 2008. Theory of planned behaviour, identity and intentions to engage in environmental activism[J]. Journal of environmental psychology, 28 (4): 318-326.

· FISCHER J, HARTEL T, KUEMMERLE T, 2012. Conservation policy in traditional farming landscapes[J]. Conservation letters, 5 (3): 167-175.

· FISHBEIN M, 1980. A theory of reasoned action: some applications and implications[J]. Nebr symp motiv, 27: 65-116.

· FISHBEIN M, AJZEN I, 2011. Predicting and changing behavior: the reasoned action approach[M]. New York: Psychology Press.

· FISHER B L, 1998. Insect behavior and ecology in conservation: preserving functional species interactions[J]. Annals of the entomological society of America, 91 (2): 155-158.

· FOLEY J A, DEFRIES R, ASNER G P, et al, 2005. Global consequences of land use[J]. Science, 309 (5734): 570-574.

· FONAFIFO, 2012. Lessons Learned for REDD+ from PES and Conservation Incentive Programs: Examples from Costa Rica, Mexico, and Ecuador[M]. Washington DC: World Bank.

· FRIEDMAN H M, 2007. Boolean relation theory and the incompleteness phenomena[J]. Methodology, 66: 84.

· GARSHELIS D L, HAO W, DAJUN W, et al, 2008. Do revised giant panda population estimates aid in their conservation[J]. Ursus, 19 (2): 168-176.

· GASCON C, LOVEJOY T E, BIERREGAARD JR R O, et al, 1999. Matrix habitat and species richness in tropical forest remnants[J]. Biological conservation, 91 (2-3): 223-229.

· GHAZOUL J, 2006. Floral diversity and the facilitation of pollination[J]. Journal of ecology, 295-304.

· GOLLAN J R, ASHCROFT M B, BATLEY M, 2011. Comparison of yellow and white pan traps in surveys of bee fauna in New South Wales, Australia (Hymenoptera: Apoidea: Anthophila) [J]. Australian journal of entomology, 50 (2): 174-178.

· GÓMEZ-BAGGETHUN E, DE GROOT R, LOMAS P L, et al, 2010. The history of ecosystem services in economic theory and practice: from early notions to markets and payment schemes[J]. Ecological economics, 69 (6) : 1209-1218.

· GONG M H, SONG Y L, 2011. Topographic habitat features preferred by the Endangered giant panda Ailuropoda melanoleuca: implications for reserve design and management[J]. Oryx, 45 (2) : 252-257.

· GONG M, YANG Z, YANG W, ET AL, 2010. Giant panda habitat networks and conservation: is this species adequately protected?[J]. Wildlife research, 37 (6) : 531-538.

· GOUYON A, 2003. Rewarding the upland poor for environmental services: a review of initiatives from developed countries[R]. Bogor : World Agroforestry Centre (ICRAF) , .

· GRINNELL J, 1917. The niche-relationships of the California Thrasher[J]. The auk, 34 (4) : 427-433.

· GROSS-CAMP N D, MARTIN A, MCGUIRE S, et al, 2012. Payments for ecosystem services in an African protected area: exploring issues of legitimacy, fairness, equity and effectiveness[J]. Oryx, 46 (1) : 24-33.

· GRUBB P J, 1977. The maintenance of species-richness in plant communities: the importance of the regeneration niche[J]. Biological review, 52: 107-145.

· GUISAN A, THEURILLAT J P, 2000. Assessing alpine plant vulnerability to climate change: a modeling perspective[J]. Integrated assessment, 1 (4) : 307-320.

· GUISAN A, ZIMMERMANN N E, 2000. Predictive habitat distribution models in ecology[J]. Ecological modelling, 135 (2-3) : 147-186.

· GUISAN A, THUILLER W, 2005. Predicting species distribution: offering more than simple habitat models[J]. Ecology letters, 8 (9) : 993-1009.

· GUISAN A, THEURILLAT J P, KIENAST F, 1998. Predicting the potential distribution of plant species in an alpine environment[J]. Journal of vegetation science, 9 (1) : 65-74.

· GUSTAFSON E J, PARKER G R, 1992. Relationships between landcover proportion and indices of landscape spatial pattern[J]. Landscape ecology, 7 (2) : 101-110.

· HANEMANN W M, 1984. Welfare evaluations in contingent valuation experiments with discrete responses[J]. American journal of agricultural economics, 66 (3) : 332-341.

· HANEMANN W M, 1994. Valuing the environment through contingent valuation[J]. Journal of economic perspectives, 8 (4) : 19-43.

· HANSEN D M, OLESEN J M, JONES C G, 2002. Trees, birds and bees in Mauritius: exploitative competition between introduced honey bees and endemic nectarivorous birds?[J]. Journal of biogeography, 29 (5-6) : 721-734.

· HAYES T M, 2012. Payment for ecosystem services, sustained behavioural change, and adaptive management: peasant perspectives in the Colombian Andes[J]. Environmental conservation, 39 (2) : 144-153.

· HEARD T A, 1994. Behaviour and pollinator efficiency of stingless bees and honey bees on macadamia flowers[J]. Journal of apicultural research, 33（4）: 191-198.

· HEIN L, MILLER D C, DE GROOT R, 2013. Payments for ecosystem services and the financing of global biodiversity conservation[J]. Current opinion in environmental sustainability, 5（1）: 87-93.

· HIJMANS R J, SPOONER D M, 2001. Geographic distribution of wild potato species[J]. American journal of botany, 88（11）: 2101-2112.

· HILL J K, THOMAS C D, HUNTLEY B, 1999. Climate and habitat availability determine 20th century changes in a butterfly's range margin[J]. Proceedings of the Royal Society of London. Series B: Biological sciences, 266（1425）: 1197-1206.

· HINGSTON A B, POTTS B M, 2004, McQuillan P B. Pollination services provided by various size classes of flower visitors to Eucalyptus globulus ssp. globulus （Myrtaceae）[J]. Australian journal of botany, 52（3）: 353-369.

· HIRZEL A H, HAUSSER J, PERRIN N, 2007. Biomapper 4.0[DS/OL]. [2022-12-30]. https: // www2.unil.ch/biomapper/what_is_biomapper.html.

· HIRZEL A H, LE LAY G, 2008. Habitat suitability modelling and niche theory[J]. Journal of applied ecology, 45（5）: 1372-1381.

· HIRZEL A H, ARLETTAZ R, 2003. Modeling habitat suitability for complex species distributions by environmental-distance geometric mean[J]. Environmental management, 32（5）: 614-623.

· HIRZEL A H, POSSE B, OGGIER P A, et al, 2004. Ecological requirements of reintroduced species and the implications for release policy: the case of the bearded vulture[J]. Journal of applied ecology, 41（6）: 1103-1116.

· HIRZEL A H, LE LAY G, HELFER V, et al, 2006. Evaluating the ability of habitat suitability models to predict species presences[J]. Ecological modelling, 199（2）: 142-152.

· HIRZEL A H, HAUSSER J, CHESSEL D, et al, 2002. Ecological-niche factor analysis: how to compute habitat-suitability maps without absence data?[J]. Ecology, 83（7）: 2027-2036.

· HOYOS D, 2010. The state of the art of environmental valuation with discrete choice experiments[J]. Ecological economics, 69（8）: 1595-1603.

· HU L, LI Z, LIAO W, et al, 2011. Values of village fengshui forest patches in biodiversity conservation in the Pearl River Delta, China[J]. Biological conservation, 144（5）: 1553-1559.

· HULL V, ZHANG J, HUANG J, et al, 2016. Habitat use and selection by giant pandas[J]. PloS one, 11（9）, e0162266.

· HULL V, ZHANG J, ZHOU S, et al, 2014. Impact of livestock on giant pandas and their habitat[J]. Journal for nature conservation, 22（3）: 256-264.

· HULL V, XU W, LIU W, et al, 2011. Evaluating the efficacy of zoning designations for protected area management[J]. Biological conservation, 144 (12) : 3028-3037.

· HUNECKE M, HAUSTEIN S, BÖHLER S, et al, 2010. Attitude-based target groups to reduce the ecological impact of daily mobility behavior[J]. Environment and behavior, 42 (1) : 3-43.

· HUTCHINSON G E, 1957. Concluding remarks[C]. Cold Spring Harbor symp quant biol, 22: 415-427.

· IVERSON L R, PRASAD A, SCHWARTZ M W, 1999. Modeling potential future individual tree-species distributions in the eastern United States under a climate change scenario: a case study with Pinus virginiana[J]. Ecological modelling, 115 (1) : 77-93.

· JACK B K, LEIMONA B, FERRARO P J, 2009. A revealed preference approach to estimating supply curves for ecosystem services: use of auctions to set payments for soil erosion control in Indonesia[J]. Conservation biology, 23 (2) : 359-367.

· VAN EXEL J, DE GRAAF G, 2005. Q methodology: A sneak preview[M/OL].[2022-12-30]. https: //www.researchgate.net/publication/228574836_Q_Methodology_A_Sneak_Preview.

· JOHN F A V S, EDWARDS-JONES G, GIBBONS J M, et al, 2010. Testing novel methods for assessing rule breaking in conservation[J]. Biological conservation, 143 (4) : 1025-1030.

· JONES C B, HORWICH R H, 2005. Constructive criticism of community-based conservation[J]. Conservation biology, 19 (4) : 990.

· KACZAN D, SWALLOW B M, 2013. Designing a payments for ecosystem services (PES) program to reduce deforestation in Tanzania: an assessment of payment approaches[J]. Ecological economics, 95: 20-30.

· KAISER F G, OERKE B, BOGNER F X, 2007. Behavior-based environmental attitude: Development of an instrument for adolescents[J]. Journal of environmental psychology, 27 (3) : 242-251.

· KAISER F G, WÖLFING S, FUHRER U, 1999. Environmental attitude and ecological behaviour[J]. Journal of environmental psychology, 19 (1) : 1-19.

· KAISER-BUNBURY C N, MEMMOTT J, MÜLLER C B, 2009. Community structure of pollination webs of Mauritian heathland habitats[J]. Perspectives in Plant Ecology, Evolution and systematics, 11 (4) : 241-254.

· KANG D, LI J, 2016. Premature downgrade of panda's status[J]. Science, 354 (6310) , 295-295.

· KARANTH K K, NICHOLS J D, HINES J E, et al, 2009. Patterns and determinants of mammal species occurrence in India[J]. Journal of applied ecology, 46 (6) : 1189-1200.

· KAREIVA P, 1990. Population dynamics in spatially complex environments: theory and data[J]. Philosophical transactions of the royal society of London. Series B: Biological sciences, 330（1257）：175-190.

· KEARNS C A, INOUYE D W, WASER N M, 1998. Endangered mutualisms: the conservation of plant-pollinator interactions[J]. Annual review of ecology and systematics, 83-112.

· KEVAN P G, 1999. Pollinators as bioindicators of the state of the environment: species, activity and diversity[M]//Invertebrate biodiversity as bioindicators of sustainable landscapes. Amsterdam: Elsevier: 373-393.

· KISS A, 1990. Living with wildlife: wildlife resource management with local participation in Africa[M]. Washington DC: World Bank.

· KOHLER F, VERHULST J, VAN KLINK R, et al, 2008. At what spatial scale do high-quality habitats enhance the diversity of forbs and pollinators in intensively farmed landscapes?[J]. Journal of applied ecology, 45（3）：753-762.

· KOMAREK A M, SHI X, HEERINK N, 2014. Household-level effects of China's Sloping Land Conversion Program under price and policy shifts[J]. Land use policy, 40: 36-44.

· KONG L, XU W, XIAO Y, et al, 2021. Spatial models of giant pandas under current and future conditions reveal extinction risks[J]. Nature ecology & evolution, 5（9）：1309-1316.

· KONG L, XU W, ZHANG L, et al, 2017. Habitat conservation redlines for the giant pandas in China[J]. Biological conservation, 210: 83-88.

· KONTOLEON A, SWANSON T, 2003. The willingness to pay for property rights for the giant panda: can a charismatic species be an instrument for nature conservation?[J]. Land economics, 79（4）：483-499.

· LANDELL-MILLS N, PORRAS I T, 2002. Silver bullet or fools' gold?: a global review of markets for forest environmental services and their impact on the poor[J].International Institute for Environment and Development London, 236-250.

· LE LAY G, CLERGEAU P, HUBERT-MOY L, 2001. Computerized map of risk to manage wildlife species in urban areas[J]. Environmental management, 27（3）：451-461.

· LEHMANN A, OVERTON J M C, LEATHWICK J R, 2002. GRASP: generalized regression analysis and spatial prediction[J]. Ecological modelling, 157（2-3）：189-207.

· LEIBOLD M A, 1995. The niche concept revisited: mechanistic models and community context[J]. Ecology, 76（5）：1371-1382.

· LEONG J N M, THORP R W, 1999. Colour-coded sampling: the pan trap colour preferences of oligolectic and nonoligolectic bees associated with a vernal pool plant[J]. Ecological entomology, 24（3）：329-335.

· Li Y, ZHONGWEI G, QISEN Y, et al, 2003. The implications of poaching for giant panda conservation[J]. Biological conservation, 111（2）：125-136.

· LINNELL J D C, SWENSON J E, ANDERSEN R, 2000. Conservation of biodiversity in

Scandinavian boreal forests: large carnivores as flagships, umbrellas, indicators, or keystones?[J]. Biodiversity & conservation, 9 (7) : 857-868.

· LIU J, LINDERMAN M, OUYANG Z, et al, 2001. Ecological degradation in protected areas: the case of Wolong Nature Reserve for giant pandas[J]. Science, 292 (5514) : 98-101.

· LIU J, LI S, OUYANG Z, et al, 2008. Ecological and socioeconomic effects of China's policies for ecosystem services[J]. PNAS, 105 (28) : 9477-9482.

· LIU J, OUYANG Z, TAYLOR W W, et al, 1999. A framework for evaluating the effects of human factors on wildlife habitat: the case of giant pandas[J]. Conservation biology, 13 (6) : 1360-1370.

· LIU X, TOXOPEUS A G, SKIDMORE A K, et al, 2005. Giant panda habitat selection in Foping nature reserve, China[J]. The journal of wildlife management, 69 (4) : 1623-1632.

· LIU Y J, ZHAO T R, ZHANG X W, et al, 2013. Melittopalynology and trophic niche analysis of Apis cerana and Apis mellifera in Yunnan Province of Southwest China[J]. Sociobiology, 60 (3) : 289-294.

· LOCATELLI B, IMBACH P, WUNDER S, 2014. Synergies and trade-offs between ecosystem services in Costa Rica[J]. Environmental conservation, 41 (1) : 27-36.

· LOPA D, MWANYOKA I, JAMBIYA G, et al, 2012. Towards operational payments for water ecosystem services in Tanzania: a case study from the Uluguru Mountains[J]. Oryx, 46 (1) : 34-44.

· LOPEZARAIZA–MIKEL M E, HAYES R B, WHALLEY M R, et al, 2007. The impact of an alien plant on a native plant–pollinator network: an experimental approach[J]. Ecology letters, 10 (7) : 539-550.

· LÓPEZ-MOSQUERA N, SÁNCHEZ M, 2012. Theory of Planned Behavior and the Value-Belief-Norm Theory explaining willingness to pay for a suburban park[J]. Journal of environmental management, 113: 251-262.

· LOSEY J E, VAUGHAN M, 2006. The economic value of ecological services provided by insects[J]. Bioscience, 56 (4) : 311-323.

· LOUCKS C J, ZHI L, DINERSTEIN E, et al, 2003. The giant pandas of the Qinling Mountains, China: a case study in designing conservation landscapes for elevational migrants[J]. Conservation biology, 17 (2) : 558-565.

· LOUCKS C J, LÜ Z, DINERSTEIN E, et al, 2001. Giant pandas in a changing landscape[J]. Science, 294 (5546) : 1465-1465.

· LOUVIERE J J, WOODWORTH G, 1983. Design and analysis of simulated consumer choice or allocation experiments: an approach based on aggregate data[J]. Journal of marketing research, 20 (4) : 350-367.

- LOUVIERE J J, HENSHER D A, SWAIT J D, 2000. Stated choice methods: analysis and applications[M]. Cambridge: Cambridge University Press.
- LU Z, JOHNSON W E, MENOTTI-RAYMOND M, et al, 2001. Patterns of genetic diversity in remaining giant panda populations[J]. Conservation biology, 15 (6) : 1596-1607.
- LUCAS P H C, 1992. Protected landscapes: a guide for policy makers and planners[M]. Berlin: Springer Science & Business Media. .
- LYNNE G D, CASEY C F, HODGES A, et al, 1995. Conservation technology adoption decisions and the theory of planned behavior[J]. Journal of economic psychology, 16 (4) : 581-598.
- MACARTHUR R H, 1968. The theory of the niche. Population biology and evolution. New York: Academic Press: 159-179.
- MADHUSUDAN M D, 2005. The global village: linkages between international coffee markets and grazing by livestock in a south Indian wildlife reserve[J]. Conservation biology, 19 (2) : 411-420.
- MANLY B F J, SEYB A, FLETCHER D J, 2002. Bycatch of sea lions (Phocarctos hookeri) in New Zealand fisheries, 1987/88 to 1995/96, and observer coverage[M]. Wellington: Department of Conservation.
- MARKWELL T J, KELLY D, DUNCAN K W, 1993. Competition between honey bees (Apis mellifera) and wasps (Vespula spp.) in honeydew beech (Nothofagus solandri var. solandri) forest[J]. New Zealand journal of ecology, 85-93.
- MARSHALL G R, 2009. Polycentricity, reciprocity, and farmer adoption of conservation practices under community-based governance[J]. Ecological economics, 68 (5) : 1507-1520.
- MASTRANGELO M E, GAVIN M C, LATERRA P, et al, 2014. Psycho-social factors influencing forest conservation intentions on the agricultural frontier[J]. Conservation letters, 7 (2) : 103-110.
- MAY R M, 1975. Some notes on estimating the competition matrix[J]. Ecology, 56: 737-741.
- MCGARIGAL K, MARKS B J, 1995. Spatial pattern analysis program for quantifying landscape structure[J]. Corvallis: Pacific Northwest Research Station, 1-122.
- MCGARIGAL K, CUSHMAN S., 2005. The gradient concept of landscape structure[M]. // WIENS J A, MOSS, M R. Issues and Perspectives in Landscape Ecology. Cambridge: Cambridge University Press, 112-119.
- MCGARIGAL K, 2002. FRAGSTATS: Spatial Pattern Analysis Program for Categorical Maps[CP/OL].[2018-12-30]. http: //www. umass. edu/landeco/research/fragstats/fragstats. html.
- MEHTA J N, HEINEN J T, 2001. Does community-based conservation shape favorable

attitudes among locals? An empirical study from Nepal[J]. Environmental management，28
(2)：165-177.

· MEHTA J N，KELLERT S R，1998. Local attitudes toward community-based conservation
policy and programmes in Nepal：a case study in the Makalu-Barun Conservation Area[J].
Environmental conservation，25（4）：320-333.

· MIDGLEY G F，HANNAH L，MILLAR D，et al，2002. Assessing the vulnerability of species
richness to anthropogenic climate change in a biodiversity hotspot[J]. Global ecology and
biogeography，11（6）：445-451.

· MILCU A I，SHERREN K，HANSPACH J，et al，2014. Navigating conflicting landscape
aspirations：application of a photo-based Q-method in Transylvania（Central Romania）
[J]. Land use policy，41：408-422.

· MILLER J，FRANKLIN J，2002. Predictive vegetation modeling with spatial dependence
vegetation Alliances in the Mojave Desert[J]. Ecological modelling，157：225-245.

· MILLER K R，1996. Balancing the scales：guidelines for increasing biodiversity's chances
through bioregional management[M]. Washington DC：World Resources Institute.

· MILNE B T，FORMAN R T T，1986. Peninsulas in Maine：woody plant diversity，distance，
and environmental patterns[J]. Ecology，67（4）：967-974.

· MINCKLEY R L，CANE J H，KERVIN L，et al，2003. Biological impediments to measures of
competition among introduced honey bees and desert bees（Hymenoptera：Apiformes）
[J]. Journal of the Kansas entomological society，306-319.

· MLADENOFF D J，HAIGHT R G，SICKLEY T A，et al，1997. Causes and implications of
species restoration in altered ecosystems[J]. BioScience，47（1）：21-31.

· MUGISHA A R，JACOBSON S K，2004. Threat reduction assessment of conventional and
community-based conservation approaches to managing protected areas in Uganda[J].
Environmental conservation，31（3）：233-241.

· MUNYULI M B T，2013. Is pan-trapping the most reliable sampling method for measuring
and monitoring bee biodiversity in agroforestry systems in sub-Saharan Africa?[J].
International Journal of tropical insect science，33（1）：14-37.

· NAGAMITSU T，INOUE T，1997. Aggressive foraging of social bees as a mechanism of floral
resource partitioning in an Asian tropical rainforest[J]. Oecologia，110（3）：432-439.

· NAGAMITSU T，YAMAGISHI H，KENTA T，et al，2010. Competitive effects of the exotic
Bombus terrestris on native bumble bees revealed by a field removal experiment[J].
Population ecology，52（1）：123-136.

· NELSON F，FOLEY C，FOLEY L S，et al，2010. Payments for ecosystem services as a
framework for community-based conservation in northern Tanzania[J]. Conservation
biology，24（1）：78-85.

· NEVO A，2000. A practitioner's guide to estimation of random-coefficients logit models of demand[J]. Journal of economics & management strategy，9（4）：513-548.

· NGHIEM N，2013. Biodiversity conservation attitudes and policy tools for promoting biodiversity in tropical planted forests[J]. Biodiversity and conservation，22（2）：373-403.

· NICOSIA K，DAARAM S，EDELMAN B，et al，2014. Determining the willingness to pay for ecosystem service restoration in a degraded coastal watershed：A ninth grade investigation[J]. Ecological economics，104: 145-151.

· O' BRIEN S J，WENSHI P，ZHI L，1994. Pandas，people and policy[J]. Nature，369（6477）：179-180.

· ODUM E P，1983. Basic Ecology[M]. New York：CBS College Publishing.

· OKSANEN J，KINDT R，LEGENDRE P，et al，2007. The vegan package[J]. Community ecology package，10（631-637）：719.

· OLDROYD B P，NANORK P，2009. Conservation of Asian honey bees[J]. Apidologie，40（3）：296-312.

· OSBORNE J L，CLARK S J，MORRIS R J，et al，1999. A landscape-scale study of bumble bee foraging range and constancy，using harmonic radar[J]. Journal of applied ecology，36（4）：519-533.

· OTTO J，ZERNER C，ROBINSON J，et al，1994. Natural connections：perspectives in community-based conservation[M]. Washington DC：Island Press. .

· PAGIOLA S，ARCENAS A，PLATAIS G，2005. Can payments for environmental services help reduce poverty? An exploration of the issues and the evidence to date from Latin America[J]. World development，33（2）：237-253.

· PAINI D R，2004. Impact of the introduced honey bee （*Apis mellifera*）（Hymenoptera：Apidae）on native bees：a review[J]. Austral ecology，29（4）：399-407.

· PAINI D R，ROBERTS J D，2005. Commercial honey bees （Apis mellifera）reduce the fecundity of an Australian native bee （Hylaeus alcyoneus）[J]. Biological conservation，123（1）：103-112.

· PEARSON R G，DAWSON T P，BERRY P M，et al，2002. SPECIES: a spatial evaluation of climate impact on the envelope of species[J]. Ecological modelling，154（3）：289-300.

· PEREIRA J，ITAMI R，1991. GIS-based habitat modeling using logistic multiple regression- A study of the Mt. Graham red squirrel[J]. Photogrammetric engineering and remote sensing，57（11）：1475-1486.

· PETANIDOU T，STÅHLS G，VUJI A，et al，2013. Investigating plant—pollinator relationships in the Aegean：the approaches of the project POL-AEGIS （The pollinators of the Aegean archipelago：diversity and threats）[J]. Journal of apicultural research，52（2）：106-117.

· PETERSON A T，2006. Ecologic niche modeling and spatial patterns of disease transmission[J]. Emerging infectious diseases，12（12）：1822.

· PHILLIPS A，2003. Turning ideas on their head：the new paradigm for protected areas[C]// The George Wright Forum. George Wright Society，20（2）：8-32.

· PHILLIPS S J，DUDÍK M，SCHAPIRE R E，2005. Maxent software for species distribution modeling[CP/OL]. [2016-12-30]. https：//www.cs.princeton.edu/schapire/maxent/.

· PIORECKY M D，PRESCOTT D R C，2006. Multiple spatial scale logistic and autologistic habitat selection models for northern pygmy owls，along the eastern slopes of Alberta's Rocky Mountains[J]. Biological conservation，129（3）：360-371.

· POLASKY S，LEWIS D J，PLANTINGA A J，et al，2014. Implementing the optimal provision of ecosystem services[J]. PNAS，111（17）：6248-6253.

· POLATTO L P，CHAUD-NETTO J，2013. Influence of Apis mellifera L.（Hymenoptera：Apidae）on the use of the most abundant and attractive floral resources in a plant community[J]. Neotropical entomology，42（6）：576-587.

· POPPENBORG P，KOELLNER T，2013. Do attitudes toward ecosystem services determine agricultural land use practices? An analysis of farmers' decision-making in a South Korean watershed[J]. Land use policy，31：422-429.

· POTTS S G，BIESMEIJER J C，KREMEN C，et al，2010. Global pollinator declines：trends，impacts and drivers[J]. Trends in ecology & evolution，25（6）：345-353..

· PRESSEY R L，WHISH G L，BARRETT T W，et al，2002. Effectiveness of protected areas in north-eastern New South Wales：recent trends in six measures[J]. Biological conservation，106（1）：57-69.

· PREVITE J，PINI B，HASLAM-MCKENZIE F，2007. Q methodology and rural research[J]. Sociologia ruralis，47（2）：135-147..

· RADELOFF V C，MLADENOFF D J，He H S，et al，1999. Forest landscape change in the northwestern Wisconsin Pine Barrens from pre-European settlement to the present[J]. Canadian journal of forest research，29（11）：1649-1659.

· RAN J，DU B，YUE B，2009. Conservation of the Endangered giant panda Ailuropoda melanoleuca in China：successes and challenges[J]. Oryx，43（2）：176-178.

· RATHCKE B J，JULES E S，1993. Habitat fragmentation and plant–pollinator interactions[J]. Current science，65（3）：273-277.

· RawHoneyLove，2020. Badger Friendly Honey：What You Should Know. [2022-11-30]. https://rawhoneylove.co.za/badger-friendly-honey/.

· READER T，MACLEOD I，ELLIOTT P T，et al，2005. Inter-order interactions between flower-visiting insects：foraging bees avoid flowers previously visited by hoverflies[J]. Journal of insect behavior，18（1）：51-57.

· REID D G，JINCHU H，1991. Giant panda selection between Bashania fangiana bamboo habitats in Wolong Reserve, Sichuan, China[J]. Journal of applied ecology, 228-243.

· REVELT D, TRAIN K, 1998. Mixed logit with repeated choices: households' choices of appliance efficiency level[J]. Review of economics and statistics, 80 (4) : 647-657.

· REYES-GARCIA V, RUIZ-MALLEN I, PORTER-BOLLAND L, et al, 2013. Local understandings of conservation in southeastern Mexico and their implications for community-based conservation as an alternative paradigm[J]. Conservation biology, 27 (4) : 856-865.

· RICKETTS T H, DAILY G C, EHRLICH P R, et al, 2004. Economic value of tropical forest to coffee production[J]. PNAS, 101 (34) : 12579-12582.

· RIDOUT M S, LINKIE M, 2009. Estimating overlap of daily activity patterns from camera trap data[J]. Journal of agricultural, biological, and environmental statistics, 14 (3) : 322-337.

· ROBERTS S, POTTS S, BIESMEIJER K, et al, 2011. Assessing continental-scale risks for generalist and specialist pollinating bee species under climate change[J]. BioRisk, 6: 1.

· RODRIGUES A S L, ANDELMAN S J, BAKARR M I, et al, 2004. Effectiveness of the global protected area network in representing species diversity[J]. Nature, 428 (6983) : 640-643.

· ROLAND J, TAYLOR P D, 1997. Insect parasitoid species respond to forest structure at different spatial scales[J]. Nature, 386 (6626) : 710-713.

· ROUMASSET J, WADA C A, 2013. A dynamic approach to PES pricing and finance for interlinked ecosystem services: Watershed conservation and groundwater management[J]. Ecological economics, 87: 24-33.

· RUSHTON S P, ORMEROD S J, KERBY G, 2004. New paradigms for modelling species distributions?[J]. Journal of applied ecology, 41 (2) : 193-200.

· SANCHEZ-AZOFEIFA G A, PFAFF A, ROBALINO J A, et al, 2007. Costa Rica' s payment for environmental services program: intention, implementation, and impact[J]. Conservation biology, 21 (5) : 1165-1173.

· SCHAFFER W M, ZEH D W, BUCHMANN S L, et al, 1983. Competition for nectar between introduced honey bees and native North American bees and ants[J]. Ecology, 64 (3) : 564-577.

· SCHALLER G B, Hu J, Pan W, et al, 1985. Giant pandas of Wolong[M]. Chicago: University of Chicago Press.

· SCHAMBERGER M, O' NEIL J, 1986. Concepts and constraints of habitat model testing[M]. Madison: University of Wisconsin Press.

· SCHWARZ M P, 1997. Effects of introduced honey bees on Australia' s native bee fauna[J]. Vict Nat (Blackburn) , 114: 7-12.

· SERGIO F, NEWTON I A N, MARCHESI L, et al, 2006. Ecologically justified charisma:

preservation of top predators delivers biodiversity conservation[J]. Journal of applied ecology，43（6）：1049-1055..

· SHEN G，FENG C，XIE Z，et al，2008. Proposed conservation landscape for giant pandas in the Minshan Mountains，China[J]. Conservation biology，22（5）：1144-1153.

· SHEN X，LI S，WANG D，et al，2015. Viable contribution of Tibetan sacred mountains in southwestern China to forest conservation[J]. Conservation biology，29（6）：1518-1526.

· SHEN X，LU Z，LI S，et al，2012. Tibetan sacred sites：understanding the traditional management system and its role in modern conservation[J/OL]. Ecology and society，17（2）.[2018-12-30]. http：//www.jstor.org/stable/26269036..

· SHEN G，PIMM S L，FENG C，et al，2015. Climate change challenges the current conservation strategy for the giant panda[J]. Biological conservation，190: 43-50.

· SHELDON W G，1937. Notes on the giant panda[J]. Journal of mammalogy, 18（1）：13–19.

· SHEPPARD B H，HARTWICK J，WARSHAW P R，1988. The theory of reasoned action： A meta-analysis of past research with recommendations for modifications and future research[J]. Journal of consumer research，15（3）：325-343.

· SINHA S，WIENS D P，2002. Robust sequential designs for nonlinear regression[J]. Canadian journal of statistics，30（4）：601-618.

· SKIBINS J C，POWELL R B，HALLO J C，2013. Charisma and conservation：charismatic megafauna's influence on safari and zoo tourists' pro-conservation behaviors[J]. Biodiversity and conservation，22（4）：959-982.

· SMITH N W，2001. Current systems in psychology：history，theory，research，and applications[M]. Boston：Wadsworth/Thomson Learning.

· SMITH J M，BURIAN R，KAUFFMAN S，et al，1985. Developmental constraints and evolution：a perspective from the Mountain Lake conference on development and evolution[J]. The Quarterly review of biology，60（3）：265-287.

· SMITH J R，LOUIS W R，TERRY D J，et al，2012. Congruent or conflicted? The impact of injunctive and descriptive norms on environmental intentions[J]. Journal of environmental psychology，32（4）：353-361.

· SOMMERVILLE M，MILNER-GULLAND E J，RAHAJAHARISON M，et al，2010. Impact of a community-based payment for environmental services intervention on forest use in Menabe，Madagascar[J]. Conservation biology，24（6）：1488-1498.

· SONG J，WANG X，LIAO Y，et al，2014. An improved neural network for regional giant panda habitat suitability mapping: A case study in Ya'an prefecture[J]. Sustainability，6（7）：4059-4076.

· STEFFAN-DEWENTER I，TSCHARNTKE T，1999. Effects of habitat isolation on pollinator communities and seed set[J]. Oecologia, 121 (3) : 432-440.

· STEFFAN-DEWENTER I, TSCHARNTKE T, 2000. Resource overlap and possible competition between honey bees and wild bees in central Europe[J]. Oecologia, 122 (2) : 288-296.

· STEG L, BOLDERDIJK J W, KEIZER K, et al, 2014. An integrated framework for encouraging pro-environmental behaviour: The role of values, situational factors and goals[J]. Journal of environmental psychology, 38: 104-115.

· STOCKWELL D R B, PETERSON A T, 2002. Effects of sample size on accuracy of species distribution models[J]. Ecological modelling, 148 (1) : 1-13.

· STOCKWELL D, 1999. The GARP modelling system: problems and solutions to automated spatial prediction[J]. International journal of geographical information science, 13 (2) : 143-158.

· STORCH I, 2002. On spatial resolution in habitat models: can small-scale forest structure explain capercaillie numbers?[J]. Conservation ecology, 6 (1) : 6.

· STRUM S C, WESTERN D, WRIGHT R M, 1994. Natural connections: perspectives in community-based conservation[M]. Washington DC: Island Press.

· SUGDEN E A, PYKE G H, 1991. Effects of honey bees on colonies of Exoneura asimillima, an Australian native bee[J]. Australian journal of ecology, 16 (2) : 171-181.

· SUGDEN E A, THORP R W, BUCHMANN S L, 1996. Honey bee-native bee competition: focal point for environmental change and apicultural response in Australia[J]. Bee world, 77 (1) : 26-44.

· SUTHERST R W, MAYWALD G F, et al, 1995. Predicting insect distribution in a changed climate[J]. Insects in a changing environment, 60–93.

· WANG S, LU C K, 1973. Giant pandas in the wild[J]. Natural history, 82: 70-71.

· TEJEDA-CRUZ C, SILVA-RIVERA E, BARTON J R, et al, 2010. Why shade coffee does not guarantee biodiversity conservation[J]. Ecology and society, 15 (1) .: 1-13.

· TESFAYE Y, ROOS A, BOHLIN F, 2012. Attitudes of local people towards collective action for forest management: The case of participatory forest management in Dodola area in the Bale Mountains, Southern Ethiopia[J]. Biodiversity and conservation, 21 (1) : 245-265.

· TEWKSBURY J J, LEVEY D J, HADDAd N M, et al, 2002. Corridors affect plants, animals, and their interactions in fragmented landscapes[J]. PNAS, 99 (20) : 12923-12926.

· THIES C, TSCHARNTKE T, 1999. Landscape structure and biological control in agroecosystems[J]. Science, 285 (5429) : 893-895.

· THOMPSON R W, 1957. The eighty-five days: the story of the battle of the Scheldt[M]. Hutchinson: Hutchinson.

· THOMSON D，2004. Competitive interactions between the invasive European honey bee and native bumble bees[J]. Ecology，85（2）：458-470.

· TIAN C，LIAO P C，DAYANANDA B，et al，2019. Impacts of livestock grazing，topography and vegetation on distribution of wildlife in Wanglang National Nature Reserve，China[J]. Global ecology and conservation，20: e00726.

· TILMAN D，1980. Resources: a graphical-mechanistic approach to competition and predation[J]. The American naturalist，116（3）：362-393.

· TRAIN K E，2009. Discrete choice methods with simulation[M]. Cambridge: Cambridge University Press.

· TRUMBO W，GARRETT J. O' KEEFE C，2001. Intention to conserve water: Environmental values，planned behavior，and information effects. A comparison of three communities sharing a watershed[J]. Society & natural resources，14（10）：889-899.

· TSCHARNTKE T，BRANDL R，2004. Plant-insect interactions in fragmented landscapes[J]. Annual reviews in entomology，49（1）：405-430.

· TSCHARNTKE T，KLEIN A M，KRUESS A，et al，2005. Landscape perspectives on agricultural intensification and biodiversity–ecosystem service management[J]. Ecology letters，8（8）：857-874.

· TURAGA R M R，HOWARTH R B，BORSUK M E，2010. Pro-environmental behavior: Rational choice meets moral motivation[J]. Annals of the New York academy of sciences，1185（1）：211-224.

· UNESCO，1996. Biosphere Reserves，the Seville Strategy and the Statutory Framework of the World Network[M]. Paris: UNESCO，18.

· VAN VALEN L，1965. Morphological variation and width of ecological niche[J]. The American naturalist，99（908）：377-390.

· VETAAS O R，GRYTNES J A，2002. Distribution of vascular plant species richness and endemic richness along the Himalayan elevation gradient in Nepal[J]. Global ecology and biogeography，11（4）：291-301.

· VIDAL O，LÓPEZ-GARCÍA J，RENDÓN-SALINAS E，2014. Trends in deforestation and forest degradation after a decade of monitoring in the Monarch Butterfly Biosphere Reserve in Mexico[J]. Conservation biology，28（1）：177-186.

· VIÑA A，TUANMU M N，XU W，et al，2010. Range-wide analysis of wildlife habitat: implications for conservation[J]. Biological conservation，143（9）：1960-1969.

· VRDOLJAK S M，SAMWAYS M J，2012. Optimising coloured pan traps to survey flower visiting insects[J]. Journal of insect conservation，16（3）：345-354.

· WANG D，LI S，SUN S，et al，2008. Turning earthquake disaster into long-term benefits for the panda[J]. Conservation biology，22（5）：1356-1360.

· WANG F，MCSHEA W J，WANG D，et al，2014. Evaluating landscape options for corridor restoration between giant panda reserves[J]. PloS one, 9（8）：e105086..

· WEI F, SWAISGOOD R R, HU Y, et al, 2015. Progress in the ecology and conservation of giant pandas[J]. Conservation biology, 29（6）：1497-1507.

· WATTS S, STENNER P, 2012. Doing Q methodological research: theory, method and interpretation. London: Sage Publications, 238.

· WAUTERS E, BIELDERS C, POESEN J, et al, 2010. Adoption of soil conservation practices in Belgium: an examination of the theory of planned behaviour in the agri-environmental domain[J]. Land use policy, 27（1）：86-94.

· WCISLO W T, TIERNEY S M, 2009. Behavioural environments and niche construction: the evolution of dim-light foraging in bees[J]. Biological reviews, 84（1）：19-37.

· WEI F, COSTANZA R, DAI Q, et al, 2018. The value of ecosystem services from giant panda reserves[J]. Current biology, 28（13）：2174-2180.

· WELLS M, BRADON K, 1992. People and parks: linking protected area management with local communities[M]. Washington DC: World Bank.

· WESTERN D, WRIGHT R M, STRUM S, et al, 1995. Natural connections: perspectives in community-based conservation[J]. Science technology and human values, 20（4）：512-515.

· WHITE G C, GARROTT R A, 2012. Analysis of wildlife radio-tracking data[M]. Amsterdam: Elsevier.

· WHITE P C L, GREGORY K W, LINDLEY P J, et al, 1997. Economic values of threatened mammals in Britain: a case study of the otter Lutra lutra and the water vole Arvicola terrestris[J]. Biological conservation, 82（3）：345-354.

· WHITTAKER R H, 1973. Ordination and classification of communities[M]. [S.l.]: Junk.

· WILD R, MCLEOD C, VALENTINE P, 2008. Sacred natural sites: guidelines for protected area managers[M]. Gland: IUCN.

· WILMS W, WIECHERS B, 1997. Floral resource partitioning between native Melipona bees and the introduced Africanized honey bee in the Brazilian Atlantic rain forest[J]. Apidologie, 28（6）：339-355.

· WUNDER S, 2005. Payments for environmental services: some nuts and bolts （Occassional Paper No. 42）[J]. Bangor: CIFOR.

· WUNDER S, 2006. Are direct payments for environmental services spelling doom for sustainable forest management in the tropics?[J]. Ecology and society, 11（2）：23.

· WUNDER S, 2007. The efficiency of payments for environmental services in tropical conservation[J]. Conservation biology, 21（1）：48-58.

· WUNDER S, 2013. When payments for environmental services will work for conservation[J]. Conservation letters, 6（4）：230-237.

· XIAO J，XU W，KANG D，et al，2011. Nature reserve group planning for conservation of giant pandas in North Minshan，China[J]. Journal for nature conservation，19（4）：209-214.

· XU W，VIÑA A，KONG L，et al，2017. Reassessing the conservation status of the giant panda using remote sensing[J]. Nature Ecology & Evolution，1（11）：1635-1638.

· YAO R T，SCARPA R，TURNER J A，et al，2014. Valuing biodiversity enhancement in New Zealand's planted forests：Socioeconomic and spatial determinants of willingness-to-pay[J]. Ecological economics，98：90-101.

· YEH E T，2013. The politics of conservation in contemporary rural China[J]. Journal of peasant studies，40（6）：1165-1188.

· ZANELLA M A，SCHLEYER C，SPEELMAN S，2014. Why do farmers join Payments for Ecosystem Services（PES）schemes? An Assessment of PES water scheme participation in Brazil[J]. Ecological economics，105：166-176.

· ZANIEWSKI A E，LEHMANN A，OVERTON J M C，2002. Predicting species spatial distributions using presence-only data：a case study of native New Zealand ferns[J]. Ecological modelling，157（2-3）：261-280.

· ZHANG K，ZHANG Y，TIAN H，et al，2013. Sustainability of social–ecological systems under conservation projects：Lessons from a biodiversity hotspot in western China[J]. Biological conservation，158：205-213.

· ZHEN L，LI F，YAN H M，et al，2014. Herders' willingness to accept versus the public sector's willingness to pay for grassland restoration in the Xilingol League of Inner Mongolia，China[J]. Environmental research letters，9（4）：045003.

· ZHENG W，XU Y，LIAO L，et al，2012. Effect of the Wenchuan earthquake on habitat use patterns of the giant panda in the Minshan Mountains，southwestern China[J]. Biological conservation，145（1）：241-245.

· ZHU L，ZHAN X，WU H U A，et al，2010. Conservation implications of drastic reductions in the smallest and most isolated populations of giant pandas[J]. Conservation biology，24（5）：1299-1306.

· 阿吉·买买提，2012. 新疆主要蜜源植物调查[J]. 中国蜂业，63（3）：36-37.

· 艾怀森，周鸿，2003.云南高黎贡山神山森林及其在自然保护中的作用[J]. 生态学杂志，22（2）：92-96.

· 毕凤洲，约翰·马敬能，邱明江，等，1989. 中国大熊猫及其栖息地保护管理计划（四川、陕西、甘肃）[M]. 北京：中华人民共和国林业部，世界野生生物基金会.

· 蔡志坚，李莹，谢煜，等，2012. 基于TPB模型的农户林地转出决策行为分析框架[J]. 林业经济，（9）：8-12.

· 曹庆，2006. 秦岭野生脊椎动物有效保护管理长效机制探讨[D]. 咸阳：西北农林科技大学，41.

· 陈厚涛，2013. 退耕农户生态建设意愿与行为研究[D]. 咸阳：西北农林科技大学，59.

· 陈吉宁，2016. 中国自然保护区60周年回顾和展望[J]. 人与生物圈，（6），1-3.
· 陈利顶，刘雪华，傅伯杰，1999. 卧龙自然保护区大熊猫生境破碎化研究[J]. 生态学报，19（3）：3291-297.
· 陈其昌，2012. 也谈中华蜜蜂的种群保护[J]. 中国蜂业，63（25）：45.
· 陈源泉，高旺盛，2003. 生态系统服务价值的市场转化问题初探[J]. 生态学杂志，22（6）：77-80.
· 程志华，2012. 环境政策对公众环境行为的影响研究[D]. 西安：西北大学，60.
· 崔国发，王献溥，2000.世界自然保护区发展现状和面临的任务[J]. 北京林业大学学报，（4）：123-125.
· 崔占平，1962. 食肉目[M] // 寿振黄.中国经济动物志：兽类.北京：科学出版社
· 戴强，顾海军，王跃招，2007. 栖息地选择的理论与模型[J]. 动物学研究，28（6）：681-688.
· 戴旭宏，2017. 小规模合作：中国农民专业合作社发展的一种重要选择——基于连续八年对关坝养蜂专业合作社发展观察[J]. 农村经济，（10）：123-128.
· 道里刚，2004. 川渝地区熊蜂地理分布与重要环境因素之间的关系[D]. 成都：四川大学.
· 董秉义，袁跃东，张弓弨，等，1984. 中、意蜂囊状幼虫病病毒的血清学关系及交互感染试验研究[J]. 中国养蜂，（3）：8-9.
· 董霞，邝涓，方震东，等，2008. 德钦县蜜源植物初步调查[J]. 蜜蜂杂志，（11）：5-7.
· 杜相富，2008. 四川蜜蜂、蜜源植物、蜂产品企业分布图[J]. 中国蜂业，（7）：33.
· 樊辉，赵敏娟，2013. 自然资源非市场价值评估的选择实验法：原理及应用分析[J]. 资源科学，35（7）：1347-1354.
· 冯文和，1987. 对大熊猫数量调查方法的一些探索[J]. 四川动物，（1）：39-40.
· 傅伯杰，陈利顶，1996.景观多样性的类型及其生态意义[J]. 地理学报，（5）：454-462.
· 傅丽芳，邓华玲，魏薇，等，2014. 基于Probit回归的绿色农产品消费影响因素及购买行为分析[J]. 生态经济，30（7）：60-64.
· 高崇东，张亚宁，张亚利，等，2011.中华蜜蜂也要人工饲喂[J]. 中国蜂业，62（6）：20.
· 高新宇，刘定震，叶新平，等，2004. 佛坪自然保护区野生大熊猫对保护区内简易建筑的利用[J]. 北京师范大学学报（自然科学版），40（2）：260-263.
· 高新宇，刘阳，刘定震，等，2006. 秦岭大熊猫冬春季节对巴山木竹竹林生长指标的选择[J]. 动物学研究，27（2）：157-162.
· 龚磊，2010. 中蜂形态特征和部分生物学特性的研究[D]. 长沙：湖南农业大学.
· 龚明昊，欧阳志云，徐卫华，等，2015. 道路影响下野生动物廊道选址探讨——以大熊猫保护廊道为例[J]. 生态学报，35（10）：3447-3453.
· 巩文，任继文，赵长青，等，2005. 甘肃省大熊猫栖息地生境分析[J]. 林业科学，41（5）：86-

90.

· 古晓东，王鸿加，刘富文，2005. 岷山山系大熊猫自然保护区2003年生物多样性监测[J]. 四川动物，（2）：168-170.

· 管文行，2019. 乡村振兴背景下农村治理主体结构研究[D].长春：东北师范大学.

· 郭海燕，2003. 人类干扰对王朗自然保护区大熊猫及其栖息地的影响[D].四川大学.

· 郭建，胡锦矗，1997.大熊猫咬节分布型的研究[J]. 四川师范学院学报（自然科学版），（18）3：7-9+38.

· 郭军，戴荣国，罗文华，等，2011. 介绍几种蜜源植物调查方法[J]. 中国蜂业，62（8）：22-23.

· 国家林业和草原局，2021. 全国第四次大熊猫调查报告[M]. 北京：科学出版社.

· 国家林业局，2006. 全国第三次大熊猫调查报告[M]. 北京：科学出版社.

· 韩瑞波，2020. 集体理性、政经分离与乡村治理有效——基于苏南YL村的经验研究[J]. 求实，（2）：76-89+111-112.

· 韩旭，田柳青，王子龙，等，2014. 维生素C对中华蜜蜂幼虫发育及工蜂生存能力的影响[J]. 动物营养学报，26（5）：1265-1271.

· 韩占兵，2013. 消费者对有机农产品的支付意愿研究——以北京、武汉市城镇消费者为研究对象[J]. 农业经济与管理，（4）：79-88.

· 贺超，温亚利，姚星期，等，2008. 中国大熊猫保护体系的建立[J]. 北京林业大学学报（社会科学版），（2）：79-83.

· 侯春生，张学锋，2011. 生态条件的多样性变化对蜜蜂生存的影响[J]. 生态学报，31（17）：5061-5070.

· 侯玉平，牛凯峰，朱家华，等，2012. 昆嵛山盐肤木Rhus chinensis Mill.群落特征及其物种多样性[J]. 生态环境学报，21（5）：818-824.

· 胡箭卫，李旭涛，席景平，2008. 甘肃中蜂的生存现状与发展对策[J]. 中国蜂业，（5）：37-38.

· 胡杰，胡锦矗，屈植彪，等，2000a. 黄龙大熊猫对华西箭竹选择与利用的研究[J]. 动物学研究，21（1）：48-52.

· 胡杰，胡锦矗，屈植彪，等，2000b. 黄龙大熊猫种群数量及年龄结构调查[J]. 动物学研究，21（4），287-290.

· 胡锦矗，1981a. 卧龙自然保护区大熊猫、金丝猴、牛羚生态生物学研究[M]. 成都：四川人民出版社.

· 胡锦矗，1981b. 大熊猫的食性研究[J]. 南充师范学院（自然科学版），（3）：17-22.

· 胡锦矗，1987.大熊猫的生物学研究[J].南充师院学报（自然科学版）（2）：4-12.

· 胡锦矗，2000. 大熊猫的种群现状与保护[J]. 四川师范学院学报（自然科学版），21（1）：11-17.

· 胡锦矗，2001. 大熊猫研究[M]. 上海：上海科技教育出版社.

· 胡锦矗，SCHALLER G B，JOHNSON K G，1990. 唐家河自然保护区大熊猫的觅食生态研究[J]. 四川师范学院学报（自然科学版），11（1）：1-13.

· 胡锦矗，夏勒，1985. 卧龙的大熊猫[M]. 成都：四川科学技术出版社.

· 胡锦矗，胡杰，2003. 大熊猫研究与进展[J]. 西华师范大学学报（自然科学版），24（3）：253-257.

· 胡锦矗，胡杰，2003. 大熊猫研究与进展[J]. 西华师范大学学报，24（3）：253-257.

· 胡锦矗，韦毅，周昂，1994. 马边大风顶自然保护区大熊猫觅食行为与营养对策[J]. 四川师范学院学报（自然科学版），（1）：44-51.

· 胡锦矗，张泽钧，魏辅文，2011. 中国大熊猫保护区发展历史、现状及前瞻[J]. 兽类学报，31（1）：10-14.

· 胡振光，2015. 社区治理的多主体结构形态研究[D]. 武汉：华中师范大学.

· 黄立洪，2013. 生态补偿量化方法及其市场运作机制研究[D]. 福州：福建农林大学，109.

· 黄文诚，杨冠煌，陈世壁，1963. 中华蜜蜂生物学特性的初步研究[J]. 中国农业科学，（1）：43-44.

· 黄雪丽，2012. 低碳旅游生活行为影响因素及其作用机制研究[D]. 镇江：江苏大学.

· 黄雪丽，路正南，YASONG（ALEX）WANG，2013. 基于TPB和VBN的低碳旅游生活行为影响因素研究模型构建初探[J]. 科技管理研究，33（21）：181-190.

· 嵇宝中，郑克志，2000. 南京地区访昆虫初步调查[J]. 江苏林业科技，（S1）：77-78+95.

· 季荣，谢宝瑜，杨冠煌，等，2003. 从有意引入到外来入侵——以意大利蜂*Apis mellifera* L.为例[J]. 生态学杂志，22（5）：70-73.

· 加芬芬，2019. 村庄治理中的国家、村级结构、农村社会[D]. 长春：吉林大学.

· 蒋志刚，2005. 论中国自然保护区的面积上限[J]. 生态学报，25（5），1205-1212.

· 金学林，2012. 秦岭大熊猫生存状态的监测参数体系建立及其应用[D]. 北京：北京林业大学，118.

· 靳乐山，李小云，左停，2007. 生态环境服务付费的国际经验及其对中国的启示[J]. 生态经济，（12）：156-158+163.

· 康东伟，康文，谭留夷，等，2011. 王朗自然保护区大熊猫生境选择[J]. 生态学报，31（2）：401-409.

· 雷思维，孙艳华，李曙娟，2013. 消费者对安全认证农产品的购买意愿与行为——基于长沙市地调查数据[J]. 新疆农垦经济，（11）：49-52.

· 冷文芳，贺红士，布仁仓，等，2007. 东北落叶松属植物潜在分布对气候变化的响应[J]. 辽宁工程技术大学学报，（2）：289-292.

· 李波，张曼，钟雪，等，2013. 岷山北部大熊猫主食竹天然更新与生态因子的关系[J]. 科学通报，58（16）：1528-1533.

· 李晟，冯杰，李彬彬，等，2021.大熊猫国家公园体制试点的经验与挑战[J].生物多样性，29（3）：307-311.

· 李晟之，2014. 社区保护地建设与外来干预[M]. 北京：北京大学出版社.

· 李春，魏辅文，李明，等，2003. 雄性小熊猫粪便中睾酮水平的变化与繁殖周期的关系[J]. 兽类学报，23（2）：115-119.

· 李纪宏，刘雪华，2005. 自然保护区功能分区指标体系的构建研究——以陕西老县城大熊猫自然保护区为例[J]. 林业资源管理，（4）：48-50+69.

· 李纪宏，刘雪华，2006. 基于最小费用距离模型的自然保护区功能分区[J]. 自然资源学报，（2）：217-224.

· 李久强，2013. 中西蜂为红花油茶授粉试验效果对比[J]. 中国蜂业，64（28）：33-35.

· 李军锋，李天文，金学林，等，2005. 基于GIS的秦岭地区大熊猫栖息地质量因子研究[J]. 地理与地理信息科学，（1）：38-42.

· 李俊，1960. 四川是养蜂的"天府之国"[J]. 中国养蜂，（2）：70-71+79.

· 李淑娟，王明玉，李文友，等，2002. 东北林业大学帽儿山实验林场景观格局及破碎化分析[J]. 东北林业大学学报，（3）：49-52.

· 李天文，马俊杰，李易桥，等，2004. 基于GIS的大熊猫栖息地质量研究[J]. 西北大学学报（自然科学版），（2）：228-232.

· 李晓鸿，2008. 甘肃大熊猫栖息地干扰现状分析[J]. 中国科技信息，（13）：18-19.

· 李阳，2012. 郑州市农户耕地保护行为意愿影响因素分析[D]. 咸阳：西北农林科技大学.

· 李易谷，2012. 对我国蜜蜂饲养量和蜂蜜年产量的估算[J]. 蜜蜂杂志，32（1）：35.

· 梁之聘，李后魂，胡冰冰，等，2010. 大叶铁线莲访花昆虫调查及盗蜜昆虫行为研究[J]. 昆虫学报，53（7）：794-801.

· 廖丽欢，徐雨，冉江洪，等，2012. 汶川地震对大熊猫主食竹——拐棍竹竹笋生长发育的影响[J]. 生态学报，32（10）：3001-3009.

· 林毅夫，孙希芳，2003. 经济发展的比较优势战略理论—兼评《对中国外贸战略与贸易政策的评论》[J].国际经济评论，（6）：12-18.

· 刘厚金，2020.基层党建引领社区治理的作用机制——以集体行动的逻辑为分析框架[J].社会科学，（6）：32-45.

· 刘龙，1990.四川北部油菜蜜源的变化及利用[J].蜜蜂杂志，（2）：15.

· 刘淼，胡远满，常禹，等，2008. 基于能值理论的生态足迹方法改进[J]. 自然资源学报，（3）：447-457.

· 刘伟，张逸君，2011. 社区环保项目路径探析——中国"协议保护"项目的示范意义[J]. 林业经济，（2）：87-91.

· 刘雪华，2008. 大熊猫的栖息地[J]. 中国林业，（22）：42-45.

· 刘雪华，SKIDMORE A K，BRONSVELD M C，2006. 集成的专家系统和神经网络应用于大熊猫生境评价[J]. 应用生态学报，26（3），3438-3443.

· 刘雪华，王亭，王鹏彦，等，2008. 无线电颈圈定位数据应用于卧龙大熊猫移动规律的研究 [J]. 兽类学报，28（2）：180-186.

· 娄德龙，姜风涛，王士强，2013. 苹果蜜蜂授粉研究[J]. 中国蜂业，64（Z2）：35-37.

· 罗静，任云，小松出 ，等，2018.中日乡村振兴发展战略比较研究[M]. 武汉：华中师范大学出版社.

· 罗岳雄，2013. 中蜂保护任重道远. [J] 中国蜂业，64（24）：38-39.

· 罗哲，单学鹏，2020. 农村公共池塘资源治理的进化博弈——来自河北L村经济合作社的案例[J]. 农村经济，（6）：1-8.

· 吕欢欢，2013. 基于选择实验法的国家森林公园游憩资源价值评价研究[D]. 大连：大连理工大学.

· 吕一河，傅伯杰，2001. 生态学中的尺度及尺度转换方法[J]. 生态学报，21（12）：2096-2105.

· 马爱慧，蔡银莺，张安录，2012. 基于选择实验法的耕地生态补偿额度测算[J]. 自然资源学报，27（7）：1154-1163.

· 马爱慧，张安录，2013. 选择实验法视角的耕地生态补偿意愿实证研究——基于湖北武汉市问卷调查[J].资源科学，35（10）：2061-2066.

· 马春林，李波，罗小锋，2010. 农户科技学习行为实证研究——基于计划行为理论[J]. 新疆农垦经济，（8）：13-18+22.

· 欧阳志云，李振新，刘建国，等，2002. 卧龙自然保护区大熊猫生境恢复过程研究[J]. 生态学报，22（11）：1840-1849.

· 欧阳志云，刘建国，肖寒，等 ，2001. 卧龙自然保护区大熊猫生境评价[J]. 生态学报，21（11）：1869-1874.

· 欧阳志云，刘建国，张和民，2000. 卧龙大熊猫生境的群落结构研究[J]. 生态学报，20（3）：458-462.

· 欧阳志云，王效科，苗鸿，2000. 中国生态环境敏感性及其区域差异规律研究[J]. 生态学报，20（1）：10-13.

· 潘家恩，吴丹，罗士轩，等，2020.自我保护与乡土重建——中国乡村建设的源起与内涵[J].中共中央党校（国家行政学院）学报，24（1）：120-129.

· 潘文石，高郑生，吕植，等，1988. 秦岭大熊猫的自然庇护所[M]. 北京：北京大学出版社.

· 潘文石，吕植，朱小健，等，2001. 继续生存的机会[M]. 北京：北京大学出版社.

· 平武县县志编纂委员会，1997. 平武县志[M]. 成都：四川科学技术出版社.

· 邱春霞，张福良，2006. 基于 Arc View 的秦岭地区大熊猫栖息地生态环境的研究[J]. 西安科技大学学报（自然科学版），26（1）：65-69.

· 邱峙澄，2020. 嵌入与协同：乡村振兴背景下农村社区治理研究[J]. 河北青年管理干部学院学报，32（5）：53-59.

· 冉江洪，刘少英，王鸿加，等，2003a. 放牧对冶勒自然保护区大熊猫生境的影响[J]. 兽类学报，23（4）：288-294.

· 冉江洪，刘少英，王鸿加，等，2003b. 小相岭大熊猫与放牧家畜的生境选择[J]. 生态学报，23（11）：2253-2259.

· 冉江洪，刘少英，王鸿加，等，2004. 小相岭大熊栖息地干扰调查[J]. 兽类学报，24（4）：277-281.

· 尚旭东，郝亚玮，李秉龙，2014. 消费者对地理标志农产品支付意愿的实证分析——以盐池滩羊为例[J]. 技术经济与管理研究，（1）：123-128.

· 申国珍，2002. 大熊猫栖息地恢复研究[D]. 北京：北京林业大学.

· 申国珍，李俊清，蒋仕伟，2004. 大熊猫栖息地亚高山针叶林结构和动态特征[J]. 生态学报，24（6）：1294-1299.

· 申国珍，谢宗强，冯朝阳，等，2008. 汶川地震对大熊猫栖息地的影响与恢复对策[J]. 植物生态学报，28（6）：1417-1425.

· 沈东，2017. 由城入乡：安镇的人口逆城市化实践[D].上海：华东师范大学.

· 时鹏，余劲，加贺爪优，等，2012. 基于农户视角的生态移民搬迁意愿及影响因素探析[J]. 中国水土保持，（11）：7-9.

· 史雪威，张晋东，欧阳志云，2016. 野生大熊猫种群数量调查方法研究进展[J]. 生态学报，36（23）：7528-7537.

· 四川省统计局，1998. 四川统计年鉴1998[M]. 北京：中国统计出版社.

· 四川省统计局，2012. 四川统计年鉴2012[M]. 北京：中国统计出版社.

· 四川省统计局，2015. 四川统计年鉴2015[M]. 北京：中国统计出版社.

· 宋向娟，2012. 社区发展对朱鹮保护影响及社区保护意愿研究[D]. 北京：北京林业大学.

· 孙晓伟，2010. 论有限理性与农户发展农业循环经济的行为选择[J]. 林业经济，（8）：100-104.

· 孙长学，王奇，2006.论生态产业与农村资源环境[J]. 农业现代化研究，27（2）：100—103.

· 唐平，胡锦矗，1998. 冶勒自然保护区大熊猫对生境的选择研究[M]. //胡锦矗，吴毅. 脊椎动物资源及保护. 成都：四川科学技术出版社：33-37.

· 唐平，周昂，李操，等，1997. 冶勒自然保护区大熊猫摄食行为及营养初探[J]. 四川师范学院学报（自然科学版），（1）：3-6.

· 唐小平，贾建生，王志臣，等，2015. 全国第四次大熊猫调查方案设计及主要结果分析[J]. 林业资源管理，（1）：11-16.

· 唐友海，鲜方海，2012. 四川青川县唐家河中蜂资源调查与保护利用[J]. 中国蜂业，63（21）：57-60.

· 陶德双，董霞，董坤，等，2010.中华蜜蜂为石榴授粉效果研究 [J].蜜蜂杂志，30（3）：10-11.

· 汪冰，2018.对乡村振兴的几点思考[J]. 现代化农业，（12）：44-46.

· 王大勇，李华静，刘翠，等，2011. 冶勒自然保护区大熊猫及其栖息地保护现状与管理对策[J].
四川林业科技，32（6）：113-115.

· 王放，2012. 栖息地适宜度与连通性：秦岭湑水河大熊猫走廊带案例研究[D]. 北京：北京大
学.

· 王昊，李松岗，潘文石，2002. 秦岭大熊猫（*Ailuropoda melanoleuca*）的种群存活力分析[J]. 北
京大学学报（自然科学版），（6）：756-761.

· 王健，王人亮，1986.盐肤木群落的数量分类[J]. 林业科技通讯，（8）：15-17+29.

· 王杰，2012.城镇消费者购买绿色农产品行为研究[D]. 乌鲁木齐：新疆农业大学.

· 王军，王玉玢，袁朝晖，等，2010.陕西大熊猫及其栖息地监测评估[J].陕西林业科技，（6）：
35-37+44.

· 王坤，2020.保护地社区资源合理使用与保护的问题研究[J].农村科学实验，（1）：123-124.

· 王朗自然保护区大熊猫调查组，1974. 四川省平武县王朗自然保护区大熊猫的初步调查[J]. 动物
学报，22（2）：162-173.

· 王倩，孙亮先，肖培新，等，2009.室内人工培育中华蜜蜂幼虫技术研究[J]. 山东农业科学，
（11）：113-116.

· 王曙光，冯杰，李芯蕊，2019．生态保护与"减贫-发展"双重目标的实现机制——四川关坝模
式研究[J]. 中国西部，（3）：10-16.

· 王维，魏辅文，胡锦矗，等，1998.马边小熊猫对生境选择的初步研究[J]. 兽类学报，18（1）：
15-20.

· 王晓，侯金，张晋东，等，2018.同域分布的珍稀野生动物对放牧的行为响应策略[J]. 生态学
报，38（18）：6484-6492.

· 王小红，2010.秦岭大熊猫栖息地及其干扰因素评价体系的研究[D]. 咸阳：西北农林科技大学.

· 王学志，徐卫华，等，2008.生态位因子分析在大熊猫（*Ailuropoda melanoleuca*）生境评价中的应
用[J]. 生态学报，28（2）：821-828.

· 王颖，冉江洪，凌林，等，2009.岷山北部竹类开花状况及对大熊猫的影响调查[J]. 四川动物，
28（3）：368-371.

· 王永健，陶建平，张炜银，等，2006.四川茂县土地岭大熊猫走廊带植被恢复格局及其与干扰的
关系[J]. 生态学报，26（11）：3525-3532.

· 王育宝，陆扬，王玮华，2019.经济高质量发展与生态环境保护协调耦合研究新进展[J].北京工业
大学学报（社会科学版），19（5）：84-94.

· 韦惠兰，吴服胜，2009.森林资源社区参与式管理的制度经济学分析——以甘肃白水江国家级自
然保护区李子坝村为例[J].林业经济问题，29（5）：377-381+386.

· 魏辅文，2018.大熊猫演化保护生物学研究[J]. 中国科学：生命科学，48（10）：1048-1053.

· 魏辅文，冯祚建，王祖望，1999.相岭山系大熊猫和小熊猫对生境的选择[J]. 动物学报.45

（1）：57-63.

· 魏辅文，周昂，胡锦矗，等，1996a. 马边大风顶自然保护区大熊猫对生境的选择[J]. 兽类学报，16（4）：241-245.

· 魏辅文，周才权，胡锦矗，等，1996b. 马边大风顶自然保护区大熊猫对竹类资源的选择利用[J]. 兽类学报，16（3）：171-175.

· 魏明彬，袁晓凤，魏明彬，1998. 大熊猫生态系统动态模型稳定性及数值分析[J]. 生物数学学报.（1）：93-96.

· 文军，黄锐，2008.论资产为本的社区发展模式及其对中国的启示[J]. 湖南师范大学社会科学学报，37（6）：74-78.

· 吴火和，2006. 森林生物多样性资产价值评估研究[D]. 福州：福建农林大学.

· 吴计生，刘惠清，刘小曼，2006. 周边区域景观破碎对铜鼓岭国家级自然保护区的压力分析[J]. 生态学杂志，25（4）：405-409.

· 吴家炎，1986. 秦岭的大熊猫[J]. 动物学报. 32（1）：92-95.

· 吴家炎，韩亦平，雍严格，等，1986. 佛坪自然保护区的兽类[J]. 野生动物，（3）：1-4.

· 吴丽芬，2012. 城市消费者对低碳农产品的价值评价及消费选择研究[D]. 南京：南京农业大学.

· 吴艳光，2006. 长白山地区访花昆虫多样性及访花行为的研究[D]. 长春：东北师范大学.

· 武文卿，申晋山，邵有全，2012. 苹果传粉昆虫及其访花行为[C].// 国家蜂产业技术体系蜜蜂育种与授粉功能研究室学术研讨会暨中国养蜂学会蜜蜂育种专业委员会第四届第一次会议暨中国养蜂学会蜜源与蜜蜂授粉专业委员会第五届第一次会议论文汇编.北京：[出版者不详]，6.

· 夏武平，胡锦矗，1989. 由大熊猫的年龄结构看其种群发展趋势[J]. 兽类学报，9（2）：87-93.

· 肖静，2011. 岷山地区自然保护区空间优化布局研究[D]. 北京：北京林业大学.

· 肖燚，欧阳志云，赵景柱，等，2008. 岷山地区大熊猫（*Ailuropoda melanoleuca*）生境影响因子连通性及主导因子[J]. 生态学报，28（1）：267-273.

· 肖燚，欧阳志云，朱春全，等，2004. 岷山地区大熊猫生境评价与保护对策研究[J]. 生态学报，24（7）：1373-1379.

· 谢鹤，吴建宁，2004. 中华蜜蜂生存危机探源[J]. 养蜂科技，（4）：22-25.

· 谢正华，唐亚，2008. 四川熊蜂蜜粉源植物选择偏好[J]. 山地学报，（5）：605-611.

· 解焱，2004. 中国的保护地[M]. 北京：清华大学出版社.

· 徐晴，2007. 森林生态系统服务市场化进程评述[J]. 林业经济，（10）：61-63.

· 徐卫华，欧阳志云，蒋泽银，等，2006. 大相岭山系大熊猫生境评价与保护对策研究[J]. 生物多样性，14（3）：223-231.

· 徐卫华，欧阳志云，黄璜，等，2006. 中国陆地优先保护生态系统分析[J]. 生态学报，26（1）：271-280.

· 闫志刚，李俊清，2017. 基于熵值法与变异系数的大熊猫分布区生态系统评价[J]. 应用生态学报，28（12）：4007-4016.

· 杨春花，张和民，周小平，等，2006. 大熊猫（*Ailuropoda melanoleuca*）生境选择研究进展[J].
生态学报，26（10）：3442-3453.

· 杨春花，周小平，王小明，2008. 卧龙自然保护区华西箭竹地上生物量回归模型[J]. 林业科学，
（3）：113-123.

· 杨方义，2005. 试析中国西南山地社区生态旅游合作社网络的建立[J]. 生态经济，（3）：104-106.

· 杨方义，2007. 社区保护地与社区参与保护机制研究[J]. 国土与自然资源研究，（4）：53-54.

· 杨冠煌，1973. 中蜂的生物学特性[J]. 中国养蜂，（5）：42-44.

· 杨冠煌，1982. 中蜂资源概况及利用[J]. 蜜蜂杂志，（4）：5-7+10.

· 杨冠煌，2001. 中华蜜蜂[M]. 北京：中国农业科技出版社.

· 杨冠煌，2005. 引入西方蜜蜂对中蜂的危害及生态影响[J]. 昆虫学报，（3）：401-406.

· 杨冠煌，2009. 中华蜜蜂在我国森林生态系统中的作用[J]. 中国蜂业，60（4）：5-7+10.

· 杨光，胡锦矗，魏辅文，等，1998. 马边大风顶自然保护区大熊猫的空间分布格局和季节性垂直
迁移行为的研究[M]//胡锦矗，吴毅. 脊椎动物资源及保护. 成都：四川科技出版社：8-14.

· 杨光梅，闵庆文，李文华，等，2007. 我国生态补偿研究中的科学问题[J]. 生态学报，27
（10）：4289-4300.

· 杨欧阳，唐熠坤，陈晨，2009. 北京市安全农产品消费者购买行为研究[J]. 经济研究导刊，
（20）：201-202+213.

· 杨效文，马继盛，1992. 生态位有关术语的定义及计算公式评述[J]. 生态学杂志，11（2）：44-49+35.

· 杨兴中，蒙世杰，雍严格，等，1998. 佛坪大熊猫环境生态的研究 （II）——夏季栖居地的选择
[J]. 西北大学学报（自然科学版），（4）：75-76+79-80.

· 杨兴中，蒙世杰，张银仓，1998. 佛坪自然保护区大熊猫的冬居地选择[M]. //胡锦矗，吴毅.脊椎
动物资源及保护. 成都：四川科技出版社：20-31.

· 杨远兵，傅之屏，2005. 平武县大熊猫栖息地经济发展对大熊猫保护的影响及对策[J]. 绵阳师范
学院学报，（2）：79-83.

· 尹玉峰，王昊，等，2005. 对大熊猫数量调查方法中咬节区分机制的准确性评价[J]. 生物多样
性，13（5）：439-444.

· 应瑞瑶，徐斌，胡浩，2012. 城市居民对低碳农产品支付意愿与动机研究[J]. 中国人口·资源与
环境，22（11）：165-171.

· 于涌鲲，2003. 四川省平武县大熊猫保护对策初步研究[D]. 北京：中国林业科学研究院.

· 余安，2012. 农户节水灌溉技术采用意愿及影响因素[D]. 杭州：浙江大学.

· 余建斌，2012. 消费者对不同认证农产品的支付意愿及其影响因素实证分析——基于广州市消费
者的调查[J]. 消费经济，28（6）：90-94.

· 余林生，孟祥金，2001. 意大利蜜蜂与中华蜜蜂授粉生态之比较[J]. 养蜂科技，（6）：9-10.

· 曾涛，冉江洪，刘少英，等，2003. 四川白河自然保护区大熊猫对生境的利用[J]. 应用与环境生物学报，9（4）：405-408.

· 曾伟生，2008. 森林资源和生态状况综合监测指标与方法探讨[J]. 林业科学研究，（S1）37-40.

· 曾志将，2007. 蜜蜂生物学[M]. 北京：中国农业出版社.

· 曾宗永，岳碧松，冉江洪，等，2002. 王朗自然保护区大熊猫对生境的利用[J]. 四川大学学报（自然科学版），39（6）：1140-1144.

· 张锋锋，2008. 秦岭大熊猫栖息地生态环境特征研究[D]. 咸阳：西北农林科技大学.

· 张国锋，2018. 自然保护小区建设的自主治理问题研究 [D]. 贵阳：贵州师范大学.

· 张坚，1994. 佛坪自然保护区大熊猫的现状及保护对策[M].//成都动物园，成都大熊猫繁育研究基地. 成都国际大熊猫保护学术研讨会论文集. 成都：四川科学技术出版社：139-143.

· 张琼，2009. 甘肃岷山大熊猫生境选择研究[D]. 兰州：西北师范大学.

· 张文广，唐中海，齐敦武，等，2006. 评估动物栖息地适宜性的两种方法比较：以大相岭山系大熊猫种群为例[J]. 生态学杂志，25（12），1465-1469.

· 张文广，唐中海，齐敦武，等，2007. 大相岭北坡大熊猫生境适宜性评价[J]. 兽类学报，27（2）：146-152.

· 张小红，2012. 基于选择实验法的支付意愿研究——以湘江水污染治理为例[J]. 资源开发与市场，28（7）：600-603.

· 张旭凤，邵有全，2014. 赣湘鄂三省荷花访花昆虫种类及群落多样性分析（英文）[J]. Agricultural science & technology，15（2）：269-274.

· 张玉波，2010. 生态保护项目对大熊猫栖息地和当地社区的影响[D]. 北京：北京林业大学.

· 张玉波，王梦君，李俊清，2011. 生态保护项目对大熊猫栖息地的影响[J]. 生态学报，31（1）：154-163.

· 张玉波，王梦君，李俊清，等，2009. 生态补偿对大熊猫栖息地周边农户生态足迹的影响[J]. 生态学报，29（7）：3569-3575.

· 张云毅，武文卿，马卫华，等，2012. 大樱桃传粉昆虫的调查研究[J]. 中国农学通报，28（25）：272-276.

· 张泽均，胡锦矗，2000. 大熊猫生境选择研究[J]. 四川师范学院学报（自然科学版），（1）：18-21.

· 张泽钧，魏辅文，胡锦矗，2007. 大熊猫生境选择及与小熊猫在生境上的分割[J]. 西华师范大学学报（自然科学版），28（2）：111-116.

· 张泽钧，胡锦矗，吴华，2002. 邛崃山系大熊猫和小熊猫生境选择的比较[J]. 兽类学报，22（3）：161-168.

· 赵德怀，夏未铭，雍严格，等，2005. 秦岭南坡野生大熊猫繁殖交配期的生境选择[J]. 西北林学院学报，（2）：152-155.

· 赵德怀，叶新平，雍严格，等，2006. GIS在野生大熊猫种群监测分析中的应用[J]. 陕西师范大学学报（自然科学版），（S1）：168-173.

· 赵金龙，王泺鑫，韩海荣，等，2013. 森林生态系统服务功能价值评估研究进展与趋势[J]. 生态学杂志，32（8）：2229-2237.

· 赵利梅，张凤，易晓芹，2020. 乡村振兴与农民工返乡创业的双螺旋耦合机制研究——以四川省平武县GB村为例的实证分析[J]. 农村经济，（12）：49-57.

· 赵同谦，欧阳志云，等，2004. 中国森林生态系统服务功能及其价值评价[J]. 自然资源学报，19（4）：480-491.

· 赵伟，2010. 秦岭湑水河流域大熊猫生境特征研究[D]. 咸阳：西北农林科技大学.

· 赵雪雁，徐中民，2009. 生态系统服务付费的研究框架与应用进展[J]. 中国人口·资源与环境，19（4）：112-118.

· 赵永涛，于慧，马月伟，等，2008. 5·12地震——大熊猫栖息地灾后生态修复重建探讨[J]. 西南民族大学学报（自然科学版），34（6）：1083-1085.

· 郑师章，吴千红，王海波，等，1994. 普通生态学：原理、方法和应用[M]. 上海：复旦大学出版社.

· 中蜂资源调查协作组，杨冠煌，1984. 中华蜜蜂资源调查[J]. 中国养蜂，（3）：4-7.

· 周冰峰，许正鼎，1988. 蜜蜂低温采集活动的研究[J]. 中国养蜂，（5）：7-9.

· 周鸿，赵德光，吕汇慧，2002. 神山森林文化传统的生态伦理学意义[J]. 生态学杂志，（4）：60-64.

· 周洁敏，2005. 大熊猫栖息地评价指标体系初探[J]. 中南林学院学报，（3）：39-44.

· 周洁敏，2007a. 大熊猫生境质量评价存在的问题及对策[J]. 林业资源管理，（6）：70-72.

· 周洁敏，2007b. 我国大熊猫保护现状剖析[J]. 林业资源管理，（5）：14-18.

· 周洁敏，2008. 大熊猫生境质量评价体系研究[D]. 北京：北京林业大学.

· 周利平，苏红，邓群钊，等，2014. 计划行为理论视角下农户参与用水协会意愿影响因素研究——基于结构方程模型的实证分析[J]. 广东农业科学，41（6）：231-236.

· 周玲强，程兴火，周天斌，2006. 生态旅游认证产品支付意愿研究——基于浙江省四个景区旅游者的实证分析[J]. 经济地理，（1）：140-144.

· 周世强，张和民，杨建，等，2000. 卧龙野生大熊猫种群监测期间的生境动态分析[J]. 云南环境科学，（S1）：43-45+59.

· 周世强，黄金燕，张和民，等，1999. 卧龙自然区大熊猫栖息地特征及其与生态因子的相互关系[J]. 四川林勘设计，（1）：16-23.

· 周世强，黄金燕，刘斌，等，2008. 野化培训大熊猫对生境斑块的利用频率及其与斑块资源的关系[J]. 四川动物，（1）：127-130.

· 周应恒，吴丽芬，2012. 城市消费者对低碳农产品的支付意愿研究——以低碳猪肉为例[J]. 农业技术经济，（8）：4-12.

· 朱华，许再富，王洪，等，1997. 西双版纳傣族"龙山"片断热带雨林植物多样性的变化研究[J]. 广西植物，（3）：22-24+26-29.

· 朱云，张哲邻，张怀科，等，2007. 秦岭大熊猫栖息地生物走廊带有效管理方法探讨[J]. 陕西师范大学学报（自然科学版），(S1)：120-123.

· 朱文博，王阳，李双成，2014. 生态系统服务付费的诊断框架及案例剖析[J]. 生态学报，34（10）：2460-2469.

附录

附录A   平武县社区周边情况调查表

县名		乡镇		村名	
被采访人		填表日期	___年___月___日	填表人	
1. 周围开矿采石情况					
矿产类别	开采位置	开采范围	影响范围	开采公司	备注

2. 竹子开花状况						
开花位点		开花范围	开花面积/公顷	开花方式		开始出现开花时间	备注
东经	北纬			零散	成片		

3. 周边旅游景点分布					
旅游位点		景点名称	游客量/（人次/年）	景点收入/（元/年）	旅游方式	备注
东经	北纬					

备注:
此表只需要在每个村选取一定比例的人来调查，帮助了解社区周边的情况。
开采位置和范围几项，应根据描述在地形图上标示。竹子开花范围，应根据访谈的描述在地图上描画。

附录B 蜜源植物物种及数量调查表

表B.1 乔木层植物每木调查记录表

样地号（省市）＿＿＿＿＿＿＿＿＿ 样方号＿＿＿＿＿＿＿＿ 面积＿＿＿＿＿＿＿＿＿

总盖度＿＿＿＿＿＿＿＿＿＿＿

调查日期＿＿＿＿＿＿＿＿＿ 调查人＿＿＿＿＿＿＿＿＿

页码＿＿＿＿ 坡向＿＿＿＿ 坡度＿＿＿＿ 海拔＿＿＿＿ 坐标＿＿＿＿＿＿＿＿＿＿＿

土壤类型＿＿拍照＿＿ 附表＿＿＿＿灌木、草本＿＿＿＿

序号	中文名	胸径/cm	枝下高/m	高度/m	冠幅X/m	冠幅Y/m	备注
1							
2							
3							
4							
5							
6							
7							
8							
9							
10							
11							
12							
13							
14							
15							
16							
17							
18							
19							
20							
21							
22							
23							
24							
25							
26							
27							

续表

序号	中文名	胸径/cm	枝下高/m	高度/m	冠幅X/m	冠幅Y/m	备注
28							
29							
30							
31							
32							
33							
34							

表B.2   灌木层植物每木调查记录表

样地号（省市）_____   样方号_____   面积_____
总盖度_____
调查日期_____   调查人_____

序号	中文名	株数（丛数）	平均高度/m	冠幅X/m	冠幅Y/m	备注
1						
2						
3						
4						
5						
6						
7						
8						
9						
10						
11						
12						
13						
14						
15						
16						
17						
18						
19						
20						
21						
22						
23						
24						
25						
26						
27						
28						
29						

序号	中文名	株数（丛数）	平均高度/m	冠幅X/m	冠幅Y/m	备注
30						
31						
32						
33						
34						
35						

表B.3　草木层植物多样性种类组成调查记录表

样地号（省市）＿＿＿＿＿＿＿＿＿　样方号＿＿＿＿＿＿＿＿＿　面积＿＿＿＿＿＿＿＿＿

总盖度＿＿＿＿＿＿＿＿＿

调查日期＿＿＿＿＿＿＿＿＿　调查人＿＿＿＿＿＿＿＿＿

序号	中文名	株数（丛数）	平均高度/cm	冠幅X/m	冠幅Y/m	备注
1						
2						
3						
4						
5						
6						
7						
8						
9						
10						
11						
12						
13						
14						
15						
16						
17						
18						
19						
20						
21						
22						
23						
24						
25						
26						
27						
28						
29						

序号	中文名	株数（丛数）	平均高度/cm	冠幅X/cm	冠幅Y/cm	备注
30						
31						
32						
33						
34						
34						
35						

附录C 支付意愿基底调查问卷

尊敬的女士/先生：

您好！我们是北京大学"熊猫-蜂蜜"保护策略课题组科研人员。我们的研究将会对野生大熊猫及其栖息地的保护及保护地当地居民的福祉起到重要的参考作用，希望您能拨冗配合我们完成这项调查研究工作。您的反馈意见对野生大熊猫社区保护的管理、科学制定野生大熊猫与当地社区生计协调的政策至关重要。本次调查获取的数据完全用于科学研究，有关您本人的信息我们将做到严格保密。非常感谢您的支持！

个体特征

1. 您的性别　　　　　　　　　　　　　A. 男　　　　　　　　　　B. 女
2. 您的年龄
　　A. 20岁以下　　B. 21~30岁　　C. 31~40岁　　D. 41~50岁　　E. 51~60岁　　F. 60岁以上
3. 您的教育水平
　　A. 小学或以下　　B. 初中　　C. 高中或职业学历　　D. 大学　　E. 研究生或以上
4. 您的职业
　　A. 政府机关或军队　　B. 教育行业或科研机构　　C. 医护行业　　D. 金融企业
　　E. IT企业　　F. 餐饮娱乐服务业　　G. 自由职业或无业　　H. 以上都不是
5. 您家里有几口人　　A. 3口或更少　　B. 4~5口　　C. 多于5口
6. 您家是否有小孩　　　　　　　　　　A. 是　　　　　　　　　　B. 否
7. 您家是否有老人　　　　　　　　　　A. 是　　　　　　　　　　B. 否
8. 您是不是在家主要负责购物的人　　　A. 是　　　　　　　　　　B. 否
9. 您或您的家人是否经常参加旅游或者户外活动　　A. 是　　　　　　B. 否

经济因素

10. 您的家庭月收入是多少（单位：元）
　　A. <2000　　　　　　B. 2000~4000　　　　C. 4000~8000　　　　D. 8000~15 000
　　E. 15 000~30 000　　F. 30 000~60 000　　G. >60 000
11. 您平均每月用于购买蜂蜜的预算是多少（单位：元）
　　A. <20　　B. 20~50　　C. 50~100　　D. 100~200　　E. 200~500　　F. 500~1000　G. >1000
12. 您是否关心食品安全问题
　　A. 非常不关心　　B. 不太关心　　C. 说不清　　D. 比较关心　　E. 非常关心

认知与评价

13. 您认为目前市面上的蜂蜜产品一般质量如何
　　A. 非常差，假货横行　　　B. 比较差，需要留心　　　C. 一般般，不太了解

D. 比较好，还可提高   E. 非常好，无可挑剔

14. 您是否了解高品质绿色蜂蜜的国家认证

　　A. 完全不了解   B. 仅听说过，不知道具体指标   C. 认识认证标识，但不知道具体指标

　　D. 知道一些指标，也会辨识，但不完全了解   E. 了解标准的细节，也会辨识

15. 您是否在意蜂蜜的包装

　　A. 完全不在意   B. 只有偶尔送礼的时候会在意   C. 送礼和买给家人的话会在意

　　D. 平时自己喝的蜂蜜也会在意   E. 非常喜欢，甚至有收藏的爱好

16. 您是否关心大熊猫的保护

　　A. 完全不关心   B. 不太了解   C. 一般般   D. 比较关心   E. 非常关心

17. 如果有环保组织使用生态农产品销售的方式筹资用于产地的自然保护事业，您是否信任

　　A. 完全不信任，也不关心   B. 不太信任，但可能会看看热闹   C. 说不清，但会关注

　　D. 比较信任，会给予声援   E. 非常信任，会用资金支持

支付意愿

1. 假设普通蜂蜜（GB14963-2011 国家标准，单花蜜）单价100元，您愿意为一瓶有高品质（波美度 43以上，国家 NYT 752-2012有机蜂蜜标准，百花蜜）认证的蜂蜜支付多少钱？（单位：元）

　　A. <110   B. 110~120   C. 120~140   D. 140~160   E. 160~200   F. 200~250   G. 250~300

　　H. 300~400   I. >400

2. 假设普通蜂蜜（标准同上题）单价100元，您愿意为一瓶有微博知名画师的熊猫手绘图，如样品 所示包装的高品质 认证蜂蜜支付多少钱？（单位：元）

　　A. <110   B. 110~120   C. 120~40   D. 140~160   E. 160~200   F. 200~250   G. 250~300

　　H. 300~400   I. >400

3. 假设普通蜂蜜（标准同上题）单价100元，如果您用于购买这瓶蜂蜜的钱，除去生产成本将全部 用于大熊猫的保护 事业，您愿意支付多少钱？（单位：元）

　　A. <110   B. 110~120   C. 120~140   D. 140~160   E. 160~200   F. 200~250   G. 250~300

　　H. 300~400   I. >400

附录D　支付意愿选择实验法调查问卷

尊敬的女士/先生：

您好！我们是北京大学"熊猫-蜂蜜"保护策略课题组科研人员。我们的研究将会对野生大熊猫及其栖息地的保护及保护地当地居民的福祉起到重要的参考作用，希望您能拨冗配合我们完成这项调查研究工作。您的反馈意见对野生大熊猫社区保护的管理、科学制定野生大熊猫与当地社区生计协调的政策至关重要。本次调查获取的数据完全用于科学研究，有关您本人的信息我们将做到严格保密。非常感谢您的支持和参与！

北京大学自然保护与社会发展研究中心"熊猫-蜂蜜"课题组

个体特征				
1.您的性别		A.男		B.女
2.您的年龄				
A.20岁以下　B.21~30岁		C.31~40岁　D.41~50岁	E.51~60岁	F.60岁以上
3.您的教育水平				
A.小学或以下　B.初中		C.高中或职业学历	D.大学	E.研究生或以上
4.您的职业				
A.政府机关或军队	B.教育行业或科研机构	C.医护行业		D.金融企业
E.IT企业	F.餐饮娱乐服务业	G.自由职业或无业		H.以上都不是
5.您家里有几口人	A.3口或更少	B.4~5口		C.多于5口
6.您家是否有小孩		A.是	B.否	
7.您家是否有老人		A.是	B.否	
8.您是不是在家主要负责购物的人		A.是	B.否	
9.您或您的家人是否经常参加旅游或者户外活动		A.是	B.否	
经济因素				
10.您的家庭月收入是多少（单位：元）				
A.<2000	B.2000~4000	C.4000~8000		D.8000~15 000
E.15 000~30 000	F.30 000~60 000	G.>60 000		
11.您平均每月用于购买蜂蜜的预算是多少（单位：元）				
A.<20　B.20~50	C.50~100　D.100~200	E.200~500	F.500~1000	G.>1000
认知与评价				
12.您认为目前市面上的蜂蜜产品一般质量如何				
A.非常差，假货横行	B.比较差，需要留心	C.一般般，不太了解		
D.比较好，还可提高	E.非常好，无可挑剔			

13. 您是否了解高品质绿色蜂蜜的国家认证

    A. 完全不了解　　　　　　　　B. 仅听说过，不知道具体指标　　C. 认识认证标识，但不知道具体指标

    D. 知道一些指标，也会辨识，但不完全了解　　　E. 了解标准的细节，也会辨识

14. 您是否在意蜂蜜的包装

    A. 完全不在意　　　　　　　　B. 只有偶尔送礼的时候会在意　　C. 送礼和买给家人的话会在意

    D. 平时自己喝的蜂蜜也会在意　E. 非常喜欢，甚至有收藏的爱好

15. 您是否关心大熊猫的保护

    A. 完全不关心　B. 不太了解　　C. 一般般　　　D. 比较关心　　　E. 非常关心

16. 如果有环保组织使用生态农产品销售的方式筹资用于产地的自然保护事业，您是否信任

    A. 完全不信任也不关心　　　　B. 不太信任，但可能会看看热闹　C. 说不清，但会关注

    D. 比较信任，会给予声援　　　E. 非常信任，会用资金支持

情景调查

'熊猫-蜂蜜'是一项基于大熊猫栖息地保护及当地居民生计发展的环境保护公益项目，由此项目产生的蜂产品将具有高品质（国家有机蜂蜜认证）、精美包装（微博知名画师的大熊猫手绘图）以及对大熊猫保护事业的付费（除去生产成本的所有收入将被用于大熊猫栖息地的保护工作）三项价值。如果蜂蜜产品这三类属性的有无发生变化，如下列各种情况，您将更倾向于购买蜂蜜A、蜂蜜B、还是两种都不购买？

		质量认证	精美包装	保护概念	价格/（元/kg）
情景1	蜂蜜A	无	有	有	200
	蜂蜜B	无	无	无	150
	A. 蜂蜜A		B. 蜂蜜B		C. 两种都不购买
情景2		质量认证	精美包装	保护概念	价格
	蜂蜜A	有	有	有	150
	蜂蜜B	有	无	有	300
	A. 蜂蜜A		B. 蜂蜜B		C. 两种都不购买
情景3		质量认证	精美包装	保护概念	价格
	蜂蜜A	有	无	无	150
	蜂蜜B	无	有	无	300
	A. 蜂蜜A		B. 蜂蜜B		C. 两种都不购买
情景4		质量认证	精美包装	保护概念	价格
	蜂蜜A	无	有	无	300
	蜂蜜B	有	有	无	250
	A. 蜂蜜A		B. 蜂蜜B		C. 两种都不购买
情景5		质量认证	精美包装	保护概念	价格
	蜂蜜A	无	无	有	300
	蜂蜜B	无	无	有	200
	A. 蜂蜜A		B. 蜂蜜B		C. 两种都不购买
情景6		质量认证	精美包装	保护概念	价格
	蜂蜜A	有	有	无	300
	蜂蜜B	有	无	无	150
	A. 蜂蜜A		B. 蜂蜜B		C. 两种都不购买
情景7		质量认证	精美包装	保护概念	价格
	蜂蜜A	有	无	无	200
	蜂蜜B	无	有	有	150
	A. 蜂蜜A		B. 蜂蜜B		C. 两种都不购买
情景8		质量认证	精美包装	保护概念	价格
	蜂蜜A	无	无	有	250
	蜂蜜B	有	有	有	150
	A. 蜂蜜A		B. 蜂蜜B		C. 两种都不购买

附录E　社会经济基线调查问卷及访谈提纲

a1. 问卷编号_____

a2. 所在组　（1）关坝组　（2）木皮组　（3）杨地山组　（4）水泉坝组

a3. 访问员

工具1：2012年关坝村"熊猫蜂蜜"项目本底调查社区调查问卷

一、社区基本信息（B部分）

1. 是不是养蜂专业合作社成员户：（1）是

　　　　　　　　　　　　　　　（2）否→是否愿意加入：（1）是　（2）否

2. 性别：　　（1）男　　（2）女　　3. 民族：（1）藏族　（2）汉族

4. 出生日期：　　年　　　　月　　　5. 您的家庭人数：

6. 您是：（1）村干部____　（2）普通村民　（3）村民代表

7. 您是：（1）党员　（2）群众

8. 您的学历：（1）完全没有读书　　（2）小学（含未毕业）

　　　　　　　（3）初中（含未毕业）（4）高中中专及以上

9. 您家的收入状况（此题敏感，可放置访谈后半段提问）：

收入类型	类型	数量（单位，请注明）	去年纯收入/元	平均年收入/元	养殖方式
劳务收入（务工）	打工				
	村干部				
粮食、经济作物种植收入	粮食、蔬菜				
	挖药、菌子				
林业收入	树木砍伐				
	打猎				
	核桃				
	花椒				
	其他林业收入				

续表

收入类型	类型	数量（单位，请注明）	去年纯收入/元	平均年收入/元	养殖方式
养殖业	家畜				
	羊				
	牛				
	猪				
	蜜蜂				
政策补贴	退耕还林				
	其他政策补贴				
其他收入	鸡血石				

10. 关于养蜂

题目	答案
10.1 您家是否养蜂	（1）是　（2）否（直接跳至C部分）
10.2 目前您家养蜂情况	10.21 数量＿＿箱；10.22 老式＿＿个；10.23 新式＿＿箱 10.24 年产量＿＿斤　10.25 年收入＿＿＿元
10.3 合作社成立前您家是否养蜂	（1）是　（2）否（跳至10.5）
10.4 合作社成立前您家养蜂情况	10.41 数量＿＿箱；10.42 老式＿＿箱；10.43 新式＿＿箱 10.44 年产量＿＿斤　10.45 年收入＿＿元
10.5 目前，养蜂收入	占全家收入的＿＿%
10.6 目前，您的养殖方式是	（1）管理养殖　　　　　　（2）非管理，自生自灭 （3）管理与自生自灭结合　（4）其他方法
10.7 合作社成立前，养蜂收入	占全家收入的＿＿%
10.8 合作社成立前，您的养殖方式是	（1）管理养殖　　　　　　（2）非管理，自生自灭 （3）管理与自生自灭结合　（4）其他方法

二、 社区资源使用情况 （C部分）

项目	问题	答案
1. 家用能源	1.1 去年一年，您家薪柴用量	＿＿＿＿斤
	1.2 去年一年，您家的碳用量	＿＿＿＿斤
	1.3 去年，您家平均每月用电量	＿＿＿＿元
	1.4 您家是否安装太阳能	（1）是　　　　　（2）否
	1.5 您家是否安装沼气	（1）是　　　　　（2）否
2. 自然资源	2.1 您家退耕还林地	＿＿＿＿亩
	2.2 您家退耕还林地主要种植	＿＿＿树＿＿＿株 ＿＿＿树＿＿＿株 ＿＿＿树＿＿＿株
	2.3 去年您见过哪些野生动物（可多选）	（1）大熊猫　（2）金丝猴　（3）鹿子　（4）野猪 （5）岩羊　（6）牛角羚 （7）黑熊　（8）其他
	2.4 去年您挖到过哪些菌类、药材（可多选）	（1）天麻 Gastrodia elata　（2）朱苓 Polyporus umbellatus （3）当归 Angelica sinensis　（4）重楼 Paris quadrifolia （5）木通 Akebia quinata　（6）羊肚菌 Morchella （7）魔芋 Amorphophalms konjac （8）山药 Dioscorea opposita　（9）其他

三、社区对资源利用的态度（D部分）

项目	问题	答案
1. 水资源利用	1.1 过去1年，您是否看到有人在饮用水源旁丢垃圾	（1）是　　　　　（2）否
	1.2 如果1.1有，您会：	（1）心里认为不对，批评教育 （2）心里认为虽不对，但也无所谓 （3）并不认为这么做不对 （4）不了解
	1.3 过去1年，您是否看到过有人在饮用水源旁放牧	（1）是　　　　　（2）否
	1.4 如果1.3有，您会：	（1）心里认为不对，批评教育 （2）心里认为虽不对，但也无所谓 （3）并不认为这么做不对 （4）不了解
2. 林地资源利用	2.1 过去2年间，村上是否有盗伐的现象	（1）是　（2）否　（3）不清楚
	2.2 过去2年间，村上是否有人来收购动物	（1）是　（2）否　（3）不清楚
	2.3 您对盗猎盗伐的看法是（可多选）	（1）林地是本村的资源，坚决打击盗伐份子 （2）本村内部，只要不剃光头，砍伐都是合理的 （3）野生动物是本村的，坚决杜绝外来盗猎份子 （4）本村内部，不太珍贵的野生动物，打了也无所谓 （5）其他＿＿＿＿＿＿＿＿＿＿
3. 其他	3.1 村上有没有关于生态保护的村规民约	（1）有　（2）没有　（3）不清楚
	3.2 您对该项村规民约看法	（1）只有形式，没有实质的内容 （2）内容很好，但推行起来很难 （3）要求严格，很多条款并不赞同 （4）要求合理，在村中很好地执行 （5）具体情况不了解

四、社区组织（E部分）

项目	问题	答案
1. 社区组织建设	1.1 近2年您家参与村中公共事务：	（1）每次必参加　（2）只要没事都会去　（3）可去可不去 （4）没去过
	1.2 村干部选举是否规范：	（1）非常规范　（2）比较规范　（3）一般 （4）不太规范　（5）很不规范
	1.3 您对这届村干部的工作评价：	（1）非常满意　（2）比较满意　（3）一般 （4）不太满意　（5）很不满意
2. 合作社	2.1 您对村中养蜂合作社的看法是：	＿＿＿＿＿＿＿＿＿＿＿＿＿＿＿＿ ＿＿＿＿＿＿＿＿＿＿＿＿＿＿＿＿
	2.2 您对村中合作社的满意度：	（1）非常满意　（2）比较满意　（3）一般 （4）不太满意　（5）很不满意
	2.3 您是否还希望村中成立其他合作社：	（1）是＿＿＿＿＿＿＿＿　（2）否＿＿＿＿＿＿＿＿
3. 保护行动	3.1 您是否知道村中有保护水的项目	（1）是＿＿＿＿＿＿＿＿　（2）否＿＿＿＿＿＿＿＿
	3.2 您对做水源保护的看法是	（1）非常赞同　（2）比较赞同　（3）一般 （4）不太赞同　（5）很不赞同

五、社区需求（F部分）

产业及硬件需求	排序
1.1 核桃种植	1.12
1.2 冷水鱼保护	1.22
1.3 发展蜂场	1.32
1.4 提供各类技术培训	1.42
1.5(机动项)	1.52

调查到此结束，谢谢您的配合！

工具2：2012年关坝村熊猫蜂蜜项目本底调查关键信息人访谈提纲

一、围绕社区及资源利用图

1. 村辖区范围内的野生动物资源分布；

2. 村辖区范围内的珍稀植物资源分布；

3. 村辖区范围内外来盗猎、盗伐进入的道路分布；

4. 村内部养殖大户分布、主要放养区域分布；

5. 村辖区范围内的林下资源分布（菌子、药）；

6. 村辖区内其他重要威胁分布（石矿等）。

二、围绕季节历的表格提出相关问题

三、社区自组织状况

1. 村中集体事务处理和管理办法；

2. 村中各项制度建设状况——二手资料；

3. 村中各项制度的执行状况；

4. 合作社目前在村中的影响（正向、负向）；

5. 村中对合作社的评价如何？是否有矛盾？如果有，矛盾的焦点是什么？怎么解决比较妥当？

6. 哪些群体对合作社的不满最大，不满的原因是什么？

7. （合作社）现在觉得合作社在处理村中事务，协调与村民关系的时候，最需要谁的帮助？

8. （村干部）是否觉得合作社加重了社区间的矛盾？自己是否有信心解决这些矛盾？解决这些矛盾时有哪些困难？需要什么资源？得到谁的配合？

9. 村中在处理村务纠纷的时候，是否有除规章制度以外的其他有效办法？——看潜在制度规则。

10. （非合作社村民）如果合作社想为全体村民做些什么的话，哪些是您所需要的？怎么做才能让您对合作社满意？

附录F　计划行为模型调查问卷

基本背景特征
1. 您的年龄
    A. 30岁以下　　　B. 31~40岁　　　C. 41~50岁　　　D. 51~60岁　　　E. 60岁以上
2. 您的教育水平　　　　　　　　　　A. 小学或以下　　　　　　　B. 初中　　　　　　　　　C. 高中及以上
3. 您的民族　　　　　　　　　　　　A. 汉族　　　　　　　　　　B. 藏族
4. 您的家庭年收入是多少（单位：元）
    A. <10 000　　　　　　　B. 10 000~20 000　　　　　　C.20 000~30 000　　　　　　D. >30 000
5. 您家是否养蜂　　　　　　　　　　A. 是　　　　　　　　　　　B. 否

保护策略的强度
您对以下论断的态度分别是：
1. 保护机构对养蜂合作社提供的技术支持是非常有帮助的
    A. 非常赞同　　　B. 赞同　　　　C. 倾向赞同　　　D. 说不清　　　E. 倾向不赞同　　　F. 不赞同　　　G. 非常不赞同
2. "熊猫蜂蜜"品牌蜂产品的原料收购价格是足够高的
    A. 非常赞同　　　B. 赞同　　　　C. 倾向赞同　　　D. 说不清　　　E. 倾向不赞同　　　F. 不赞同　　　G. 非常不赞同
3. 我对大熊猫栖息地保护的宣传教育印象深刻
    A. 非常赞同　　　B. 赞同　　　　C. 倾向赞同　　　D. 说不清　　　E. 倾向不赞同　　　F. 不赞同　　　G. 非常不赞同
4. 保护机构提供的巡护技术培训是足够到位的
    A. 非常赞同　　　B. 赞同　　　　C. 倾向赞同　　　D. 说不清　　　E. 倾向不赞同　　　F. 不赞同　　　G. 非常不赞同
5. 村基金的补偿制度以及养蜂合作社的分红是合理的
    A. 非常赞同　　　B. 赞同　　　　C. 倾向赞同　　　D. 说不清　　　E. 倾向不赞同　　　F. 不赞同　　　G. 非常不赞同

行为态度的变化
您对以下论断的态度分别是：
1. 养蜂比养牛、养羊的收益高
    A. 非常赞同　　　B. 赞同　　　　C. 倾向赞同　　　D. 说不清　　　E. 倾向不赞同　　　F. 不赞同　　　G. 非常不赞同
2. 有很多大熊猫的森林能为我带来更多的创收机会
    A. 非常赞同　　　B. 赞同　　　　C. 倾向赞同　　　D. 说不清　　　E. 倾向不赞同　　　F. 不赞同　　　G. 非常不赞同
3. 放弃挖天麻、党参和采菌对我来说损失很大
    A. 非常赞同　　　B. 赞同　　　　C. 倾向赞同　　　D. 说不清　　　E. 倾向不赞同　　　F. 不赞同　　　G. 非常不赞同
4. 别人进山打猎、电鱼不会影响我的正常生活和收入
    A. 非常赞同　　　B. 赞同　　　　C. 倾向赞同　　　D. 说不清　　　E. 倾向不赞同　　　F. 不赞同　　　G. 非常不赞同
5. 养蜂比养牛、养羊更有利于我所居住的森林环境
    A. 非常赞同　　　B. 赞同　　　　C. 倾向赞同　　　D. 说不清　　　E. 倾向不赞同　　　F. 不赞同　　　G. 非常不赞同
6. 沟里有更多大熊猫能让我更加喜欢我的家乡
    A. 非常赞同　　　B. 赞同　　　　C. 倾向赞同　　　D. 说不清　　　E. 倾向不赞同　　　F. 不赞同　　　G. 非常不赞同

主观规范变化
您对以下论断的态度分别是：
1. 家人支持我参加养蜂合作社、森林巡护队或放弃放牧、采伐
    A. 非常赞同　　　B. 赞同　　　　C. 倾向赞同　　　D. 说不清　　　E. 倾向不赞同　　　F. 不赞同　　　G. 非常不赞同

2. 邻居和友人参加了合作社、巡护队，我受到了他/她很深的影响
　　A. 非常赞同　　　B. 赞同　　　C. 倾向赞同　　　D. 说不清　　　　E. 倾向不赞同　　F. 不赞同　　　G. 非常不赞同
3. 村委书记和村主任号召我们参与保护大熊猫的行动，我会响应
　　A. 非常赞同　　　B. 赞同　　　C. 倾向赞同　　　D. 说不清　　　　E. 倾向不赞同　　F. 不赞同　　　G. 非常不赞同

感知行为控制变化

您对以下论断的态度分别是：
1. 我没有足够的能力和时间精力学习新的技术，对我来说太难了
　　A. 非常赞同　　　B. 赞同　　　C. 倾向赞同　　　D. 说不清　　　　E. 倾向不赞同　　F. 不赞同　　　G. 非常不赞同
2. 我不能承受改变生产方式可能带来的收入降低的风险
　　A. 非常赞同　　　B. 赞同　　　C. 倾向赞同　　　D. 说不清　　　　E. 倾向不赞同　　F. 不赞同　　　G. 非常不赞同
3. 保护机构提供的技术支持能帮助我很快地适应新的技术
　　A. 非常赞同　　　B. 赞同　　　C. 倾向赞同　　　D. 说不清　　　　E. 倾向不赞同　　F. 不赞同　　　G. 非常不赞同
4. 村里建立保护村基金，对我参加保护工作是一个非常好的机会
　　A. 非常赞同　　　B. 赞同　　　C. 倾向赞同　　　D. 说不清　　　　E. 倾向不赞同　　F. 不赞同　　　G. 非常不赞同

行为改变意愿

您对以下论断的态度分别是：
1. 我愿意加入养蜂专业合作社，并遵守加入合作社的条件
　　A. 非常赞同　　　B. 赞同　　　C. 倾向赞同　　　D. 说不清　　　　E. 倾向不赞同　　F. 不赞同　　　G. 非常不赞同
2. 我愿意在有一定补偿的前提下放弃放牧、采伐，转为养蜂、种核桃
　　A. 非常赞同　　　B. 赞同　　　C. 倾向赞同　　　D. 说不清　　　　E. 倾向不赞同　　F. 不赞同　　　G. 非常不赞同
3. 如果没有补偿，我也自发决定放弃放牧、采伐，转为养蜂、种核桃
　　A. 非常赞同　　　B. 赞同　　　C. 倾向赞同　　　D. 说不清　　　　E. 倾向不赞同　　F. 不赞同　　　G. 非常不赞同
4. 我会劝说我的乡邻参与保护行动和转变生产观念
　　A. 非常赞同　　　B. 赞同　　　C. 倾向赞同　　　D. 说不清　　　　E. 倾向不赞同　　F. 不赞同　　　G. 非常不赞同
5. 提倡参与森林巡护，监督外来挖药、盗猎分子，符合我一贯的心愿
　　A. 非常赞同　　　B. 赞同　　　C. 倾向赞同　　　D. 说不清　　　　E. 倾向不赞同　　F. 不赞同　　　G. 非常不赞同